카를로 스카르파의 브리온 가족 묘지의 경당 천장

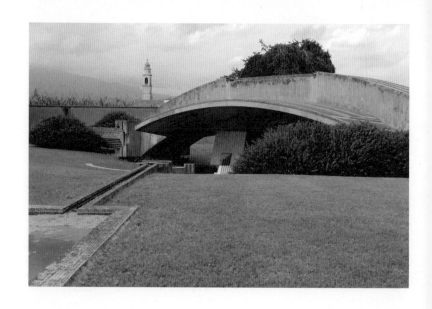

브리온 가족 묘지

스코틀랜드 루이스 섬에 있는 칼라니시

렘 콜하스의 쿤스트할

자에라 폴로의 요코하마 국제여객선 터미널

알바로 시자의 팔메이라 수영장

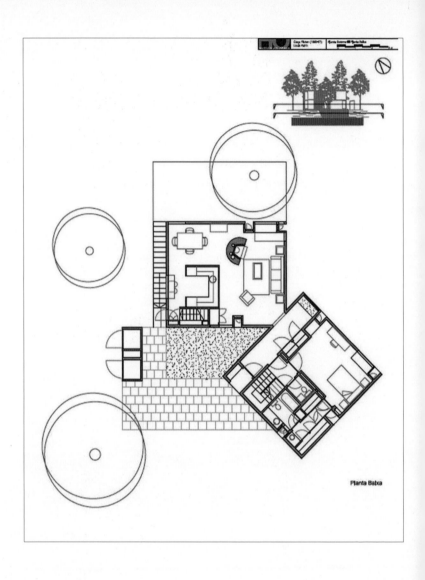

Planta Baixa

루이스 칸의 피셔 주택 평면도

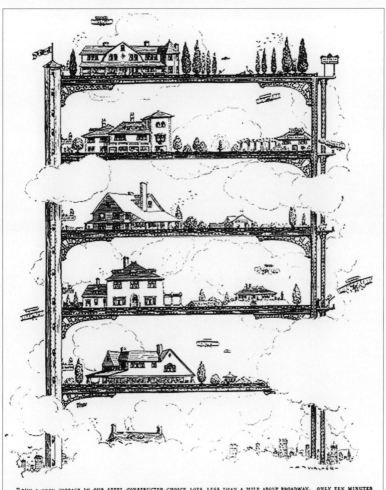

"BUY A COZY COTTAGE IN OUR STEEL CONSTRUCTED CHOICE LOTS. LESS THAN A MILE ABOVE BROADWAY. ONLY TEN MINUTES BY ELEVATOR. ALL THE COMFORTS OF THE COUNTRY WITH NONE OF ITS DISADVANTAGES."—*Celestial Real Estate Company.*

잡지 《라이프》에 실린 상상의 그림

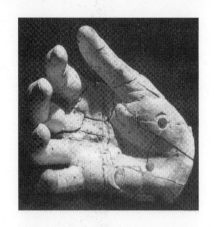

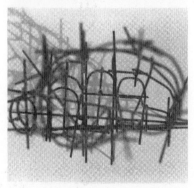

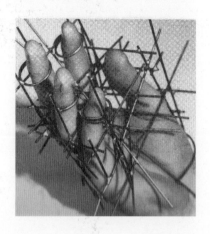

스티븐 팩의 작품 〈촉각의 어두운 틈〉

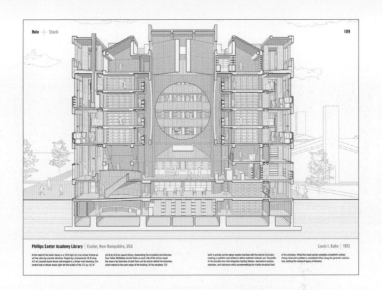

루이스 칸의 엑서터 도서관 단면도

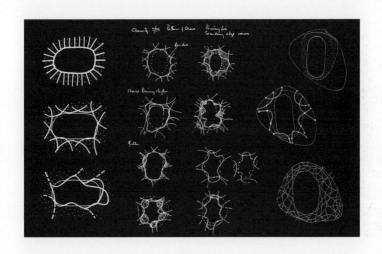

세실 발몬드 기하학

미켈란젤로의 라우렌치아나 도서관의 계단실

파테푸르 시크리의 디완이카스

알바 알토의 루이 카레 주택

르 코르뷔지에의 가르셰 주택

오시오스 루카스 수도원

코르도바의 메스키타에 있는 예배의 방

미코노스섬에 있는 파라포르티아니 교회

질서의 가능성

건축강의 7: 질서의 가능성

2018년 3월 5일 초판 발행 ✪ 2019년 3월 4일 2쇄 발행 ✪ **지은이** 김광현 ✪ **펴낸이** 김옥철 ✪ **주간** 문지숙
책임편집 최은영 ✪ **편집** 우하경 오혜진 이영주 ✪ **디자인** 박하얀 ✪ **디자인 도움** 남수빈 박민수 심현정
진행 도움 건축의장연구실 김진원 성나연 장혜림 ✪ **커뮤니케이션** 이지은 박지선 ✪ **영업관리** 강소현
인쇄·제책 한영문화사 ✪ **펴낸곳** (주)안그라픽스 우10881 경기도 파주시 회동길 125 - 15
전화 031.955.7766(편집) 031.955.7755(고객서비스) ✪ **팩스** 031.955.7744 ✪ **이메일** agdesign@ag.co.kr
웹사이트 www.agbook.co.kr ✪ **등록번호** 제2 - 236(1975.7.7)

이 책의 국립중앙도서관 출판예정도서목록(CIP)은 서지정보유통지원시스템 홈페이지(seoji.nl.go.kr)와
국가자료공동목록시스템(nl.go.kr/kolisnet)에서 이용하실 수 있습니다.
CIP제어번호: CIP2018004237

ISBN 978.89.7059.944.1 (94540)
ISBN 978.89.7059.937.3 (세트) (94540)

질서의 가능성

김광현

건축강의

7

안그라픽스

건축강의를 시작하며

이 열 권의 '건축강의'는 건축을 전공으로 공부하는 학생, 건축을 일생의 작업으로 여기고 일하는 건축가 그리고 건축이론과 건축 의장을 학생에게 가르치는 이들이 좋은 건축에 대해 폭넓고 깊게 생각할 수 있게 되기를 바라며 썼습니다.

좋은 건축이란 누구나 다가갈 수 있고 그 안에서 생활의 진정성을 찾을 수 있습니다. 좋은 건축은 언제나 인간의 근본에서 출발하며 인간의 지속하는 가치를 알고 이 땅에 지어집니다. 명작이 아닌 평범한 건물도 얼마든지 좋은 건축이 될 수 있습니다. 그렇지 않다면 우리 곁에 그렇게 많은 건축물이 있을 필요가 없을 테니까요. 건축설계는 수많은 질문을 하는 창조적 작업입니다. 그럴 뿐만 아니라 말하고, 쓰고, 설득하고, 기술을 도입하며, 법을 따르고, 사람의 신체에 정감을 주도록 예측하는 작업입니다. 설계에 사용하는 트레이싱 페이퍼는 절반이 불투명하고 절반이 투명합니다. 반쯤은 이전 것을 받아들이고 다른 반은 새것으로 고치라는 뜻입니다. '건축의장'은 건축설계의 이러한 과정을 이끌고 사고하며 탐구하는 중심 분야입니다. 건축이 성립하는 조건, 건축을 만드는 사람과 건축 안에 사는 사람의 생각, 인간에 근거를 둔 다양한 설계의 조건을 탐구합니다.

건축학과에서는 많은 과목을 가르치지만 교과서 없이 가르치고 배우는 과목이 하나 있습니다. 바로 '건축의장'이라는 과목입니다. 건축을 공부하기 시작하여 대학에서 가르치는 40년 동안 신기하게도 건축의장이라는 과목에는 사고의 전반을 체계화한 교과서가 없었습니다. 왜 그럴까요?

건축에는 구조나 공간 또는 기능을 따지는 합리적인 측면도 있지만, 정서적이며 비합리적인 측면도 함께 있습니다. 집은 사람이 그 안에서 살아가는 곳이기 때문입니다. 게다가 집은 혼자 사는 곳이 아닙니다. 다른 사람들과 함께 말하고 배우고 일하며 모여 사는 곳입니다. 건축을 잘 파악했다고 생각했지만 사실은 아주 복잡한 이유가 이 때문입니다. 집을 짓는 데에는 건물을 짓고자 하는 사람, 건물을 구상하는 사람, 실제로 짓는 사람, 그 안에 사는 사람 등이 있습니다. 같은 집인데도 이들의 생각과 입장은 제각기 다릅니다.

건축은 시간이 지남에 따라 점점 관심을 두어야 지식이 쌓이고, 갈수록 공부할 것이 늘어납니다. 오늘의 건축과 고대 이집트 건축 그리고 우리의 옛집과 마을이 주는 가치가 지층처럼 함께 쌓여 있습니다. 이렇게 건축은 방대한 지식과 견해와 판단으로 둘러싸여 있어 제한된 강의 시간에 체계적으로 다루기 어렵습니다.

그런데 건축이론 또는 건축의장 교육이 체계적이지 못한 이유는 따로 있습니다. 독창성이라는 이름으로 건축을 자유로이 가르치고 가볍게 배우려는 태도 때문입니다. 이것은 건축을 단편적인 지식, 개인적인 견해, 공허한 논의, 주관적인 판단, 단순한 예측 그리고 종종 현실과는 무관한 사변으로 바라보는 잘못된 풍토를 만듭니다. 이런 이유 때문에 우리는 건축을 깊이 가르치고 배우지 못하고 있습니다.

'건축강의'의 바탕이 된 자료는 1998년부터 2000년까지 3년 동안 15회에 걸쳐 《이상건축》에 연재한 「건축의 기초개념」입니다. 건축을 둘러싼 조건이 아무리 변해도 건축에는 변하지 않는 본질이 있다고 여기고, 이를 건축가 루이스 칸의 사고를 따라 확인하고자 했습니다. 이 책에서 칸을 많이 언급하는 것은 이 때문입니다. 이 자료로 오랫동안 건축의장을 강의했으나 해를 거듭할수록 내용과 분량에서 부족함을 느끼며 완성을 미루어왔습니다. 그러다가 이제야 비로소 이 책들로 정리하게 되었습니다.

'건축강의'는 서른여섯 개의 장으로 건축의장, 건축이론, 건축설계의 주제를 망라하고자 했습니다. 그리고 건축을 설계할 때의 순서를 고려하여 열 권으로 나누었습니다. 대학 강의 내용에 따라 교과서로 선택하여 사용하거나, 대학원 수업이나 세미나 주제에 맞게 골라 읽기를 기대하기 때문입니다. 본의 아니게 또 다른 『건축십서』가 되었습니다.

1권 『건축이라는 가능성』은 건축설계를 할 때 사전에 갖추고 있어야 할 근본적인 입장과 함께 공동성과 시설을 다룹니다.

건축은 공동체의 희망과 기억에서 성립하는 존재이며, 물적인 존재인 동시에 시설의 의미를 되묻는 일에서 시작하기 때문입니다.

2권 『세우는 자, 생각하는 자』는 건축가에 관한 것입니다. 건축가 스스로 갖추어야 할 이론이란 무엇이며 왜 필요한지, 건축가라는 직능이 과연 무엇인지를 묻고 건축가의 가장 큰 과제인 빌딩 타입을 어떻게 숙고해야 하는지를 밝히고자 했습니다.

3권 『거주하는 장소』에서는 건축은 땅에 의지하여 장소를 만들고 장소의 특성을 시각화하므로, 건축물이 서는 땅인 장소와 그곳에서 거주하는 의미를 살펴봅니다. 그리고 장소와 거주를 공동체가 요구하는 공간으로 바라보고, 이를 사람들의 행위와 프로그램으로 해석하였습니다.

4권 『에워싸는 공간』은 건축 공간의 세계 속에서 인간이 정주하는 방식을 고민합니다. 내부와 외부, 인간을 둘러싸는 공간 등과 함께 근대와 현대의 건축 공간, 정보와 건축 공간 등 점차 다양하게 확대되는 건축 공간을 기술하고 있습니다.

5권 『말하는 형태와 빛』에서는 물적 결합 형식인 형태와 함께 형식, 양식, 유형, 의미, 재현, 은유, 상징, 장식 등과 같은 논쟁적인 주제를 공부합니다. 이는 방의 집합과 구성의 문제로 확장됩니다. 또한 건축에 생명을 주는 빛의 존재 형식을 탐구합니다.

6권 『지각하는 신체』는 건축이론의 출발점인 신체에 관해 살펴봅니다. 또 현상으로 지각되는 건축물의 물질과 표면은 어떤 것이며, 시선이 공간과 어떤 관계를 맺는지 공간 속의 신체 운동과 경험을 설명합니다.

7권 『질서의 가능성』은 질서의 산물인 건축물을 이루는 요소의 의미를 생각하고, 물질이 이어지고 쌓이는 구축 방식과 과정을 살펴봅니다. 그리고 건축의 기본 언어인 다양한 기하학의 역할을 분석합니다.

8권 『부분과 전체』는 건축이 수많은 재료, 요소, 부재, 단위 등으로 지어질 수밖에 없는 점에 주목해 부분과 전체의 관계로 논의합니다. 그리고 고전, 근대, 현대 건축에 이르는 설계 방식을 부분에서 전체로, 전체에서 부분으로 상세하게 해석합니다.

9권 『시간의 기술』은 건축을 시간의 지속, 재생, 기억으로 해석합니다. 그리고 속도로 좌우되는 현대도시에 대응하는 지속 가능한 사회의 건축을 살펴봅니다. 이와 함께 건축을 진보시키면서 건축의 표현을 바꾼 기술의 다양한 측면을 정리합니다.

10권 『도시와 풍경』은 건축이 도시를 적극적으로 만든다는 관점에서 건축과 도시의 관계를 해석합니다. 그리고 건축에 대하여 이율배반적이면서 상보적인 배경인 자연을 통해 새로운 건축의 가능성을 찾고, 건축과 자연 사이에서 성립하는 풍경의 건축을 다룹니다.

이 열 권의 책은 오랫동안 나의 건축의장 강의를 들어준 서울대학교 건축학과 학부생과 대학원생 그리고 나와 함께 건축을 연구하고 토론해준 건축의장연구실의 모든 제자가 있었기에 가능했습니다. 더욱이 이 많은 내용을 담은 책이 출판되도록 세심하게 내용을 검토하고 애정을 다해 가꾸어주신 안그라픽스 출판부는 이 책의 가장 큰 협조자였습니다. 큰 감사를 드립니다.

2018년 2월 관악 캠퍼스에서
김광현

서문

건축은 공간으로 사람의 생활에 질서를 주기 위해 짓는다. 질서라는 말은 언제나 바르고 가지런하다는 뜻이지만, 이 말은 좋게도쓰이고 그렇지 못하게도 쓰여서, 건축하는 사람들이 이러한 건축의 정의를 진지하게 받아들이지 못하고 있다. 더구나 그런 질서가어떻게, 어떤 가능성을 만들어준다는 것일까?

이 책 『질서의 가능성』은 눈보다는 손과 몸의 촉각으로 건축을 만드는 구체적인 요소, 물질과 재료가 쌓이고 엮여가는 과정에서 비롯되는 많은 개념들을 다룬다. 그리고 기하학이 건축에주는 수많은 질서의 가능성이 얼마나 다양한가를 탐구한다.

먼저 어떤 건물의 단면도[1] 한 장을 앞에 두고 오래 주의 깊게 살펴보자. 그러면 사물들이 이 질서 안에 짜여 있고, 사람에게질서를 주고 있음을 알게 될 것이다. 먼저 건축물은 지붕이 바닥을 덮고, 벽으로 둘러싸며, 기둥으로 버티고, 드나들기 위해 문과창을 두며, 위아래로 바닥이 둘 이상이면 계단을 둔다. 그리고 방에 앉아 위를 쳐다볼 수 있는 천장을 둔다. 건축물이란 아무리 복잡하게 보여도 이러한 아주 적은 요소들로 무수하고 다양하게 만들어진다. 세상에 있는 모든 문화권의 집은 모두 이 요소가 결합되어 지어졌다는 사실 하나만으로도 이런 요소의 결합과 질서 안에 무한한 가능성이 숨어 있음이 증명된다.

바닥은 건물을 만드는 요소지만 사람의 행위에 질서도 준다. 벽은 공간을 에워싸고 사람을 감싸는 요소지만, 사람이 살아가는 공동체에 질서를 가져다준다. 이 요소들은 그 자체가 질서를 가지고 결합되고 사회에 질서를 부여한다. 그러나 이 요소는무수한 방법과 의미 안에서 만들어지는 것이라서 책을 읽는 것만으로는 부족할 수밖에 없다. 또한 건축의 질서는 매우 경험적이어서 인간이 자신의 문화 속에서 지어온 수많은 실례와 함께생각해야 한다. 그러므로 지나가는 길에 마음에 드는 건물을 선택해서 이 책의 내용을 떠올리며 머리와 마음으로 그 건물의 요소를 내가 설계한다고 생각하면 아주 구체적이고 좋은 건축 공부가 될 것이다.

이 책은 건축이 질서를 주는 또 다른 중요한 방법인 '쌓고 세우는 것'을 구축이라는 개념으로 설명하고 있다. '쌓고 세운다'에는 인간의 의지, 공간, 힘, 엮는 방식 등 많은 개념이 함께하고 있다. 쌓고 세우는 구축을 배울 때도 다른 마음가짐이 필요하다. 이를테면 벽돌로 지은 건물을 멀리서 바라보다가 다시 서서히 다가가고, 마지막에는 바로 눈앞에서 벽돌 한 장 한 장이 어떻게 쌓여갔는지 계속 생각해야 한다. 또는 이와 반대로 벽돌 한 장 한 장이 쌓이고, 이것이 자라서 건물을 점점 완성해가는 과정을 염두에 두고 이 장을 읽는 것도 좋은 공부 방법이 될 것이다.

건축의 또 다른 질서는 기하학이다. 이것은 어려운 말이 아니다. 설계를 하며 매일 그리는 도면 자체가 기하학적인 작업이며, 건축가가 하고 있는 모든 표현 방식이 기하학과 결부되어 있다. 이처럼 기하학은 건축에 질서를 주는 언어다. 기하학은 고대 그리스의 파르테논을 만든 순수 기하학에서, 오래전부터 지어져온 마을을 만든 구체 기하학에 이르기까지 재고, 인식하고, 상상하고, 눈으로 보는 수많은 질서를 가질 수 있게 해준다.

기하학이 변화하면 건축의 질서도 변화한다. 또 건축의 질서를 위해 기하학은 선택되기도 한다. 그런데도 오늘 우리는 기하학을 이상적인 것, 추상적인 것, 대칭과 비례를 따지는 정도로 넘겨짚는 경우가 너무 많다. 그러나 건축하는 우리는 기하학이 주는 수많은 가능성을 찾아 평생의 주제로 삼고자 하는 마음으로 공부해야 한다.

1장   건축의 요소

35_____개념과 해석
        잴 수 있는 요소   35
        잴 수 없는 요소의 말   36
        구성의 요소가 건축의 요소로   38

39_____지붕
        지붕이 집   39
        모여 사는 표현 방식   43

47_____바닥
        바닥은 몸의 연장   47
        바닥과 지표면   50
        바닥과 용적률   56

59_____벽
        닫고 여는 벽   59
        벽은 무리수   67

71_____기둥
        건축의 시작   71
        기둥과 벽   77

80_____문
        문은 유보의 장소   80
        문은 앞서 상징한다   86

88_____창
        창은 집의 눈   88
        창은 잘라본다   92
        창가에 서는 것   95

97   계단

중력에 대한 자유   97

공간을 통합하는 계단   104

112   천장

천장은 떠 있는 하늘   112

공간을 완성해주는 것   114

2장   건축과 구축

119   구축 의지

구축은 기술과 의지   119

수직으로 세운 돌   120

123   공간적 구축

수직으로 세운 돌의 장   123

구축적인 질서   124

외부로 확장   127

힘의 흐름   128

129   구축과 구성

134   구축 방식

결구적, 질석법적   134

편조와 피복   138

결구, 텍토닉   143

150___이음매

구축 과정 150

이음매의 역할 151

반이음매 155

루이스 칸의 이음매 160

163___구축과 탈구축

자크 데리다의 탈구축 163

다시 구축 165

3장   건축과 기하학

169___건물은 산, 기하학은 땅

사라지는 기하학 169

나타나는 기하학 174

180___건축의 기하학

만드는 이의 기하학 180

사람의 기하학 184

생활의 기하학 188

구축의 기하학 190

본성의 기하학 193

198___순수기하학

추상과 요소의 기하학 198

언어의 기하학 202

균질의 기하학 204

장場의 기하학 208

210____질서와 기하학

모상과 기하학 210

확장의 기하학 212

르 코르뷔지에의 기하학 214

미스 반 데어 로에의 기하학 218

221____현실의 기하학

요구의 기하학 221

구체의 기하학 224

230   주석

238   도판 출처

1장

건축의 요소

기둥, 벽, 바닥, 천장, 창이라는 건축의 요소는
실체로 집만 지어주는 것으로 끝나지 않는다.
창은 외부와 내부가 교차하는 곳이며, 바닥은
대지의 일부라고 이해하는 경우가 그렇다.

개념과 해석

잴 수 있는 요소

건축물은 사물이 모여서 생긴 것이므로 그것을 성립시키는 하나
하나의 요소가 있다. 그것은 더 이상 분석할 수 없는 요소로 되어
있다. 건축물은 사람들이 생활하고 활동하기 위하여 비바람을 막
는 덮개와 에워쌈으로 이루어진다. 이 덮고 에워싸서 만들어진 내
부 공간에는 정해진 위치에 바닥, 벽, 천장과 같은 요소가 놓인다.
조금 더 자세히 말하면, 건축물이라는 실체를 성립시키는 요소는
기둥, 바닥, 벽, 천장의 구성재, 또 이 구성재를 3차원적으로 배열
하여 만든 공간적인 방, 그리고 이 방들을 안에 포함하는 외형의
볼륨 등으로 이루어진다. 여러 단계에서 이런 요소가 부분으로
선택되고 관계를 맺으면서 건축물이라는 전체가 성립한다.

　　　다소 추상적으로 들린다면 엑서터 도서관Exeter Library의 단
면도[2]를 주의 깊게 바라보기만 해도 건축물은 바닥, 기둥, 벽, 문
이나 창과 같은 개구부, 계단, 천장으로 짜여 있음을 알 수 있다.
그러나 이 요소들은 따로 있지 않고 서로 연결되는 하나의 커다란
질서 속에 있다. 이러한 물질의 질서를 만들어가는 것이 건축설계
의 핵심이다. 바닥은 사람과 사물을 받쳐주고 기둥은 이런 바닥
을 받쳐준다. 벽은 이쪽과 저쪽으로 구분하여 각자 떨어져서 자기
일을 할 수 있게 하고, 벽에 뚫린 창은 빛과 바람과 시선과 풍경을
조절한다. 이 건축의 요소는 건물 안에 들어와 책을 읽는 사람에
게 크고 작은 질서를 부여하고 있다.

　　　이탈리아 건축가 레온 바티스타 알베르티Leon Battista Alberti
는 건축의 안과 밖을 구별하는 실체, 즉 건축을 이루는 기본 요
소에 대해 "건물 전체는 여섯 부분으로 이루어지는 것이 분명하
다. …… 지역, 바닥, 분할, 벽, 지붕, 및 개구부"[3]라고 하여 건축물을
구성하는 이와 같은 기본 요소를 중심으로 논했다. 이러한 전통
을 따라 에콜 데 보자르École des Beaux-Arts의 교수였던 줄리앙 가데
Julien Guadet는 『건축의 요소와 이론Éléments et théorie de l'architecture』에

서 요소를 '건축의 요소elements of architecture'와 '구성의 요소elements of composition' 두 종류로 나누었다.[4] '건축의 요소'는 벽, 창, 볼트, 지붕 등 건축을 입체적으로 짜 맞추는 요소를 말한다.

건물의 경계를 가장 단순하게 건축의 요소로 분해하면 지붕과 벽과 바닥이 된다. 그러나 지붕과 벽과 바닥만으로 한 채의 집이 완성되지는 않는다. 개념적으로 보면 내부 공간은 평평한 바닥과 천장 사이에 있고, 그 사이를 벽이나 창으로 막아서 만든다. 그러나 실제로는 바닥과 벽 사이에는 걸레받이가 있고 천장과 벽 사이에는 천장 몰딩이 있다. 벽이 뚫린 곳을 창이라고 하나 실제로 그 안에는 유리와 창틀이 들어가 있다. 따라서 건축의 요소를 지붕과 벽과 바닥이라고 말하는 것은 그것들이 요소 중 가장 기본이 되기 때문이며 실제로 건축의 요소는 무수히 많다.

잴 수 없는 요소의 말

건물은 경계를 짓는 일이다. 집은 현실의 장소를 벽과 바닥과 지붕으로 덮는 그릇이다. 건축의 요소를 이렇게 보면 지붕에는 작은 지붕, 평지붕이나 박공지붕이 있다고 설명할 수 있다. 그런데 프랑스 철학자 가스통 바슐라르Gaston Bachelard는 "집은 세계 속에 있는 우리의 구석이다. 자주 이야기해왔듯이 집은 우리의 최초의 우주다. 그것은 어김없이 우주이며 문자 그대로 우주다."[5]라고 말한다. 집은 이 넓디넓은 세상 안에 아주 작은 점과 같은 것이지만 그 안에 우리가 살고 있으니 우리의 구석진 곳이다. 집은 우리가 살아가야 할 최초의 우주인 구석진 곳이다.

집이 과연 "세계 속에 있는 우리의 구석"이 되고 "우리의 최초의 우주"가 되려면, 그 경계에서 의미 없는 현실과 경험을 의미 있는 세계로 바꾸어야 한다. 마르틴 하이데거Martin Heidegger는 사람은 "세계-내-존재being-in-the-world"라고 했다. 사람이 홀로 있는 것이 아니라 건물과의 관계에서 비로소 존재한다면, 사람은 하이데거 식으로 말해 "건물-내-존재being-in-the-building"다. 그렇다면 지붕은 인간에게 소우주를 만들기 위한 덮개다. 바꾸어 말하면 판테온Pantheon의 지붕은 만들어놓고 지내다가 하늘이라는 의미를 갖다 붙인 것이 아니라, 하늘과 우주인 집의 개념이 먼저 있고 이 개념을 장대한 덮개에 옮겨 넣은 것이다.

따라서 '잴 수 있는' 건축의 요소에는 '잴 수 없는' 요소의 말, 언어가 있다. 2차원으로 펼쳐지는 땅바닥과 방바닥에 관한 말, 3차원으로 펼쳐지는 공간과 볼륨에 관한 말, 기둥에 관한 말, 재료의 질감에 관한 말이 있다. 벽은 '벽'이라는 개념을 가진 수직의 면이고, 바닥은 '바닥'의 개념을 가진 수평한 면이다. 창에는 빛과 개구부를 잇는 것에 관한 말, 문에는 내부 공간과 외부 공간을 잇는 것에 관한 말 등이 있다. 이렇게 생각하면 집을 짓는 일은 덮개를 덮은 다음 집이라는 개념을 그리는 것이 아니다. 반대로 집이라는 개념을 덮개인 실체에 그려 넣는 것이다.

내부 공간의 방은 바닥, 벽, 천장 등의 형식적인 관계로 만들어진다. 건축 내부에 방 하나만 있는 경우는 아주 드물고 여러 개의 방으로 이루어지므로 바닥, 벽, 천장이라는 물적 요소는 조금 더 복잡하게 구성된다. 사람이 살아야 하므로 방은 완전히 닫히지 않고 동시에 열린다. 열고 닫히는 방식은 두 가지가 있다. 개구부를 두어 닫을 때도 열 때도 있게 하여 내부를 주변과 다르게 하는 방법이 있고, 벽의 개념을 없앤다든지 천장의 개념을 없애서 에워싸여 있는 개념을 버리고 외부에 동화시키는 방법이 있다.

그래서 기둥, 벽, 바닥, 천장, 창이라는 건축의 요소는 실체로 집만 지어주는 것으로 끝나지 않는다. 창은 외부와 내부가 교차하는 곳이고, 바닥은 대지의 일부라고 이해하는 경우가 그렇다. 따라서 건축의 요소를 말할 때 지붕이라면 큰 지붕이나 작은 지붕, 평지붕이나 박공지붕과 같은 지붕의 종류를 말하는 것이 아니다. 지붕의 작용, 예를 들면 커다란 나무와 같은 것, 지붕 밑의 영역 등을 말하는 것이다. 벽은 울타리만 뜻하는 것이 아니라 성벽과 같은 것, 나아가 국경처럼 에워싸는 것을 말한다. 또 바닥은 방바닥만을 가리키는 것이 아니라 빈 땅이나 광장처럼 지면에 펼쳐지는 것을 말한다.

구성의 요소가 건축의 요소로

유럽의 전통적인 건물은 폐쇄적이고 방 하나하나가 벽으로 분리되어 매우 독립적이었다. 그 때문에 방과 방, 내부와 외부가 연속되지 못했다. 근대건축의 개척자들은 새로운 기술에 힘입어 사방이 벽으로 둘러싸인 방과 그것을 잇는 복도를 부정하고, 방과 방을 직접 연결하고자 했다. 건축의 요소를 분리하거나 생략함으로써 이전과 달리 '구성의 요소'를 전면적으로 혁신했다.

미스 반 데어 로에Mies van der Rohe는 공간을 구분하던 벽을 없앴으며, 셀 구조로 보와 기둥의 프레임을 없앴다. 바르셀로나 파빌리온Barcelona Pavillion은 철골 구조로 되어 있으며, 벽이 기둥으로부터 독립되어 있으므로 보도 실내에서는 보이지 않는다. 바닥은 기단처럼 올라와 있으며, 못에 펼쳐진 수면은 완전한 수평면을 강조해주고, 벽도 얇고 화사한 오닉스 돌로 마감되어 있다. 건축이 방이라는 관습적인 요소를 거치지 않고 바닥, 벽, 천장 등의 구성재라는 요소로부터 다시 정의되고 있다는 사실이 중요하다. '구성의 요소'가 '건축의 요소'로 다시 해석되었다.

르 코르뷔지에Le Corbusier의 '돔이노 시스템dom-ino system'은 개념을 나타내기 위한 도면이지만, 실은 칸막이와 기능 없이 바닥과 기둥이라는 건축 요소와 그것들이 만들어내는 구조로 이루어진 새로운 건축을 개념적으로 보여준다. 마치 회화의 틀이 의미를 잃듯이, 건축의 방을 둘러싸는 두꺼운 벽을 사라지게 만들었다.

시대가 바뀌면서 건축의 요소는 계속 새롭게 해석된다. OMA의 'ZKM 현상설계안'에서는 거대한 시트로앙citrohan 형식을 30미터 스팬의 비렌딜 트러스vierendeel truss로 그 안을 비우고, 기둥 없이 속이 빈 슬래브로 이루어진 내부 공간을 만들었다. 노먼 포스터Norman Foster의 1978년 '세인즈베리 시각예술센터Sainsbury Center for Visual Arts'는 내부 공간 전체를 덮고 있는 부분을 2.4미터의 스페이스 프레임으로 비우고, 빈 부분에 로비, 매점, 사진 스튜디오, 기계실, 전기실, 전시를 위한 설비 기계를 넣어 격납고와 같은 거대한 공간을 만들었다.

지붕

지붕이 집
건물의 첫 요소

지붕은 바닥과 벽과 함께 건축물을 구성하는 기본 요소다. 지붕은 비바람을 막기 위해서 집을 덮어주는 구조물이다. 따라서 지붕은 기후 풍토에 직접적인 영향을 받는다. 집이 있으면 지붕이 있기 마련인데 지붕은 '집 + 웅'이 합쳐진 말이다. 옛말에서 '집웅'은 '집 우上'였다. '우'는 '위'라는 뜻이다. 곧 '지붕'은 '집'의 '위'란 뜻이다. 지붕이라는 말이 '집'에서 나왔으니, 지붕은 곧 집이다. 지붕이 건축에서 기본이라는 사실은 누구나 안다. 그러나 기본적인 요소이기에 지붕이 무엇일까를 다시 생각하는 것은 건축의 기본을 바꾸어 생각하는 것이 된다.

지붕이 없는 방을 상상해볼 수도 있다. 그런 탓일까? 퍼렐 윌리엄스Pharrell Williams의 노래 가사에는 "지붕 없는 방room without a roof"이라는 표현도 있다. "왜냐하면 저는 행복하니까요. 천장이 없는 방에 있는 기분이면 절 따라서 손뼉 쳐요Because I'm happy. Clap along if you feel like a room without a roof." 천장이 없는 방에서는 날아갈 것 같고 어떤 한계도 느끼지 않으며 뭐든지 할 수 있다는 기분을 묘사한다. 살아가면서 느끼는 한계가 더 이상 없다는 뜻이다. 그러나 실제로 지붕 없는 방에 앉아 어떤 한계 없이 무한한 자유를 느낀다 할지라도 지붕이 없는 방은 방이 아니며 지붕이 없는 집은 집이 아니다.

건축을 가장 간단하게 구성하는 요소는 바닥과 벽과 지붕이다. 이 세 가지 요소가 있어야 외부에서 내부를 얻어낼 수 있다. 신체가 거주하게 될 간단한 셸터shelter라면, 바닥은 밑부분을, 벽은 내 신체를 수평 방향으로 둘러싸는 부분을, 지붕은 윗부분에서 셸터의 안과 밖을 구분한다. 그렇다면 이 세 가지 요소 중에서 더욱 중요하고 가장 기본적인 것은 무엇일까? 먼저 벽이 없어도 건물은 가능하다. 열대지방의 주거가 그렇고, 정자亭子와 같은 구조물을 보면 벽이 없어도 충분히 건물로 작용할 수 있다. 그러나 지붕이 없는 건물은 건물이라고 말하기 어렵다. 지붕을 만든다는 것은 곧 그 밑에 바닥을 확보한다는 뜻이 포함되어 있다.

지붕은 비바람을 막을 뿐만 아니라 외적도 막아주고 공간에 경계를 주며 나아가 그 경계 안이 거룩한 영역을 형성하게 해준다. 하나의 지붕 밑에 사는 사람이나 방들은 하나로 통합되며, 또한 하나로 통합되어 있음을 상징한다. 사람이 거주하는 영역을 형성해주는 장場이다. 벽이 없어도 지붕이 있으면 영역이 형성된다. 열대지방에는 지붕은 있으나 기둥만 세우고 벽이 없는 집이 많다. 지붕만 있으면 나머지는 거의 해결된 셈이다.

지붕의 처마는 지붕을 연장한 것이면서 가장 잘 알려진 외부 공간을 덮는 요소다. 모로코 마라케시Marrakesh에 있는 수크souk처럼 시장 골목 위를 덮는 덮개는 길의 공간을 정리하는 훌륭한 지붕의 하나다. 오늘날 대도시의 건물을 덮는 큰 지붕, 공공 공간에 사람들이 적극적으로 참여하도록 유도하는 큰 지붕도 이와 다를 바 없다. 런던의 킹스 크로스 역King's Cross railway station의 지붕처럼, 큰 지붕은 기존의 역 건물에 덧대어 주변 지역에서 흘러들어오고 나가는 사람들의 흐름을 그대로 받아 다른 곳으로 분산시키는 역할을 한다. 이런 큰 지붕은 건물과 사람들을 받고 흘려보내는 도시의 영역을 형성한다. 오늘날 공항은 건물로는 항구적이지만 여객의 입장에서 공항을 통과하는 것이 일시적이므로 공항 역시 커다란 지붕으로 덮인 셀터가 된다.

둥근 지붕인 '돔dome'은 집이라는 뜻의 그리스어 '도마doma'에서 나왔다. 우리말의 집과 지붕의 관계와 똑같다. 고대 로마의 상류 주택이나 둥근 지붕을 '도무스domus'라고 한다. 지붕이 사람이 사는 주거라는 뜻이다. 하느님의 집은 '도무스 데이domus dei'라고 하며, 대성당도 이탈리아어로 '두오모duomo', 독일어로 '돔dom'이다. 돔은 본래 집의 옛 모습으로, 그것이 집이라고 인정되는 원형原型이었다. 돔은 특별한 집, 특히 죽은 자의 집인 묘로 이어져 우주를 상징하는 구형球形의 형태를 취하는 경우가 많다. 삼각형의 지붕인 단순한 주거의 원형과는 다른 거룩한 방향으로 죽은 자가 옮겨가려면 둥근 지붕의 집 안에 있어야 했다.

집을 가리키는 익숙한 한자들이 있다. 집 가家, 집 실室, 집 궁宮, 집 택宅, 집 우宇, 집 주宙 등에는 모두 원시 움집 모양을 한 집 면宀 자가 붙어 있다. 집 가家는 돼지 시豕 위에 집 면宀이 붙어 있다. 면宀은 사방이 지붕으로 덮여 있는 집이라는 뜻이다. 우주라는 말도 모두 집이다. 집 우宇는 장소이므로 공간적으로 끝이 없는 것이고, 집 주宙의 말미암을 유由는 시간상으로 끝이 없음을 나타낸다. 우주는 무한한 공간과 시간을 덮고 있는 집이다. 마찬가지로 사람이 사는 집의 지붕도 공간과 시간을 덮고 있다.

판테온이라는 말은 '판pan = 모든, 테오theo = 신, 온on = 집'으로 "모든 신의 집"이라는 뜻이다. 하드리아누스Hadrianus 황제가 유럽을 정복하고 로마 대제국을 건설하고 나서 민족융화정책을 펴기 위해 즉위하자마자 지은 집이다. 그러기 위해 민족의 모든 신을 모셨다는 정치적인 의도를 공공연하게 표방해야 했다. 지금도 공간 한가운데 서면 우주를 느낀다는 표현은 맞는 말이다. 지은 목적이 그러하였으니, 이 판테온에서는 우주와 빛 그리고 그 공간 안에서 변화하는 시간을 함께 말할 수 있었다. 건축은 우주를, 빛은 우주를 비추는 것이 된다. 이러한 이유에서 판테온은 위에서 빛이 내려와 내부의 공간을 가득 채우는 형식의 원형이 되었다.

지붕은 사람이 들어갈 수 없는 종교적 영역을 만들고, 또 그 안에 종교적으로 더 중요한 자리를 만들어준다. 성경에서는 지붕이 공간을 덮고 하늘과 땅을 나눈다고 말한다. "하느님께서 말씀하셨다. '물 한가운데 궁창이 생겨, 물과 물 사이를 갈라놓아라.' 하느님께서 이렇게 궁창을 만들어 궁창 아래에 있는 물과 궁창 위에 있는 물을 가르시자, 그대로 되었다. 하느님께서는 궁창을 하늘이라 부르셨다. 저녁이 되고 아침이 되니 이튿날이 지났다."『창세기』 6:8. 궁창은 하늘이다. 영어 성경에서는 이 궁창을 '볼트a vault' '돔a dome'으로 번역한다. 물과 물 사이를 갈라놓은 것은 다름 아닌 떠 있는 지붕인 것이다. 그래서 하느님께서는 그 볼트를 하늘이라고,

또 그 돔을 하늘이라고 부르셨다고 한다.

아마존 북부에 사는 투카노Tukano 사람들의 주택은 지붕 하나로 끝나지 않는다. 이들이 집과 함께 생각하는 바를 그린 다이어그램을 보면, 지붕 위에는 이를 덮고 있는 지붕이 또 있는데, 이것을 '껍질'이라고 표현하고 있다. 나무껍질, 새 껍질, 비구름 껍질들이 위에서 지붕을 또 덮고 있다. 유르트yurt 위를 덮는 돔 같이 생긴 샤니락shanyrak은 카자흐스탄의 문장紋章이기도 하다. 이를 지지하는 부재를 보면 푸른 하늘을 배경으로 해가 햇빛을 온 천지에 내보내고 있고 좌우는 신화에 나오는 말들의 날개 모양을 하고 있다. 유르트의 둥근 지붕은 생명과 영원함을, 샤니락은 태양이자 가족의 안녕, 평화, 평온함을, 그것을 지지하는 지붕 부재는 햇빛을 상징한다.

집모양, 산 사람의 집

건축 공간을 위에서 감싸는 지붕에는 다른 요소와는 다른 독자적인 힘이 있다. 왜 그럴까? 사람은 위를 향하는 공간의 축에서 특별한 의미를 느끼는데, 지붕은 하늘에 맞닿아 있으면서 하늘을 향해 빛을 받으며 건축의 공간을 한정하기 때문이다. 아이들은 집을 그릴 때 벽을 그린 다음에 지붕을 그리지 않는다. 지붕을 먼저 그린다. 아마도 지붕은 누구에게나 이해하기 쉽고 집의 의미를 뚜렷하게 보여주기 때문일 것이다. 아이들은 건축에서 지붕이 얼마나 결정적인가를 이미 알고 있다. 삼각형의 맞배지붕은 그 자체가 살아 있는 사람들의 집인 '집모양家形'이 되었다. 다만 묘에도 이와 같은 집모양을 한 것이 많다. 이 세상에서 살던 집에 계속 머물러 있기를 바랐기 때문이다.

방수가 잘 안 되는 재료를 사용해 비를 흘려 보내야 했으므로 당연히 삼각형으로 된 박공지붕을 얹어야 했고 이것이 집의 원형이 되었다. 고대 미케네 문명에서 시작한 삼각형 지붕의 집이 변하여 고대 그리스 신전의 기본 구성 요소로 이어졌다. 크레타의 박물관에 소장된 기원전 8세기의 테라코타terracotta만 해도 두 개의 긴 벽 위에 삼각형 지붕을 올려놓은 모습을 볼 수 있다.

최초의 주거 형태는 지붕이 정해주었다. 벽을 만들기 이전에
는 땅을 파고 내려가 그 땅이 벽이 되었고 그 위에 지붕을 덮었다.
이런 집을 지을 때 땅을 파는 것보다 아마도 파내려간 공간 위를
덮는 지붕을 만드는 것이 공사의 전부였을 것이다. 바닥에서 지붕
끝까지는 대략 3미터 정도 된다. 이를 움집이라 하고 수혈식주거竪
穴式住居, pit-house라고도 한다. '수竪'란 지붕을 덮으려고 기둥을 세웠
다는 뜻이다.

'배울 학學'의 갑골문자는 초가지붕을 이고 이엉을 엮어서
덮는 모습이다. 윗부분에 두 개의 x자 모양은 엮인 이엉이고, 그
좌우에 있는 것은 손이다. 그 뒤 이 글자 밑에 지붕이 있는 집모양
이 붙게 되었다. 이런 글자 안에 아이가 들어가게 되었다. 배우는
것이 왜 지붕의 이엉을 엮는 기술인가? 사람이 사는 지붕 위에 올
라가 초가지붕의 이엉을 엮는 것을 배우는 것, 그것이 인간이 세
상에 있는 수많은 사실과 지식을 배우는 시작이었다. 갑골문자가
가르쳐주는 대로 집을 해석하자면 사람은 집에서, 그것도 지붕에
서 배움이 시작되었다고 할 수 있다.

모여 사는 표현 방식
한 지붕 세 가족

지붕은 벽과 함께 집을 그릇처럼 만들기도 하고, 또는 벽 없이 '장
場'을 형성하기도 한다. 지붕의 모양이 강력하면 집은 지붕의 모양
으로 거의 정해진다. 그렇다면 지붕에는 바닥과 벽을 하나로 통합
하는 힘이 있다고 말할 수 있다. 이렇게 보면 집을 만드는 데 벽보
다 더 중요한 것이 지붕이다. 이러한 사실은 건축이 지붕을 만드
는 데서 시작했다는 것을 간접적으로 입증해준다.

지붕의 개념을 가장 잘 나타내는 것은 우산이다. 우산은 움
직이는 셸터다. 모든 기둥은 우산대로 대표되고 모든 지붕은 우산
의 천으로 대표된다. 우산은 정자를 그대로 축소한 것이다. 건물은
지붕만 있으면 용도를 달리하며 바꾸어 쓸 수 있다. 스페인 발렌시

아의 번화가에 콜론 시장Mercado de Colon이 있다. 1916년에 지어진 이 시장의 정면은 앞뒤 두 곳이고, 그 사이는 마치 철도역처럼 단철의 기둥과 아치로 큰 지붕을 받치고 있다. 그 결과 이 시장은 옛것을 그대로 간직하면서도 도시의 새로운 중심으로 바뀌게 되었다.

지붕은 사람을 그 아래에 머물게 해준다. 한 그루의 나무는 인간의 활동을 덮어준다. 지붕이 있으면 그것만으로 그 아래에 하나의 영역이 만들어진다. 바닥에 아무런 표시도 없고 에워싼 것조차 없을지라도 지붕 하나만 있으면 에워싸는 최초의 영역이 만들어진다. 지붕은 비바람과 강한 햇볕이라는 위협적인 침입자를 막아주기도 하면서, 단숨에 내가 점유하는 영역이라는 감각을 만들어준다. 따라서 지붕의 원형은 '나무'다.

루이스 칸Louis Kahn은 "선생이라고 생각하지 않는 선생과 학생이라고 생각하지 않는 학생이 나무 아래에 앉아 있는 곳"을 학교가 생기기 이전의 학교라고 말한 적이 있다. 건물이 아직 지어지지 않았는데, 왜 선생과 학생은 나무 아래에 앉아 있는가? 그것도 선생이라고 생각하지 않는 선생과 학생이라고 생각하지 않는 학생이. 나무는 지붕의 원점이고 지붕은 건축의 원점이다. 지붕은 그 밑에 영역을 지정하고 공간을 상징한다.

정자의 지붕은 나무의 건축적 효과를 가장 잘 나타낸다. 전라남도 담양에 소쇄원瀟灑園이라는 조선시대의 대표적인 정원이 있다. 이곳에도 흔히 볼 수 있는 대봉대待鳳臺라는 정자가 하나 있다. 여섯 명 정도 앉을 수 있는 바닥에 네 개의 기둥을 세우고 그 위에 초가지붕을 얹었다. 지붕이 이 건축물의 거의 전부다. 그러나 지붕은 그늘을 만들어주고 바닥에 앉은 사람을 하나로 묶어 그 자리에 함께 있음을 확인해준다.

지붕은 가족을 덮어준다. 가족만이 아니라 안에 있는 방들과 안에 있는 수많은 물건을 다 덮어준다. '한 지붕 세 가족'이라는 표현은 세 가족을 품고 그 구별을 없애준다는 뜻이다. 한 지붕 밑에서 산다는 말은 지붕이 행복한 가족, 잘 통합된 공동체를 알기 쉽게 표현한 상징임을 보여준다. 미국의 메사 베르데Mesa Verde에는 옛날 푸에블로Pueblo 인디언의 선조로 알려진 아나사지Anasazi라 불린 인디언들이 살던 유적이 많이 남아 있다. 엄청난 지형 그 자체가 지붕이 되어 바람을 막고, 따뜻한 거주지는 이들의 공동체 전체를 안아준다.

스페인 남부에 있는 세테닐 데 라스 보데가스Setenil de las Bodegas에는 좁은 협곡의 절벽 아래 건물을 길게 이어 지으면서 생겨난 마을이 있다. 거대한 암반 밑에 집을 짓고 얼마 남지 않은 암반까지 이용하여 또 다른 한 줄의 집들이 서 있는 곳은 더욱 극적이다. 좌우에 줄지어 서 있는 집들 사이에 생긴 길 위에도 거대한 바위가 지붕 역할을 하고 있다. 바윗덩어리가 지붕이다. 이처럼 지붕은 건물이 생기는가 아닌가를 결정짓는 첫 번째 요소다.

하늘과 닿는 곳

지붕은 한쪽은 하늘과 도시와 다른 사람들에, 다른 한쪽은 나 자신과 나의 공간에 닿아 있다. 바슐라르는 『공간의 시학La Poetique de l'espace』이라는 책에서 "다락방은 몽상을 키우고 몽상가는 다락방에 숨어든다."라고 했는데, 이것은 좁은 다락방을 덮고 있는 지붕이 작은 우주와 같은 느낌을 강하게 주기 때문이다. 지붕이 서로 맞닿을 듯이 이어지면 지붕은 가족이라는 공동체, 가족이라는 사회적 관계를 나타낸다. 나와 다른 사람, 내 집과 도시, 내 집과 하늘이 서로 만나는 곳이 바로 지붕이다. 지붕은 사람과 사람을 하나로 감싸며 사람들이 모여 사는 방식에 커다란 윤곽을 준다. 지붕은 비바람을 막아주기 위한 말 없는 구조물이면서 우리가 도시 안에서 어떻게 모여 사는가를 말해주는 사회적인 표현 방식이다.

지붕은 그 집이 주변에 대하여 어떤 자세를 보여주는지 말해주는 아주 중요한 단서다. 도시의 풍경에서 집모양의 거의 절반을 지붕이 차지한다. 이탈리아 시에나Siena를 위에서 보면 지붕의 모양이 거의 비슷하고 색깔도 같아서 도시 전체가 지붕의 풍경이다. '시에나'라고 하면 제일 먼저 수많은 집들이 만들어내는 지붕의 풍경을 떠올린다. 지붕은 그 도시의 정체성을 드러낸다.

지붕은 차이를 만든다. 건물이 따로 떨어져 있는 경우 지붕은 건물의 형태와 성격을 가장 뚜렷하게 만들고 주위와 구별되며 차이를 드러낸다. 지붕이 집모양의 대부분을 정하고 있어서 어디까지가 지붕이고 어디까지가 벽인지 구분이 안 되는 집도 있다. 고딕식 돔 초가집Gothic domed thatched house도 집 전체가 지붕이다. 지붕은 멀리서도 잘 보인다. 지붕의 이런 특성 때문에 다른 것보다 벽이 훨씬 더 뚜렷한 차이를 보인다. 지붕의 형태와 재료가 집들이 모여 있는 마을의 형태를 대표한다.

　　벽난로가 많이 쓰이면서 대저택의 지붕은 그림과 같은 지붕 풍경을 나타냈다. 이런 집들이 모여 있는 마을은 지붕도 지붕이지만, 굴뚝이 즐비하게 서 있는 모습으로 사람들이 모여 사는 마을의 풍경을 만들어준다. 인도 무굴 문화가 완성한 이상도시 파테푸르 시크리Fatehpur Sikri에는 지붕 위에 또 다른 작은 지붕을 많이 올려놓았다. 풍선이 물건을 끌어올리듯이 지붕이 지붕을 위로 끌어올려주고 있다. 세계에서 가장 널리 알려진 궁전 중 하나인 프랑스의 샹보르 성Château de Chambord은 모퉁이마다 서 있는 원형 탑에 300개가 넘는 굴뚝과 다락방 창이 얽혀 지붕 위에 무수한 지붕을 만들었고, 지붕 위에 또 다른 마을을 쌓아놓은 듯이 올려놓았다. 파테푸르 시크리의 궁전과 같은 이유에서다.

　　안토니 가우디Antoni Gaudí의 카사 밀라Casa Milá에도 평평해 보이는 옥상이 있다. 이 옥상은 어른이나 아이들이나 그곳을 찾아오는 수많은 사람들이 오르락내리락하며 즐거워하는 장소다. 그렇다고 그곳에 정원을 꾸미거나, 그것을 '옥상정원'이라고 부르지 않는다. 그래서 '가우디의 친구들 협회'의 간사였던 엔리크 카사넬라스Enric Casanellas는 이렇게 말했다. "이 지붕의 조형이 주는 충격과 감동으로 우리들은 전율을 느낀다. 인생에 대한 희망을 우리 마음에 불러일으킨다. …… 이 카사 밀라의 지붕은 우리를 단지 당황하게 만들 뿐이다."

　　근대건축은 지붕을 평탄하게 만들었다. 가장 높이 있는 평탄한 바닥을 구법상으로는 평지붕flat roof이라고 정의하지만, 대개는 옥상rooftop이라고 부르지 지붕이라고 하지 않는다. 지붕과 옥상은 근본적으로 다르다. 코르뷔지에는 옥상정원으로 지붕을 대신했다. 코르뷔지에는 '근대건축의 다섯 개 요점'에 옥상정원을 넣어 유명해졌는데 그렇다고 그가 옥상정원을 처음으로 도입한 사람은 아니다. 영국의 첫 번째 백화점인 셀프리지Selfridge의 옥상정원을 보면 코르뷔지에의 사보아 주택Villa Savoye 옥상정원은 전혀 독창적으로 보이지 않는다.

그는 옥상정원을 위해서 지붕을 없앴다. 그를 옹호하는 시각에서는 지붕을 부정한 것이 아니라 적극적으로 이용한 것이라고 하지만, 앞에서 살펴보았듯이 지붕은 이용하는 것이 아니다. 공간과 그 안에 있는 사람들을 덮는 것이며 하늘과 자연과 직접 만나고 풍경을 드리우는 것이다. 마르세유에 있는 유니테 다비타시옹 Unite d'Habitation의 옥상정원에 유치원을 비롯한 여러 시설을 두고 정원으로 사용했다고 해도 지붕은 아니다. 영어로 루프 가든roof garden이라 하면 지붕에 만든 정원처럼 들리지만, 본래 프랑스어로는 '자뎅 쉬스펜뒤jardin suspendu', 직역하면 '공중에 높이 위치한 정원'이다. 하늘과 만나는 건물의 마지막 바닥이라는 뜻이다.

우리가 사는 도시를 내려다보면 높은 빌딩이 여기저기 불쑥불쑥 솟아 있고, 낮은 독립주택이 넓게 퍼져 있으며, 형태적으로 평평한 지붕이 집적된 도시를 형성하고 있다. 지붕은 장소, 풍도, 개성을 나타냈으나, 이제는 평탄한 지붕의 건축물이 풍경에서 지붕의 의미를 빼앗아간 원인이 되었다. 그 결과 우리의 도시는 경제적인 합리성을 나타내는 기호로 가득 차버렸다.

바닥

바닥은 몸의 연장

바닥은 영역을 명시하고 장場을 규정한다. 땅에 줄을 둘러 경계 지어도 바닥은 생긴다. 고대 그리스나 로마의 유적을 보면, 대개 지붕이 없거나 벽이 부서져 있다. 그런데도 바닥은 여전히 남아 있다. 땅바닥에 깐 한 장의 돗자리도 훌륭한 바닥이다. 야영을 가서 텐트로 땅을 덮으면 그곳은 바닥이 된다. 벽도 흙이고 지붕도 흙인 중동지방의 주택에서는 한 장의 카펫이 깔려야 비로소 주택이 된다. 사막을 이동하며 사는 이들은 천막과 카펫을 싣고 다니는데, 카펫이라는 바닥이 깔리는 곳이 곧 그날 머무는 집이 된다. 사람의 몸은 바닥을 가까이하면 자고 쉬고 침착해지며 행복감을 느낀다. 온돌이 우리에게 둘도 없는 쉼을 주듯이, 카펫은 바닥과 사람의 몸을 화해시키는 물건이다.

바닥은 그 장소에 특별한 의미를 준다. 이런 장소에는 자유롭게 움직일 수 없는 바닥이 있다. 하느님이 모세를 불러 이 땅은 거룩한 곳이니 신발을 벗으라고 명령한 곳은 거룩한 바닥이었다. 모스크 입구에서는 모든 신자가 발을 씻고 맨발로 경계를 넘어서는데, 그때 이쪽 바닥과 저쪽 바닥은 의미가 다르다. 바닥은 안과 밖을 나눈다.

바닥은 이렇게 공간을 규정하고 공간을 인식하게 해주며 신체가 늘 귀속되는 요소다. 창은 눈을 위한 것이고 바닥은 몸을 위한 것이다. '방'은 외부와 확연히 구별되면서 동시에 외부와 접속되는 건축 공간의 본질이라고 말한 바 있다. 이때 '방'은 자기의 연장이며 세계를 이어주는 방식인데, 접속은 창으로도 이어지지만 바닥으로도 이어진다. 창은 눈으로 세계를 잇고, 바닥은 몸으로 세계를 잇는다.

임신 초기에 배아가 자궁 외벽에 부착하는 과정을 착상着床, implantation이라고 한다. 왜 이것을 '바닥床에 붙는다着'라고 했을까? 수정란이 어머니 자궁 안에 착상하지 않으면 결코 자랄 수 없다. 착상하면 바닥에 접하는 면의 세포와 접하지 않는 면의 세포가 다른 것이 된다. 그래서 바닥은 인간이 살아가기 위해서 마지막까지 꼭 있어야 한다. 노숙자들의 절박한 환경을 보라. 그들은 공원, 길거리, 지하철 역사 등에 거처로 누울 만한 바닥을 얻어야 한다. 땅바닥을 얻지 못한 사람들은 수상가옥에 아슬아슬한 바닥을 만들어 산다. 바닥은 몸의 연장이다.

　　건축은 사람의 활동을 먼저 바닥으로 바꾸어 벽이라는 선을 긋는다. 이것이 평면도다. 건축물의 바닥을 배아가 자궁에 착상하는 것과 비교하는 건 무리다. 그럼에도 착상의 바닥이 생명의 방향을 정하듯이, 평면도가 사람의 살아 있는 행위를 정하도록 그리는 그림이라고 생각하면 생활의 소중함으로 새롭게 인식하게 된다.

　　건축 공간의 밑면을 만드는 인공적인 요소가 바닥이다. 바닥은 두께가 있는 면이며, 사람은 바닥이 만드는 수평 평면에서 하루하루의 생활을 펼친다. 기둥이나 벽은 눈에 잘 보여서 건축의 주인공처럼 나타나지만, 바닥은 그다지 눈에 잘 안 띈다. 벽이나 지붕보다도 생활의 여러 행동을 규정할 뿐만 아니라, 땅에서 올라오는 습기와 벌레도 막아주는 것이 바닥이다. 바닥의 시작은 지면이고 새로 만들어진 지형이다.

　　벽은 공간을 나누지만 바닥은 공간을 잇는다. 벽은 멀리서 보아도 금방 알 수 있어 공간적이면서 시각적이다. 그러나 바닥은 멀리서는 잘 보이지도 않고 뚜렷하지도 않을 뿐만 아니라 그 위를 몸으로 걸어봐야 촉각적으로 조금씩 알 수 있다. 따라서 바닥은 공간적이지만 동시에 시간적인 요소다.

　　건축은 땅 위에 세워진다. 바탕이 되는 땅을 어떻게 바닥으로 만드는가는 설계의 중요한 주제다. 집을 짓기 전에 살 땅을 선택하고 고른다. 골짜기든 빈 땅이든 언덕이든 평평하게 만든 땅이든 그 위에 모여 살 마을을 짓는다. 이것이 마을의 바닥이다. 마을의 바닥은 모호한 지형으로 에워싸인다. 이 바닥을 건물이 받아들인 것이 집의 바닥floor이다. 코르뷔지에는 "로마의 평원과 공명하는 듯이 설정된 바닥"[6]이라고 말했는데, 집 안의 바닥은 바깥 풍경을 안으로 연장하여 여러 일이 일어나게 해주는 두 번째 지형이라는 뜻이다. 함께 모여 사는 마을의 바닥이 행위에 모호했으므로, 집 안의 바닥에서 일어나는 행위의 경계도 모호하다.

바닥과 지표면
낮고 높은 바닥

아무리 간단한 집도 바닥과 벽과 지붕으로 이루어진다. 아주 추운 지방이 아니라면 이 세 가지 요소 중에서 가장 먼저 뺄 수 있는 것이 벽이다. 원룸처럼 집 안에서는 벽을 뺄 수 있고, 열대지방에서처럼 바깥쪽 벽은 두르지 않아도 된다. 기둥만 세우고 그 위에 지붕을 얹으면 충분히 간단한 주택이 된다. 지붕을 얹는다는 것은 곧 바닥을 얻는 것이므로 집을 구성하는 세 요소 중에서 가장 본질적인 것은 지붕과 바닥이다.

땅에서 약간 높은 단을 만들거나 땅을 파서 약간 낮게 만들어도 바닥은 생긴다. 높으면 무대도 되고 테라스도 되며, 작게는 테이블도 되고 제대祭臺도 된다. 바닥은 새롭게 만든 땅이다. 그 위에 다시 단을 올리면 방바닥, 마룻바닥이라는 수평면이 생긴다. 그렇다고 수평면이 꼭 주택의 방만 되는 것은 아니다. 이 수평면이 넓으면 무대가 되고 테라스가 된다. 작은 수평면이면 탁자가 되지만 아주 작으면 계단 정도가 된다. 땅을 파서 내려가 바닥을 만들면 지하가 생긴다.

땅의 바닥을 낮게 만들면 수혈식 주택도 되고 파내려간 바닥을 그대로 두면 지면보다 한 층 낮은 정원인 선큰가든sunken garden이 된다. 벽돌을 굽는 데 필요한 나무도 구할 수 없었던 상황을 극복하기 위하여 집을 싸게 지으려고 중국의 야오동窯洞이나 성큰 가든처럼 마당을 지면보다 낮게 두고 땅속에 집을 지은 경우도 있다. 그러나 이것은 지하의 주거이지 지하실은 아니다.

높낮이 차를 이용하여 중요한 영역을 구분한다. 실제로도 약간 어슴푸레하고 눈과 눈이 마주치는 오래된 바bar는 대개 땅으로 내려간 지하에 있다. 아래로 내려간 바닥은 아늑한 느낌을 준다. 알바 알토Alvar Aalto가 설계한 핀란드의 국민연금협회 도서실이나 비프리 도서관Viipuri Library의 열람실은 바닥이 내려가 있다. 열람실 가까운 곳의 서가, 벽에 붙은 서가가 겹쳐 보이면서 내려간 바닥에 앉아 책을 읽으면 더 아늑한 곳에 있다는 느낌을 받는다.

이탈리아 건축가 카를로 스카르파Carlo Scarpa가 설계한 브리온 가족 묘지Brion Family Cemetery 안에 브리온 부부의 묘˚가 있다. 부부의 관은 지면에서 몇 단 내려간 곳에 나란히 놓여 있다. 묘지가 땅 아래에 있기 때문에 높은 곳에서 낮은 곳으로 흐르는 물의 특성상 마치 연못에서 생명의 물줄기가 흐르듯 물이 부부의 묘 쪽으로 흘러 들어간다.

땅에서 올라온 기단은 건물의 하중을 지반에 골고루 전달하려고 땅을 다진 것이다. 빗물과 지하수가 넘어들어오지 못하게 하고 건물을 집터보다 높게 보이게 하여 건물에 위엄을 주려고 만든다. 기단은 지면을 인공적으로 연장한 것이어서 2단이나 3단으로 만들기는 해도 2층이나 3층짜리 기단은 있을 수 없다. 그러나 바닥은 사람이 그 위에서 생활한다는 점이 강조된 면이므로 위로 쌓아올라갈 수 있다.

건축에서 기단은 조각물의 대좌나 회화의 액자 같은 것이다. 건물을 다른 것 또는 외부와 뚜렷하게 구별해준다. 기단은 건축을 특별하게 만들고 건축물을 시각적으로 분명하게 완결시키는 바닥의 일종이다. 고대 그리스의 파르테논은 강력한 기단 위에 놓여 있다. 그러나 파르테논의 진정한 기단은 이 건물이 놓인 천혜의 땅 아크로폴리스Acropolis라는 언덕이다. 건물 밑에 놓이는 기단과는 달리 제사를 드릴 때는 중요한 건물 앞에 사각형의 넓은 단을 만든다. 테오티우아칸Teotihuacan의 단을 연달아 높여 만든 피라미드는, 멕시코시티와 중앙 고원 지역을 지배하던 아즈텍 사람들이 죽은 권력자를 신성한 곳에 묻으면 '테오틀teotl, 신'로 환생할 것이라고 믿고 이런 신들을 위해 의식을 올렸던 곳이다.

단을 만들되 그 위에 지붕이나 다른 시설을 만들지 않고, 행사가 있을 때 이용하려고 만든 널찍한 단을 우리나라에서는 월대 月臺라고 부른다. 그중에서도 종묘의 월대가 가장 장대하고 강직하다. 이 월대 위에는 벽돌이나 넓고 얇게 뜬 돌薄石을 깐다. 단순한 땅 위가 아니라 들어 올린 단 위에서 살아 있는 자가 제사를 올리며 돌아가신 자의 혼과 만나는 엄숙한 기단이다.

바닥을 높게 들어 올리면 고상高床 주거가 된다. 한옥의 특징인 마루도 고상 주거의 한 모습이다. '누樓'라는 다락집은 지면 위에 지주를 세우고 그 위에 마루를 깔아 만든 건물 형식이다. 누를 만들면 높은 곳에서 멀리 내다볼 수 있다. 근대건축이 발견하여 애용했다는 '필로티pilotis' 위에 건물을 올린 것도 일종의 고상 주거다. 건축의 바닥은 적층된다.

사람은 바닥에 앉는다. 바닥에 앉아서 손으로 그 면을 만지고 몸을 뉘이고 그 위에서 쉰다. 사람의 신체도 받쳐주고 잠을 자게 해주며 가구나 집기를 받쳐주고 생활을 받쳐준다. 우리의 행동은 벽이나 지붕과 달리 무의식적으로 바닥의 지배를 받기 때문에 바닥은 사람의 행동을 규정한다. 우리나라의 전통적인 주택에서도 거의 모든 행위가 바닥에서 전개된다. 우리나라 주택에서 방바닥을 정한다는 것은 그 주택의 용도를 다 정했다는 뜻이다. 건축설계에서 평면도란 이러한 조건을 가진 바닥을 그리는 일이다.

한옥에서는 신발을 벗고 앉아서 산다. 그러다 보니 한국 사람에게 바닥은 자기 몸이 직접 닿는 촉각의 장소다. 여름에 온몸을 바닥에 대고 누우면 느껴지는 시원함과, 겨울에 온돌에서 온몸으로 느끼는 따뜻함에 기쁨을 얻는 것이 한국 사람들의 고유한 신체 감각이다. 사람은 바닥을 걷게 되어 있어서 바닥은 건물로 들어가기 전부터 밟기 시작하여 안으로 사람의 몸을 가장 직접적으로 이끌어준다.

발이 닿는 바닥

대지의 바위 그 자체를 바닥으로 삼아 난로의 불을 둘러싸는 자연의 모습을 그대로 내부에 투영하는 주택이 있다. 바로 프랭크 로이드 라이트Frank Lloyd Wright가 설계하고 '낙수장Fallingwater'이라는 이름으로 유명한 카우프만 주택Kaufmann House이다. 거실의 바닥은 바닥이라기보다는 땅을 연장한 기단이며, 이 기단 위를 덮어 그것을 거실로 삼았다고 말하는 편이 더 정확하다.

벽은 눈으로 본다. 그러나 건물 밖에 깔린 바닥, 외부로 연결된 건물의 출입구 바닥, 길을 걸을 때 만나는 바닥은 눈으로 보면서 발로 느낀다. 아주 섬세하게 돌 하나하나를 심듯이 가지런히 곱게 만든 중국 정원은 발로 딛기에도 편하고 보기에도 좋은 바닥이다. 무늬가 있는 직물처럼 짜인 아테네의 아크로폴리스로 올라가는 길도 마찬가지다. 그리스 건축가 디미트리스 피키오니스Dimitris Pikionis가 설계한 이 길은 예전부터 계속 깔려 있었던 것 같은 느낌을 주기 위해 돌들을 바닥에 세심하게 깔았다. 신체와 물질이 가장 직접적으로 연결되는 바닥을 통해 역사가 전달되는 듯하다.

유럽의 크고 작은 도시에 깔려 있는 돌 길을 밟는 것은 오래된 도시의 시간도 함께 밟는 셈이다. 스위스 건축가 페터 춤토어Peter Zumthor의 발스Vals 목욕탕 작품집[7]에서는 돌로 마감된 바닥 위에 목욕탕에서 막 나온 사람들의 젖은 발바닥이 찍힌 한 장의 흑백 사진을 볼 수 있다. 바닥의 본질을 잘 나타낸 장면이다.

알토의 새이내찰로 타운 홀Säynätsalo Town Hall에서는 건물들이 중정을 에워싸고 있으며, 한쪽의 트인 부분은 계단으로 올라가게 되어 있다. 중정 한쪽에는 벽돌이 통줄눈으로 깔려 있다. 주 출입구를 암시하는 바닥의 한 표현이다. 약간 거친 자갈, 잘 다듬은 돌, 벽돌 등이 외부 공간의 차이를 나타내고, 복도에 이어진 방들은 나무로 마감되어 있다. 바닥 재료가 내부와 외부의 느낌을 그대로 전달해주고 있다.

지면의 차이가 조금씩 나는 미지형微地形은 그 자체가 기단과 같은 것이 된다. 이것은 사람들의 행위를 제어하기도 하고 독촉하기도 한다. 부석사 무량수전으로 향하는 길에는 경사진 땅, 좁은 바닥, 넓은 바닥, 단이 진 바닥, 돌이 깔린 바닥, 흙이 깔린 바닥, 급한 계단 등 다양한 표정의 바닥이 잇달아 나타난다. 눈앞에 전개되는 건물을 보기 전에 먼저 발이 이동하고 있는 바닥에 주목해 살펴보라.

자유로운 바닥

20세기 초 근대는 여러 가지 건물 유형을 만들어냈다. 주택이든 공장이든 모든 건축물은 사실 바닥으로 해결하고자 했다. 근대건축은 벽으로 나뉜 바닥보다는 가능하다면 벽에 구애를 받지 않는 더욱 넓은 바닥, 복도 하나에 방이 줄지어 붙어 있는 바닥이 아니라 사람이 자유롭게 움직이고 그 움직임에 잘 대응하는 바닥을 만들고 싶어 했다. 그리고 바닥은 사람이 생활하는 수평의 바닥을 쌓아올라가며 다층건물을 적극적으로 만들기 시작했다. 바닥을 만드는 것은 인간의 활동에 기반이 되는 새로운 장을 만드는 것이고, 가치를 생산하는 것이었다.

르 코르뷔지에는 1914년에 바닥과 그것을 받쳐주는 기둥과 계단만을 구상한 뒤, 그것을 집이라는 뜻의 '돔dom'과 '혁신innovation'의 'ino'를 붙여서 '돔이노Dom-ino'라고 불렀다. 바닥을 위로 쌓는 다층의 콘크리트 구조 시스템으로 주택의 대량생산이 목적이었다. 바닥과 천장은 수평으로 펼쳐지고 기둥이 최소한의 콘크리트로 받치는 건축 구조 형식이었다. 그가 이런 구조 시스템을 창안한 것은 아니지만, 오늘날의 건물 대부분은 '돔이노'로 지어진다.

코르뷔지에는 1926년에 '근대건축의 다섯 가지 요점'을 제시했다. 필로티, 옥상정원, 자유로운 평면, 수평 연속 창, 자유로운 파사드가 그것이다. 이 '필로티'는 토지의 해방이라는 도시적 문제와 관련된 것이고, '옥상정원'은 옥상으로 사용되는 평평한 지붕을 말한다. '자유로운 평면'은 기능을 자유롭게 배치하는 것을 말한다. 따라서 다섯 개의 요점 중 세 가지는 각각 땅, 사람의 생활, 하늘과 자연에 대한 바닥을 말한 것이었다.

코르뷔지에의 돔이노는 바닥이 세 장 있고, 그것이 계단으로 연결되어 지면에서 옥상에 이르는 과정을 염두에 둔다. 때문에 코르뷔지에의 주택은 층마다 구성을 달리한다. 그가 구상한 건축의 바닥은 페르낭 레제Fernand Leger의 그림처럼 회화적 공간을 미적으로 구사하기 위한 것이었다. 그러나 미스 반 데어 로에의 건축물에는 수평면이 바닥과 지붕밖에 없다. 레이크쇼어 드라이브 아파트Lake Shore Drive Apartments 같은 미스의 고층 건물은 아래에서 위까지 수직으로 쌓여도 레벨의 차이를 두어 공간적인 역동성을 일으키지 않고, 각층은 서로 아무런 관계가 없다.

경사진 바닥

건물을 자연의 지형과 대응하여 생각해보자. 자연의 지형은 실제로는 경사진 면이다. 도시의 가로街路도 실은 수평면이 아니다. 바닥이 평평한 광장에는 이상하게 사람이 잘 모이지 않지만, 조금이라도 경사진 광장에는 사람이 많이 모인다. 평평한 곳에서는 사람이 서로 마주보기 쉽지만, 경사진 곳에서는 같은 방향을 바라보며 더욱 친근감을 느끼기 때문일 것이다. 시에나의 캄포 광장Piazza del Campo처럼 자연 지형을 그대로 이용한 경사 바닥은 인간의 행위를 위해 발견된 바닥이다. 그러나 퐁피두 센터Pompidou Center 앞의 광장은 경사지게 구축된 바닥이다. 그리스의 야외극장 관람석은 멀리서 보면 경사 바닥이지만 실제로는 계단의 연속이다.

코르뷔지에는 사보아 주택 한가운데에 긴 경사로를 두어서 1층에서 2층, 다시 2층에서 옥상으로 연속하여 움직일 수 있는 장치를 고안했다. 이 건물 내부의 경사로는 그 이후 스트라스부르 유럽의회 센터Strasbourg European Parliament Center, 피르미니의 생피에르 성당Église Saint-Pierre de Firminy 등 후기 건축에서 많이 실험되었다. 오늘날에는 렘 콜하스Rem Koolhaas가 설계한 위트레흐트에 있는 에듀카트리움Educatirium처럼 지면과 건축물이 이음매 없이 이어진다. 그는 코르뷔지에의 이러한 테마를 발전시켜 '팜베이 시프론트 호텔과 회의장Palm Bay Seafront Hotel and Convention Center'에서 경사 바닥에 동적인 형상을 적용하였고, '쿤스트할Kunsthall'**에서는 높이가 차이 나는 앞의 도로면과 뒤의 공원을 연결하여 두 개의 레벨을 모두 출입구로 사용했다. 또한 내부의 강의실과 아래의 식당을 모두 연속적으로 연결했다. 쥐시외 도서관Jussieu Library 현상설계안에서는 쿤스트할의 경사 바닥 또는 코르뷔지에의 피르미니 성당Eglise St. Pierre Firminy의 적층을 대담하게 적용했다. 근대건축의 고층 건물은 위아래 층의 관계가 희박하고, 층과 층 사이를 열어 시선이 교차하는 데 반하여, 이 건물은 3차원적인 네트워크를 만들어냈다.

이러한 바닥을 더욱 복합적으로 만들면 알레한드로 자에라 폴로Alejandro Zaera Polo가 설계한 요코하마 국제여객선 터미널˚처럼 된다. 이 터미널은 기본적으로 벽을 두지 않는다. 터미널로 사람과 차가 들어오고 나가는 수많은 행동을 큰 흐름으로 구분하기 위해 건축물의 바닥을, 마치 종이의 중간쯤을 칼로 잘라내 한쪽은 들어 올리고 다른 한쪽을 내릴 때 종이가 위아래로 이어지듯이 연속적으로 구성했다. 이 대규모 건물은 건축이라기보다 지형적인 경관, 지형 자체인 건축으로 인식되었다. 바다에 면한 이 건축물은 종래의 건축, 토목, 조경이 각각의 경계를 넘어 구분 없이 하나로 작용한다는 개념을 보여주었다. 그 결과 이 건물은 뚜렷한 형태 없이 멀리서 바라보면 구분 없는 땅으로 보인다. 이렇게 대지를 연장하고 경계 없이 만든 건축을 '지형 건축地形建築, topological architecture'이라 부른다.

경사 바닥은 이와 같이 근대건축의 중요한 주제였다. 이것은 오늘날에 이르러서도 자유로운 가능성을 더욱 크게 확장하였고, 주체가 자유로이 선택할 수 있는 공간을 제시하고 있다는 점에서 주목할 만하다. 따라서 경사 바닥은 형태를 목적으로 기울어진 바닥이 아니다. 그것은 바닥으로 인식된 기울어진 면이며, 행위에 대응하고 새로운 의미를 만들어내기 위한 바닥이어야 한다.

바닥과 용적률

건폐율은 대지 면적에 대한 건축 면적의 비율을, 용적률은 대지 면적에 대한 건축물 각 층의 바닥 면적의 합계인 연면적 비율을 말한다. 이 두 비율은 건축 도면의 가장 앞부분에 표로 정확히 기록해야 할만큼 건축설계에 큰 영향을 미친다. 용적률이 크면 바닥 면적을 많이 얻을 수 있다. 건폐율은 대지 안에 최소한의 공지를 확보하여 건축물의 과밀을 방지하기 위한 것이다. 그러나 용적률에 대해서는 이와 같은 공적인 목적을 붙이지 않는다.

땅의 가치는 통상적으로 건폐율이 아니라 용적률이 정한다. 특히 용적률은 최소한의 투자로 최대한의 수익을 얻기 위한 경우의 수가 많아서 많은 건축물, 특히 중소 규모의 건축물일수록 더 넓은 바닥을 얻으려는 건축주의 사적인 욕망과 공적인 법규가 대치되는 경계선이 된다. 이 경우 허용되는 용적률에 임박하여 설계하지 않으면 안 될 정도로 용적률은 설계 도입부의 관문과 같이 작용하며, 작은 건축물은 용적률로 설계의 윤곽이 정해진다.

2016년 제15회 베니스 비엔날레 국제건축전 한국관의 주제는 '용적률 게임: 창의성을 촉발하는 제약The Far Game: Constraints Sparking Creativity'[8]으로, 한국 건축의 현실을 치열한 '용적률 게임'으로 설명하고자 했다. 그러나 파블로 카스트로Pablo Castro는 이를 두고 "한국에서 일하는 모든 건축가는 '용적률 게임을 치러야 하기' 때문이며, 법규가 가하는 제한들을 의뢰자가 속이도록 부가한 동기들이 '창의성을 촉발'하기 때문"이고, 전시 프로젝트들은 내재적인 건축적 특질 때문이 아니라, 용적률 요구를 교묘히 피해간 재주에서 나온 것"이라고 크게 비판했다.[9] 그리고 그러한 용적률 게임이 "개인들의 탐욕으로부터 공동체 이익을 보호하는 규제들을 의뢰자들이 뒤엎도록 건축가들이 도와주는 트릭이 된다."며 용적률에 얽힐 수밖에 없는 건축가의 입장을 비판했다.

그러나 건물 바닥이 욕망을 담는다는 사실을 전적으로 부정해서는 안 된다. 오늘날 흔히 보는 크고 작은 임대 사무소 건물은 바닥을 임대하는 것이며, 모두 획일적이고 똑같다는 고층 아파트도 각 층을 하나하나 떼어놓고 보면 사는 방식이 다르니 똑같은 바닥이 있을 리 없다.

콜하스는 1909년 잡지 《라이프Life》에 실린 상상의 그림* 한 장[10]으로 수많은 바닥을 증식한 맨해튼의 고층 빌딩이 어떤 욕망으로 지어졌는지 단적으로 보여주었다. 이 만화 속 건물은 가느다란 철골로 지어진 84층짜리 초고층 건물이다. 바닥 면적은 대지 면적과 같은데, 한 층 한 층마다 전원풍에서 궁전풍에 이르는 다양한 열망에 따라 자기가 원하는 컨트리 하우스를 짓고 마구간,

고용인의 오두막집 등을 지어놓고 있었다.

용적률은 영어로 'Floor Area Ratio'이며 줄여서 'FAR'이라고 한다. MVRDV는 『FARMAX』라는 작품집을 냈는데, 번역하면 '최대용적률'이 될 것이다. 제목 때문에 용적률을 극대화하자는 내용의 책이라고 생각할지 모르지만, 이 책에서 정의하는 'FARMAX'는 "인구에 더 많은 공간을 주기 위해서 수직·수평으로 인구를 압축하는 것"[11]을 뜻한다. 따라서 'FARMAX'는 바닥 면적을 얼마나 최대한으로 끌어내느냐가 아니라, 공간을 더 많이 주기 위해서 "인구를 압축하는 것compressing a population"에 그 목적이 있다.

암스테르담에 있는 보조코 아파트WoZoCo Apartment는 100호의 가구를 목표로 삼았지만 법규 제한 때문에 13호의 가구가 잘려나갔다. 'FARMAX'는 이 잘려나간 가구를 다이어그램으로 해결하여 복도 쪽 벽면에 붙게 만들었다. 14미터의 캔틸레버cantilever 구조로 이를 해결했다. 그러나 '인구를 압축하는 것'은 암스테르담의 실로담Silodam계획을 위한 다이어그램에서 더 잘 나타난다. 같은 용적률 안에서 경제적인 이득을 얻으려는 프로그램을 짜면 용적을 더 얻은 것과 마찬가지라는 사고다.

MVRDV는 모더니즘의 끝에서 시작하는 디자인을 한다. 그들은 건축은 무언가를 새롭게 창조하는 것이 아니라, 눈에 보이는 형상으로 작용하는 많은 기준과 규제 그리고 주어진 조건을 철저하게 정리하고 실용적인 계획을 통하여 이를 가시화하는 것이라고 생각한다. 그리고 그것으로 제약을 사용하는 가능성을 찾고자 한다. 'FARMAX'는 그들의 건축 사고를 전체적으로 나타내는 개념이지만, 최종적으로는 '최대용적률'로 수렴하는 방법이다.

도시는 건물의 바닥을 늘리려고 한다. 건물의 바닥을 늘린다는 것은 토지를 훨씬 효과 있게 이용한다는 뜻이고, 이것은 경제적 이득으로 이어진다. 고층高層이란 층을 높인다는 것이고 결국은 바닥을 늘린다는 뜻이다. 토지를 효율적으로 이용하기 위해서는 고층이 불가피한 경우가 있다. 도시는 사람이 모이는 곳이고 서로 접촉함으로써 자본과 정보를 전달하고 생산하는 곳이다. 그러려면 바닥을 넓혀야 한다.

21세기의 건축은 바닥 위를 자유롭게 움직이며 활동하는 것을 목표로 삼고 있다. 이것이 이 시대의 건축을 가장 잘 나타내는 정의이기도 하다. 인터넷에서 거침없이 다니며 정보를 얻듯이 건축과 도시의 바닥도 기능별로 구획하거나 벽으로 나누지 않고 연속되어 있는 새로운 형식의 건축을 지향한다. 규모가 커지면서 아예 건물을 지형으로 체험하도록 계획하는 경우가 많아졌다. 건축에서 지형을 체험하게 만드는 가장 큰 요인이 바닥이다. 건축에서는 바닥이라 하고 도시에서는 지표면이라 한다. 도시의 지표면이 건축의 바닥과 연속되어 나타난다. 바닥은 21세기 건축의 주제다.

벽

닫고 여는 벽
에워싼다

벽은 공간을 분할하여 사람이 모여 사는 방식을 정한다. 주택에서도 벽으로 방을 나누어 안과 밖을 만든다. 카메룬의 마타캄Mata-cam 주택처럼 방이 하나인 집을 만들고, 필요하다면 벽을 뚫어 방을 연결하는 것이다. 때문에 방이 여러 개면 여러 개의 집이 붙어 있는 모양이 된다. 지붕이 없는 중정이라는 방을 다른 방들이 둘러싸는 형식은 모여 사는 공동체의 주거 방식을 대변한다.

벽은 반드시 분리만 하지 않는다. 벽은 닫히면서 또 열린다. 벽은 폐쇄성과 함께 개방성을 갖고 있어야 한다. 켈트의 고대 주거군은 두꺼운 돌로 된 벽으로 에워싸여 있고, 중세 유럽 도시도 두꺼운 성벽으로 둘러싸여 있다. 건물이 두꺼운 벽으로 둘러싸여 있다고 하면 이런 도시들을 먼저 떠올린다. 그런데 '에워싸다' '무겁다' '폐쇄적이다' 같은 단어는 공간이 벽으로 에워싸일 때의 소중함을 전달하지 못한다. 도시에 사는 우리가 에워싸이지 않고 개방적으로 살고 있기 때문일 것이다. 그러나 에워싸인 마을과 도시에 사는 사람들은 매일 주변에 펼쳐진 자연과 맞대어 살고 있다.

유럽의 중세 도시를 에워싸는 두꺼운 성벽은 싸움하기 위한 용도만은 아니었다. 그것은 생활에 질서가 있음을 나타내며, 도시에 사는 사람을 받아들이고 있음을 확인해주는 표상이었다. 물론 성에서 전투가 일어났다는 역사적 기록이 많아서 성벽이 전투를 위한 용도로 사용되었다고 알기 쉽지만, 건축을 하는 사람은 성으로 이루어진 도시가 사람들의 일상생활을 지지해주기 위해 지속되어온 것임을 중요하게 여겨야 한다.

오랜 역사를 자랑하는 이탈리아의 여러 도시에는 훌륭한 광장이 많다. 그중에서도 역사의 연륜을 새겨 넣은 채 사람들이 모여드는 장으로서의 광장이 있다. 이 광장은 늘 도시의 핵이었다. 이러한 광장을 형태적으로 규정하는 것은 그것을 둘러싸는 건물의 벽이다. 광장은 이러한 벽으로 둘러싸여 있다. 보이기도 하다가 없어지기도 하는 두오모 성당의 쿠폴라cupola나 시청사의 탑을 보면서 좁은 골목을 걸으면, 아케이드의 저쪽으로 빛이 가득 찬 광장이 갑자기 나타난다. 돌과 벽돌로 공간을 만든 유럽의 전통 때문에 볼 수 있는 광경이다.

그런가 하면 시에나의 캄포 광장을 만드는 벽면선은 마치 칼로 자른 듯이 앞줄이 딱 맞는다. 어떻게 해서 이렇듯 질서정연하게 정비될 수 있었을까? 시에나 코무네comune에서는 이미 1262년에 최초로 도시정비 조례가 제정되었으며, 준수해야 할 사항이 체계적으로 규정되어 있었다. 캄포 광장과 마주하는 집은 파사드를 시청사와 맞추고, 창의 멀리온mullion도 가늘게 만들고, 발코니 등도 붙여서는 안 된다고 규정되어 있었다. 1370년에 이 조례를 어기고 50센티미터 튀어나온 집이 있었는데, 코무네 위원회가 튀어나온 부분만큼 잘라냈다는 이야기는 유명하다. 이탈리아의 도시가 아름다운 이유는 이렇듯 건물에 대한 실질적인 규정이 있었기 때문이다.

어느 정도로 건축의 안이 밖으로 열려 있는가 하면, 마다가스카르에서는 작은 주택의 벽과 모퉁이를 특정 날짜들에 결부시

켜 달력처럼 생각했을 정도다. 주택을 중심으로 천체가 운행하므로 벽은 세상의 운행을 알리는 달력이 된다. 주거는 사람의 신체였다. 도곤Dogon족의 마을과 집에서는 부엌은 머리를, 화로돌은 눈을, 가운뎃 방은 내장을, 염소가 있는 곳은 팔다리를, 물항아리는 가슴을, 맷돌은 성기를 나타낸다고 믿는다.[12] 벽으로 둘러싸인 집은 자기 몸의 또 다른 바깥이었다.

　　종교 건축에서 그리스도교 교회당의 벽은 거룩한 곳과 속된 곳을 나누는 아주 중요한 요소다. 그러나 이 벽은 언제나 바깥 세상을 향하면서도 안쪽을 한정한다. 중세 아랍의 여행가 이븐 바투타Ibn Battuta는 『이븐 바투타 여행기Rihaltu Ibn Batūtah』에서 예언자 무함마드가 쫓기면서 메디나를 도망갈 때 이렇게 말했다고 전한다. "그 옆에 있는 교우들과 힘을 합쳐 예배드릴 곳을 세웠는데, 그곳은 그저 벽이 있을 뿐이었다. 지붕도 없었고 기둥도 없었으며, 그 벽은 사람의 키 정도밖에 안 되었다." 이 말은 이슬람의 모스크 mosque는 벽으로 둘러싸는 것에서 시작했다는 뜻이다. 벽은 지붕보다 더 뚜렷하게 거룩함을 나타낸다.

막고 이끈다

미코노스섬에 있는 조그마한 파라포르티아니 교회Paraportiani Church◦의 새하얀 벽은 참 아름답다. 르 코르뷔지에는 "곧게 뻗은 벽, 펼쳐진 대지, 사람이나 빛이 통과하는 문과 창의 열린 구멍. 이것이 건축의 요소들이다."[13]라고 말했는데 이 모든 요소가 이 작은 성당에 다 들어 있다. 그래도 이 성당의 주제는 벽이다. 더욱이 아주 작은데도 땅 위에 불쑥 솟아 있는 듯한데, 안으로 들어가자니 계단과 그 앞에 있는 더 작은 벽면 하나가 막고 있어서 몇 계단 올라 방향을 바꾸게 만든다. 벽은 막아서지만 다시 안으로 이끌고 내부를 에워싼다. 벽은 건축이라는 물체의 존재감을 선명하게 표현한다. 그러나 하얀 벽은 지중해의 밝은 빛을 한껏 받아 빛과 그림자를 선명하게 드리운다. 벽에는 중력이 작용하고 있으면서 중력과는 다른 환상일루전, illusion도 만들어낸다.

자연 속에는 끌어당기는 힘과 밀어내는 힘 두 가지가 대립하다가도 통일된다. 이 두 가지 힘이 건축에서는 벽에서 드러난다. 벽은 사람들을 밀어내다가 잡아당기고 잡아당기다가 옆으로 비켜나게도 한다. 선명한 빛이 벽에 부딪혀 사람의 눈을 즐겁게 해주고 때로는 뚫린 문과 창으로 공기, 물자, 사람, 풍경을 받아들이고 내보내기도 한다. 이것이 벽이다.

공간이란 에워쌈으로써 생기며, 에워싸는 가장 기본적인 요소는 벽이다. 벽은 공간을 나눈다. 그리고 우리를 둘러싼다. 높으면서도 낮게, 두꺼우면서도 얇게, 거칠면서도 매끄럽게 공간을 구분하고 우리를 둘러싼다. 높은 벽은 사람을 거절하고, 낮은 벽은 사람을 이끈다. 높은 벽은 공간을 굳게 구분하고, 높은 벽으로 고립된 인간은 정신을 일깨운다. 벽에 기대는 것은 의지하는 것이고, 벽을 쌓으면 서로 사귀던 관계를 끊는 것이며, 벽에 부딪치면 어떤 장애물에 가로막힌 것이고, 그 대신 벽을 깨면 관계를 회복한다는 뜻이다. 벽은 공간적으로나 인간적으로 한계와 단절을 의미한다.

축구에서 프리킥을 할 때 상대편 선수는 벽을 쌓는 쪽이고 공격하는 선수는 벽을 허무는 쪽이다. 같은 벽이라도 제각기 입장이 따로 있다. 이것은 벽이 내부에도 속하고 동시에 외부에도 속한다는 뜻이다. 그래서 벽은 안과 밖의 두 가지 대립되는 긴장감을 동시에 보여준다. 벽은 닫히면서 열리고, 보이면서 숨어버리는 두 가지가 거듭되며 나타난다. 벽을 쌓고 기대는 것은 벽에 대한 사람의 행동에 관한 것이며, 넘어서야 할 한계이면서 사람 간의 관계를 잇고 나누는 것이다.

벽은 안쪽과 바깥쪽으로 나눈다. 벽은 영역을 나누고 자연과 인간을 나누며 사람과 사람 사이도 나눈다. 안과 밖으로 나누는 아주 평범한 방식은 담장이다. 한국 주택에서는 채라는 단위의 벽이 영역을 나누고 구분한다. 집의 벽과 담장 사이에 있는 마당은 집에서 보았을 때 막아주는 벽을 통해 열린다. 담장은 바닥을 자르고 보이지 않게 하지만, 동시에 저 멀리 보이던 나무나 산이 훨씬 이쪽으로 가까이 와닿게 한다.

자립벽

벽은 건물 전면에서 건물의 기능과는 다른 의미를 전달하기도 한다. 르네상스의 산타 마리아 노벨라 성당Chiesa di Santa Maria Novella은 이미 중세에 지어진 건물의 정면만 고친 것이다. 이 정면은 기하학적이고 가볍고 본체에서 독립된 그야말로 르네상스가 고안한 벽이다. 이 성당의 정면은 마치 무대 장치의 배경 같고, 물질성을 배제한 벽이다. 벽이 도시 공간을 형성하는 데 참여하는 방식이다.

혼자 서 있는 벽을 자립벽自立壁이라고 한다. 라파엘로 산치오 다 우르비노Raffaello Sanzio da Urbino가 설계한 마다마 주택Villa Madama은 자립벽의 가능성을 보여준 예다. 계단실 등이 붙어 있기는 하지만 이것을 떼어낸다면 적극적으로 원형의 중정을 에워싸는 자립벽이다. 종마를 키우는 곳이기도 한 루이스 바라간Luis Barrgán의 라스 아르볼레다스Las Arboledas 주택의 주변 정원에도 말이 물을 마실 수 있는 정도의 높이를 가진 수반이 있고 그 끝에 하얀 벽이 하나 서 있다. 말을 타고 움직이는 동선의 끝이라는 뜻이다. 이 흰 벽은 수반에 반사되고 주변의 나무가 그늘을 드리울 때가 있다. 마찬가지로 그가 설계한 안토니오 갈베스 주택Casa Antonio Gálvez의 거실에는 작은 연못이 붙어 있고 그 뒤로 벽이 서 있다. 이 벽은 거실의 사생활도 지켜주면서 태양의 각도에 따라 빛을 반사하기도 하는 해시계 역할을 한다. 중력이 작용하는 벽이 에워싸면서도 동시에 현상의 일루전도 담고 있다.

벽을 따라 걷는 것은 즐겁다. 담양 소쇄원의 담장은 자립벽으로 사람의 동선을 유도하면서도 라스 아르볼레다스 주택의 흰벽처럼 자연과의 대비를 동시에 이루고 있는 아름다운 벽이다. 바람이 스치며 소리를 내는 대나무 숲을 지나 물소리가 나는 곳으로 따라 들어가도록 사람을 이끌고 안내해준다. 이런 벽이 꺾이고 이어지면서 각각의 역할을 한다. 다리를 건너기 전에는 햇볕을 사랑하는 단이라는 뜻의 애양단愛陽壇을 '안'마당으로 둘러싸고, 다시 제월당 담장으로 이어진다. 이 담장은 돌다리 담이 되어 아래로 물이 흐르게도 해주고 중간에 끊겨 오곡문이 되기도 한다.

벽은 시간 이외의 다른 감각을 유발한다. 스티븐 홀Steven Holl은 클리블랜드 주택에서 거실로 내려오는 계단의 난간을 높이 만들고 누가 오르내리는지 거실과 식당에서는 볼 수 없게 했다. 그 대신 오르내리는 사람의 목소리, 발소리 등으로 알아볼 수 있게 했다. 알바로 시자Alvaro Siza가 설계한 레샤 데 팔메이라 수영장Tidal pools of Leça de Palmeira•은 저 멀리서부터 바닷가에 길게 세워진 벽을 따라 계속 걸어들어가게 만든다. 탈의실에서 수영장으로 갈 때까지 바닷가에서 들려오는 파도 소리, 물 냄새, 먼저 와서 수영하는 사람들의 소리 등을 들으며 바닷가 수영장에 대한 환경을 머리로 상상하게 만든다.

비내력벽과 피복

현대건축에서 벽은 여전히 부정의 대상이다. 벽은 한계이고 내부와 외부가 막히는 지점이다. 이에 대해 유리벽은 스크린도 되고 이미지의 전달자도 된다. 그러나 몽골의 게르ger를 둘러싸고 있는 천막 전체를 빙 둘러 유리를 끼웠다고 상상해보자. 몽골 사람들은 이 유리창을 통해 초원을 바라보며 행복하게 생활할 수 있을까? 투명한 유리를 사방에 두른 가장 유명한 집은 필립 존슨Philip Johnson의 자택 '글라스하우스Glass House'다. 사방이 트여 있어서 주변 경관과 함께 거실에 앉아 있는 사람은 감탄을 금치 못한다. 그러나 이 주택의 건축주이자 건축가인 존슨 자신도 잠을 잘 때는 별동에 마련한 창이 전혀 없는 벽으로 둘러싸인 침실을 사용했다.

벽이라고 하면 돌로 된 벽을 먼저 떠올리지만 여기에서는 고트프리트 젬퍼Gottfried Semper가 분리하여 생각한 두 가지 벽이 있다는 사실에 주목해야 한다. 그는 『건축의 네 가지 요소The Four Elements of Architecture』에서 독일어로 벽을 뜻하는 말을 구조적이며 하중을 받는 벽인 '마우어Mauer'와, 스크린이나 칸막이처럼 힘을 받지 않는 벽인 '반트Wand'로 나누었다. 벽에는 두 가지가 있으며 이 두 가지 벽은 구별되어야 한다는 것이다. '반트'는 짠다, 얽어맨다는 뜻의 '빈든winden'이 어원이다. '옷Gewand'도 이 단어에서 나왔다.

이 주장은 대단히 중요하다. 건축의 기원을 옷이라고 본다면 구조가 먼저 있고 그다음에 공간이나 장식이 생기는 것이 아니라, 먼저 감싸는 것이 있고 그것을 걸어주거나 받쳐주는 것이 필요하게 되었다는 뜻이 되기 때문이다. 몽골의 게르도 '마우어'가 아니라 '반트'가 된다. 그들은 게르를 지을 때 뼈대가 되는 부재를 맞춘 다음 그 위에 펠트를 두른다. 이처럼 뼈대는 펠트를 두르기 위한 것이지, 뼈대를 만들려고 펠트를 두르는 것은 아니다.

이것은 그 이후 철과 유리, 철근 콘크리트의 발달로 비내력벽이 생기고 옷이 몸을 감싸듯 비내력벽이 사람이 사용할 공간을 감싼다고 생각하게 만든 원동력이 되었다. 이것이 건축을 '피복Bekleidung, 被覆'으로 해석함으로써 건축에서 면, 표면 장식과 같은 것이 왜 중요한지 논의하는 출발점이 되었다. 아돌프 로스Adolf Loos가 주장한 '피복의 원리The Principle of Cladding'로 코르뷔지에가 말한 '수평창'과 '자유로운 입면' 그리고 미스의 유리 건물 모두 젬퍼의 이러한 논의의 연장선상에 있다. 외벽이 자립할 수 없어서 마치 커튼을 치듯이 만든 커튼월curtain wall도 이와 관련된 것이다. 이러한 일련의 발전은 '표면 건축surface architecture'의 논의로 이어진다.[14]

벽은 건축의 오랜 역사 속에서 계속 모색되어왔다. 산업혁명 이전까지는 역시 돌이나 벽돌을 쌓아서 만든 벽의 건물이 거의 다였다. 19세기에 철강시대가 열리자 비로소 공간을 규정하는 벽을 건물 구조에서 떼어내어 기둥을 이용한 건물 구조를 생각하기 시작했다. 신고전주의의 대표적인 건축이론가 마르크앙투안 로지에Marc-Antoine Laugier는 건축의 기본 요소는 기둥과 지붕이지 벽은 건축의 순수한 요소가 아니라고 주장했다. 아마추어 건축이론가가 말한 것이 그 이후 대단한 영향을 미쳤다. 로지에의 주장은 20세기 근대건축운동의 중요한 주제가 되었다.

르 코르뷔지에의 '돔이노'라는 드로잉에는 벽이 없다. 물론 이 드로잉은 온전한 건물을 그린 것이 아니고 기둥과 바닥만 그린 것이지만, 그래도 이 드로잉의 특징은 벽이 없다는 점이다. 이제까지 벽은 구조를 담당하였으나 이제부터는 기둥과 보가 다 받쳐주므로 벽은 구조벽이 아니라 경계만 짓는 경계벽으로 바뀌어야 했다. 이렇게 되자 인간을 감싼다는 벽의 역할이 점차 사라지고 벽이 스스로 회화적인 대상이 되어버렸다.[15]

전형적인 20세기 건축은 돌이나 콘크리트 벽 대신에 전면적으로 유리를 사용하여 유리가 벽이 된 건축이다. 이 유리벽 건축은 시각적으로 투명한 시선이 내부와 외부를 관통하여 폐쇄적인 경계를 사라지게 한다고 보았다. 그러나 이런 건물은 공기조화를 위해 안과 밖이 철저하게 차단되어 있어서 환기하려고 자유로이 창문을 열거나 발코니로 나가거나 외부의 소리를 들을 수 없다. 따라서 유리벽은 시각적으로는 투명하지만 여전히 우리의 감각을 차단하는 벽이다. 유리의 투명한 벽이 안과 밖의 경계를 없애버린 것은 아니다. 건축에서 벽이란 시각적인 면만 있는 것이 아니다. 벽은 상징적인 의미도 가지고 있고 구체적인 감각과 다양한 기능적인 의미도 아울러 가지고 있다.

스크린이 벽이라면 발도 벽이다. 물론 엄밀하게는 발이 벽은 아니다. 그러나 막고 가린다는 점에서 벽과 같은 역할을 한다. 유리블록으로 된 벽은 거의 불투명하면서 빛을 들여보내는 스크린이다. 메탈 패브릭metal fabric도 발과 같은 재료다. 세르지오 푸엔테Sergio Puente와 아다 두에스Ada Dewes가 멕시코 정글에 지은 정글하우스Jungle House에는 네 벽 중 세 벽이 유리창 없이 와이어 메시wire mesh로 되어 있다. 아열대성 기후를 배경으로 만든 주택이지만, 와이어 메시 '벽'을 통해 나무 사이를 지나 빛이 들어오고 바람과 냄새가 들어온다. 빛과 바람과 냄새들 통하게 하는 벽이다.

흔히 벽 하면 벽돌이나 콘크리트 벽만을 떠올리지만, 이러한 벽 아닌 벽은 환경과 함께하며 벽의 성질은 그대로 가지고 있는 독특한 '벽'이라고 할 수 있다. 이제 벽은 친환경 건축을 만들기 위해 외벽이 빛과 열을 조절하는 역할을 하기도 한다. 노먼 포스터의 비즈니스 프로모션 센터Business Promotion Centre는 외벽을 3층 구조로 만들어 바깥쪽에는 단층 유리, 안쪽에는 복층 유리 그리고 그 사이에는 컴퓨터가 제어하는 블라인드가 들어가 있다.

벽은 무리수
벽은 지면에서 올라온 것

엄밀하게 말해서, 기둥을 근간으로 하는 고대 그리스의 이성적인 건축과 비교하면 벽은 건축이 있기 이전에 있었다. 땅 밑에서 벽으로 둘러싸여 있는 몰타 고조섬 간티야 신전Ggantija Temple은 기원전 3600년에 세워졌고, 땅 위에 기둥을 세운 스톤헨지Stonhenge는 기원전 3000년에서 2000년 사이에 세워졌다고 한다. 이로 미루어 보아 사람이 땅 위로 올라와 벽과 기둥으로 구조물을 만드는 데 수십만 년이 걸렸다고 할 수 있다. 그만큼 땅 밑에서 만들어진 벽은 공간 감각의 근본이었다. 수혈주거에서도 파고 내려간 땅이 곧 벽이었다. 알바로 시자는 내부만이 아니라 외관에도 바닥과 같은 재료를 벽 아랫부분에 사용하려고 했다. 벽은 지면에서 올라온 것이며 바닥은 평평한 판이 아니라 벽과 함께 사람을 에워싸는 것이라고 생각했기 때문이다.

기둥을 응시하면 이성이 발동하고 벽을 응시하면 잠재해 있는 기억이 되살아난다. 실은 고대 그리스 신전도 바깥에는 열주가 빛을 향해 서 있고, 안에는 어둠을 담는 벽이 서 있는 이중 구조다. 그런 이유에서 벽은 이성으로 건축을 생각하기 이전의 어떤 잠재력을 담고 있다. "좋은 건축을 위해서는 지면에서 올라오면서 공간에 형태를 주고 내부와 외부를 나누는 벽이 중요해진다. 방어의 요소로 표현되는 벽은 아름답다."[16] 건축가 마리오 보타Mario Botta의 말처럼 벽은 심층의 기억을 형상화하고 있다.

수에는 무리수가 있다. 무리수는 $\sqrt{2}$와 같이 두 정수의 비의 형태로 나타낼 수 없는 실수를 말한다. 이런 수의 특징은 연속한다는 것이다. 정수는 바로 그 점이 지정되어 있지만 무리수는 그 점과 점 사이에서 연속하는 수다. 벽은 땅이 연장된 것이다. 정수가 기둥이라면 벽은 무리수다. 면벽수행面壁修行이라는 말이 있듯이 사람은 벽을 향해 집중하며 수련함으로써 마음의 고요함을 얻는다. 사람은 유리창을 바라보며 면벽수행하지 않는다. 벽이 높게 서서 주변의 다른 풍경을 끊어내고 바닥과 하늘을 직접 닿게 해주면 벽은 사람의 마음을 모아들일 수 있다.

커피숍에 가면 한가운데 앉기보다는 벽 쪽으로 간다. 창가도 좋지만 때로는 벽에 등을 대고 앞을 바라보는 것도 기분 좋은 일이다. 바슐라르는 "집의 모든 구석, 방의 모든 모퉁이, 우리가 몸을 숨기고 몸을 줄이고 싶다는 생각이 드는 모든 구성 공간은 상상력에 대해서는 하나의 고독, 곧 방의 싹이고 집의 싹이다."[17]라고 말했다. 벽이 만나 생기는 구석은 편안함이고 부동不動의 감정을 선사한다.

그래서 견고한 벽은 오래된 미래의 기억을 담고 있다. 멕시코 건축가 리카르도 레고레타Ricardo Legorreta는 '벽'에 대하여 이런 글을 썼다.

"벽이 없으면 건축은 존재할 수 없다. 멕시코는 건축가의 나라다. 멕시코는 벽의 나라다. 우리는 벽 안에서 살고, 벽 안에서 멕시코를 본다. 비극, 힘, 기쁨, 낭만, 평화, 빛, 색채, 이 모든 특성이 멕시코 사람들이 사는 집의 벽 안에 있다. 스페인의 식민지가 되기 전, 식민지가 된 뒤, 그리고 근대 문명이 우리가 사는 벽 안에 있다. 외래 문명이 우리를 지배할 때, 벽은 부끄러워 사라질 것이며 숨어서 울 것이다. 멕시코가 아파하면, 벽이 소리를 치고, 멕시코가 성공할 때, 벽은 모습을 드러낸다. 벽은 우리의 역사다. 벽은 결코 죽지 않을 것이다. 벽이 죽는 날, 멕시코는 죽을 것이며, 건축도 죽을 것이다."[18]

이는 무엇을 말하는가? 벽은 집을 짓는 수단으로 끝나는 것이 아님을 말하고 있다. 함께 사는 사람들이 모두 벽 안에서 살고 있으므로, 또 모두 벽을 통해서 함께 사는 사회와 나라를 바라보며 살아왔으므로 벽은 우리 모두의 존재 이유가 된다.

나란한 두 장의 벽

건축에서 가장 단순한 구조 방식은 두 장의 벽을 나란히 두는 것이다. 나란한 벽의 간격이 짧으면 그런대로 쉽게 지붕을 올릴 수 있었지만, 규모가 커지면 벽 사이의 간격이 아니라 길이가 길어졌다. 이런 형식의 주거를 고대 그리스에서는 메가론megaron이라고 불렀다. 메가론의 입구에는 기둥 두 개가 서 있다. 고대 그리스 신전 안쪽의 벽식 구조는 메가론 주택이 발전한 것이다. 오늘날 지중해 지역에서 이런 주택을 많이 볼 수 있는데, 그만큼 두 장의 벽을 세우는 것이 편리했기 때문이다.

미국의 예술사가 빈센트 스컬리Vincent Scully는 고대 그리스 사람들이 먼 산꼭대기에 있는 거룩한 땅에 신전을 지은 이유가 이런 두 장의 나란한 벽에서 얻은 방향과 초점 감각 때문일 것이라고 말한 바 있다. 이렇게 말할 정도로 메가론은 많은 영향을 미쳤다. 두 장의 벽을 나란히 놓으면 앞에서 안으로 나아간다는 감각이 생긴다. 초기 그리스도교 교회 건물이나 로마네스크와 고딕 성당 건축의 구조와 공간도 나란한 두 장의 벽으로 이루어졌다.

코르뷔지에는 초기부터 시트로앙이라는 주거 유형을 제안했다. 나란한 두 장의 벽으로 된 주택은 공업 생산할 수 있는 주거 형식이라고 보았다. 그는 이 유형을 즐겨 사용했으며 후기에는 인도 아메다바드Amedabad에 설계한 사라바이 주택Sarabhai Villa에 이르기까지 계속 응용했다. 이 주택은 평행하는 벽 위에 긴 보를 얹고 그 위를 볼트로 만든 공간을 단위로 마련해 적당히 벽을 열어 방과 방을 연결했다.

핀란드 알토대학교 오타니에미 캠퍼스 대학교회Otaniemen kappeli도 두 장의 벽으로 만든 단순한 교회이고, 알도 반 에이크 Aldo van Eyck가 설계한 파스투르 반 아르스 교회Pastoor van Ars Church 역시 평행하는 좌우의 벽면을 최소한으로 하고 그 위의 보만 남김으로써 축과 중심성을 강조했다.

반 에이크가 설계한 전시장인 손베크 파빌리온Sonbeek Pavilion 은 1966년에 세워져 같은 해에 철거되었는데, 여섯 장의 벽을 공원 속에 나란히 놓고 벽 사이를 지나며 그 사이에 놓인 조각물을 감상하기도 하고 벽 뒤로 어떤 사람이 지나가는지 언뜻 알 수 있게 창과 문을 두었다. 벽은 길게 일직선으로만 나 있지 않고 크고 작은 반원으로 굽어 있어서 막다른 골목을 걷는 것 같기도 하고,

원호로 둘러싸인 제법 넓은 곳에 오면 마치 마을 광장에 들어선 것과 같은 기분이 들게 만들어졌다. 이 건물은 두 장의 벽이 지니는 많은 가능성을 보여주는 교과서와 같은 작품이다.

파동하는 벽

벽이 사람을 이끄는 힘은 사람을 움직이는 힘으로 발전했다. 이러한 벽의 힘을 건축과 도시에 가장 잘 활용한 이들은 바로크의 건축가들이었다. 이탈리아 바로크를 대표하는 건축가 프란체스코 보로미니Francesco Borromini의 산 카를로 알레 콰트로 폰타네 성당 San Carlo alle Quattro Fontane은 고전적인 2층의 오더를 가진 성당의 정면 벽을 파도처럼 움직이는 곡면으로 변형하였는데, 이는 내부에서도 마찬가지다. 외부의 길에 대해서도 움직이지 않는 건물이 마치 스스로 움직이는 듯이 보이도록 만들었다.

　바로크 건축의 파동하는 면은 벽은 감싸지만 공간은 밀어내는 두 가지 힘이 합쳐진 것이다. 하드리아누스 황제의 별궁인 빌라 아드리아나Villa Adriana에 있는 원형의 바다 극장Teatro Marittimo은 가장 바깥쪽을 원형의 높은 벽으로 둘렀다. 마치 바다 위에서 격리된 듯한 느낌을 줄 정도로 벽으로 에워싸인 별세계의 원형 공간이었다. 지붕 없이 기둥이 열어주는 볼록한 방에서 한쪽은 물을 보고 다른 쪽은 중정을 함께 바라보게 했다. 그러나 동서남북 네 개의 방 중 어떤 것은 볼록하게, 어떤 것은 오목하게 만들어 밖을 내다보는 풍경이 모두 다르다. 벽은 에워싸고 공간은 밀어내는 원리를 그 옛날 그들은 어찌 이렇게 잘 알고 있었을까.

　로마에는 미네르바 메디카 신전Temple of Minerva Medica이라고 부르는 로마시대 님페움nymphaeum의 폐허가 남아 있다. 비잔틴 건축가들은 판테온 이외에 이 건물을 열심히 공부했다. 그 이유는 십각형 건물의 모퉁이에 펜덴티브pendentive를 올려 기둥을 벽처럼 보이지 않게 하면서 공간을 확장했기 때문이다. 반원형의 작은 아홉 개의 공간이 꽃잎처럼 원형 벽에 붙으며 공간을 확장해준다. 비잔틴 건축은 라벤나Ravenna의 산 비탈레 성당Chiesa di San Vitale에서 잘 나타나듯이 원형 공간이 벽을 밖으로 밀며 공간을 확장했다. 확장했다기보다 부풀어 오르게 했다는 표현이 더 맞을 것이다.

기둥

건축의 시작
수직으로 선 기둥

인간에게 건축물이란 어떤 의미를 지닐까? 그저 안에 들어가 살기 편하게 만들어놓은 용기에 지나지 않는 것일까? 건축이 컨테이너나 냉장고와 같은 것이라면, 건축은 인간의 문화와 아무런 관계가 없을지도 모른다. 그러나 건축은 땅 위에 서서 우리를 안에 받아들인 뒤, 인간으로 하여금 물질 이상의 것을 향하게 하는 힘이 있다. 이것이 바로 건축이 인간의 문화를 쌓아가는 힘이다.

루이스 칸은 벽이 갈라져 기둥이 되었을 때 '건축'은 시작한다고 말했다. 이 말은 건축에 대한 가장 근본적인 통찰 중 하나다. 동굴과 같이 벽에 둘러싸여 그 안에 은신하던 인간이 땅 위에 올라와 기둥을 세웠다. 자신의 의지에 따라 '공간'을 획득하게 된 것이다. 돌을 잘라 수직으로 세운 다음 그 위에 무거운 보를 걸치는 작업은 자신이 거처할 공간을 의지적으로 구축하는 행위였다. 언제인지는 알 수 없으나 그때가 가장 위대한 인간의 시간이었다.

건축의 역사는 기둥의 역사였다. 기둥이 없는 건축은 아주 드문 예를 제외하고는 거의 건축사에 등장하지 못했다. 하늘을 향해 수직으로 서 있는 기둥은 인간이 이 땅에 존재하고 있음을 표상해주었다. 이제 폐허가 되었지만, 남아 있는 땅을 딛고 하늘을 배경으로 하늘을 향해 서 있는 델피 아폴로 신전Temple of Apllo in Ancient Delphi의 원기둥은 나와 아무런 관계가 없는 시대와 땅에 세워진 것인데도 크나큰 감동을 준다.

그리스 바새Bassae의 아폴로 에피큐리우스 신전Temple of Apollo Epicurius도 폐허가 되어버렸지만 그 한가운데는 코린트식 원기둥이 홀로 서 있었다. 이제까지 알려진 것 중 가장 오래된 코린트식 원기둥이다. 신전 내부 좌우에는 아직 벽에서 분리되지 못한 채 이오니아식 기둥 모양이 열을 이루며 서 있었다. 왼쪽인 동쪽으로는 입구가 나 있어서 그곳에서 들어오는 빛이 벽면을 비추었고 이런 벽을 배경으로 코린트식 원기둥이 당당하게 서 있었다.[19] 원기둥은 인간의 의지를 고양시키고 공간에 중심을 확립한다.

종교학자 미르체아 엘리아데Mircea Eliade가 말한 "우주의 기둥"이란 이런 것이리라. 지붕이 그 밑에 있는 사람들을 하나로 감싸주고, 기둥은 그 위에 보를 두어 지붕의 무게를 지면에 전달하며 세계에 대한 인간의 모습을 표명한다. 인간이 쌓아올린 돌덩어리에 지나지 않는 것이 어떻게 우주를 떠받치는 기둥을 대신하여 표현한다는 것일까? 그리고 왜 '우주의 벽'이 아니라 '우주의 기둥'인가?

성경은 야곱이 거룩한 땅에서 잠을 자다가 자기가 베고 자던 돌을 세워 기름을 붓고 이 돌을 하느님의 집이라고 말했다고 전한다. 그렇다면 아마도 성당을 지은 최초의 건축가는 야곱일 것이다. 그는 "제가 기념 기둥으로 세운 이 돌은 하느님의 집이 될 것입니다."『창세기』 28:22라고 말했다. 창세기에서는 이 돌기둥이 "하늘에 닿은 계단" "하늘의 문" "기념 기둥" "하느님의 집"이 되었다고 말한다. 성당에 가면 제대 위가 특별히 높다. 그리고 그 위에 빛이 비추면서 성당 안을 가득 채운다. 이것은 야곱이 세운 기념 기둥을 공간으로 표현한 것인데, 땅에 세운 수직 기둥이 이런 공간을 상상하게 해준다.

스톤헨지는 땅 위에 세운 기둥이다. 멘히르menhir다. '멘히르'는 '돌men-'과 '길다-hir'가 합쳐진 말이다. 땅 위에 길게 새워진 '긴 돌'이다. 돌멘dolmen은 '테이블taol-'과 '돌-men'이 합쳐진 단어로 '테이블처럼 생긴 돌'이라는 뜻이다. 이들이 이와 같은 높은 구조물을 세운 이유는 오직 하나의 열망, 곧 땅의 신에서 벗어나 순환하는 자연현상을 주관하는 태양의 신을 향하기 위해서였다. 이런 기둥이 많이 모일 때, 그리고 그것이 땅에 우뚝 서서 하늘을 향할 때, 또 그것이 빛을 받고 다른 면에 그늘을 만들며 물체에 그림자를 드리울 때 그 물체의 조형성은 뚜렷한 윤곽을 가진다.

스코틀랜드 루이스섬에 있는 칼라니시Callanish•에는 중심에 높은 돌기둥을 세우고 그 주변에 여러 개의 돌기둥을 세웠다. 이 태고의 감각을 돋보이게 해주는 것은 태양이며 빛이지만, 반대로 빛을 받지 않는 돌기둥의 다른 면과 땅에 떨어뜨린 그림자는 해가 도는 동안 같이 움직인다. 그리스 건축의 기둥과 빛과 그림자도 이러한 정신의 자립에서 나온 산물이다.

기둥은 땅의 한 점만 차지하고 위로 솟는다. 때로 기둥은 자기 힘으로 일어나 하늘을 향해 상승하는 듯이 보이기도 한다. 고딕의 기둥은 로마네스크의 중후한 조형과는 달리 가볍게 하늘을 향해 올라간다. 고딕의 기둥은 공간의 수직성을 나타내기 위해 바닥에서 시작한 아치에서 수많은 가는 선재線材로 올라가 천장의 볼트를 지나 반대쪽으로 다시 내려오고 있어서 돌로 만들어진 기둥이 마치 나무처럼 느껴진다. 로마의 성 바오로 바실리카Basilica of San Paolo fuori le Mura의 회랑에는 엿 가게에서나 봄직한 다양한 모습으로 뒤틀리며 올라가는 기둥의 열을 만날 수 있는데, 이것은 코스마티Cosmati 양식이라고 하는 장식적인 고딕 양식의 기둥이다.

기둥이라는 뜻을 가진 용어는 많다. 먼저 '포스트post'라는 용어가 있다. 이것은 지지하는 벽이 될 수도 있는 수직적인 요소를 말할 때 쓰인다. 이것만 따로 사용하는 경우는 드물고 기둥-보 구조 또는 포스트린텔post-lintel 구조라고 수평 부재와 함께 짜인 프레임을 말할 때 쓴다. '피어pier'는 본래 단면이 정사각형인 조적 구조의 기둥인데 개구부 사이에 있는 벽의 단면을 가진 기둥이다. 특히 여러 개의 아치가 모일 때 집중되는 수직 하중을 지지하는 기둥을 말한다. '필러pillar, 角柱'는 가늘고 독립된 사각형의 수직적 지지체를 말한다. 또 '벽기둥pilaster'은 벽에 붙어 있는 기둥을 말한다. 독립해 있으면서 특별히 원형인 기둥을 '원기둥'이라 하고 영어로 '칼럼column'이라고 한다.

장을 이루는 기둥

기둥은 홀로 서 있어도 주변에 어떤 힘을 미치며 열을 이루면 벽으로 작용한다. 하늘을 향해 홀로 서 있는 오벨리스크는 땅과 하늘을 잇는 독립된 기둥으로 중심성을 나타내며 주위에 힘을 미친다. 이 기둥이 땅과 하늘을 잇는 상징인 것은 이것이 땅과 일체가 되어 있으며 땅의 일부라는 뜻을 지니고 있기 때문이다. 꼭 기둥이 아니더라도 베네치아 산마르코 광장Piazza San Marco이 있는 '캄파닐레Campanile'라는 높은 종루도 ㄱ자로 꺾여 있는 광장을 둘로 나누며 중심성이 줄어든다. 이것은 기둥 하나가 주변에 대하여 장을 형성하는 아주 좋은 예다.

기둥의 열이 전후좌우로 전개되면 카르나크 신전Temple of Karnak 다주실多柱室과 같은 것이 되고, 앞에서 말한 가구 단위에서 나온 기둥이 집합하면 이슬람 모스크에서 보는 기둥의 숲이 생긴다. 기둥이 네 개 모이면 지붕과 함께 건물 전체의 윤곽을 만든다. 마찬가지로 기둥이 네 개 모여서 가구架構를 짜면 이 가구물은 땅에서 독립하여 땅과 분리된다. 물론 하중이 땅에 전달되는 것은 사실이지만 네 개 기둥의 가구가 인위적으로 완결된 형식을 갖는다는 뜻이다. 기둥은 독립하지 못하고 이 인위적인 가구의 하나에 속한다고 인식된다. 로마네스크 건축은 교차 볼트를 기본으로 한다. 그러면 네 개의 리브rib와 네 개의 기둥이 생긴다. 큰 교차 볼트가 걸리면 그 밑에는 높은 기둥의 네 개의 큰 가구가, 측랑에 작은 교차 볼트가 걸리면 낮은 기둥의 작은 가구가 생긴다.

산마르코 광장에는 두 개의 기둥이 바닷가와 마주하며 서 있다. 이 두 기둥은 도시로 들어오는 문이자 광장의 끝을 정리해 주는 벽이다. 그런데 이 기둥이 두 개가 아니라 그 이상으로 연달아 서 있으면 점이 이어지면서 점선이 되듯이 일종의 스크린처럼 가로막는 성질이 나타난다. 신전의 회랑에 선 열주도 일종의 투명한 막과 같은 스크린이다. 이 열주는 기둥의 역학적 성질과 하늘과 땅을 잇는 수직적 성질은 소멸된 채 수평의 벽과 비슷한 성질을 갖게 된다.

바로 필리포·브루넬레스키Filippo Brunelleschi의 오스페달레 델리 인노첸티Ospedale degli Innocenti뿐 아니라 잔 로렌초 베르니니Gian Lorenzo Bernini가 설계한 바티칸의 열주랑colonnade, 종교 건축은 아니지만 도시의 길을 만드는 볼로냐의 열주랑, 바스의 로열 크레센트Royal Crescent의 열주랑처럼 내부와 외부의 경계를 완화시키는 역할을 한다. 더욱이 종묘 정전의 열주랑은 말할 나위가 없다. 프랑스 시인 폴 발레리Paul Valéry는 고대 그리스 신전의 열주를 보고 「열주의 노래」라는 아름다운 시를 지었다. "줄지어 서 있는 조용한 기둥들 / 햇빛을 모자로 쓰고 / 처마를 타고 돈다 / 진실한 새에 꾸며져서……"[20]

인도 파테푸르 시크리Fatehpur Sikri의 디완이카스Diwan-i-Khas 개인 알현 홀에서 바닥, 벽, 천장은 둘러싸인 내부의 장을 만들고 한가운데는 섬세하게 조각된 사암 기둥이 중심성을 나타낸다. 그러나 이 기둥은 지붕을 받쳐주는 것이 아니라 일종의 필로티처럼 네 방향에서 오는 갤러리를 이어주고 있다. 따라서 이 기둥은 에워싸인 공간 안에서 중심성을 나타내기는 하지만 지붕을 받치는 강력한 기둥처럼 느껴지지 않는다. 이 기둥은 건물 벽면의 위를 따라다니는 동선을 나누며 공간을 확산시키는 장치다.

평탄한 땅이나 경사진 땅, 수면에 접하는 곳에 세워진 기둥은 그 위에 바닥을 두어 지방 특유의 가옥이나 마을의 창고로 쓰이는 경우가 많다. 필로티piloti란 이처럼 기후나 지형적인 이유로 건물을 지면 위로 받쳐주는 독립된 원기둥을 말한다. 필로티는 코르뷔지에의 사보아 주택처럼 건물 자체를 지면 위에 떠 있듯이 가볍게 해주고 지면을 연속시켜줄 수 있다. 이 필로티는 스위스의 말뚝 위에 세워진 주택이나 아일랜드의 크랜노그Crannog라 불리는 목조 수상가옥군에서 힌트를 얻은 것이다. 이 조형은 파리의 스위스 학생회관Pavilon Suisse 등의 조소적인 필로티로 바뀌어갔다.

러시아 구성주의자인 엘 리시츠키El Lissitzky는 당시 러시아의 기술로는 도저히 구현할 수 없는 야심 찬 계획안을 보여주었는데, '구름 기둥Wolkenbügel'이라는 작품이었다. 엘리베이터를 담은 기둥만 서고 바닥을 들어 올려 지면을 공유하면서 건축물의 바닥을 공중에 매달고 있다. 그리고 그 위에 얹힌 수평의 사무소 블록이 공중에서 이어지고 있다.

미스 반 데어 로에는 일리노이공과대학교Illinois Institute of Technology, IIT의 크라운 홀Crown Hall, 시그램 빌딩Seagram Building 등에서 보듯이 내부에 기둥을 두지 않고 가동 칸막이로 자유로이 분할하여 아주 넓은 공간을 자유로이 움직일 수 있게 해주었다. 그가 독일에 있을 때는 기둥이 노출되어 있었으나, 미국에 건너와서는 기둥에 변화가 생겼다. 기둥을 건물 외곽으로 끌어내어 외벽에 밀착시키면서 내부에는 기둥을 전혀 두지 않은 것이다. 그 대신 IIT 동창회관의 코너에서 보듯이 기둥은 철판 화장 커버와 I형강으로 벽에 숨겨서 기둥이 지지체가 아닌 것처럼 보이게 만들었다. 기둥이 재현의 대상이 된 것이다. 이런 과정을 거쳐 베를린 신국립미술관Neue Nationalgalerie에서는 길이 64.8미터의 지붕이 단 여덟 개의 기둥으로 받쳐졌으며 더구나 이 기둥을 아예 바깥으로 내보냈다. 그 결과 모든 방향의 움직임이 투명한 유리벽을 넘어 도시를 향해 무한히 펼쳐지는 기둥이 없는 거대한 유리상자가 되었다.

독일 건축가 프라이 오토Frei Otto가 설계한 만하임Mannheim의 물티할레Multihalle는 식물원을 배경으로 하여 목재로 짠 자유로운 포물선과 쌍곡선으로 된 3차원의 곡면이 덮는 구조로 기둥 없이 완성된 건물이다. 건축가 이토 도요伊東豊雄는 센다이 미디어테크Sendai Mediatheque에서 기둥을 스틸 파이프로 엮어 시선을 기둥 사이로 투과시키고 내부 공간이 기둥에 가리지 않게 했다. 가능하다면 기둥이 공간을 구획하지 않도록 한 것이다.

최근에는 기둥이 공간을 구획하지 않은 채 전체를 하나의 방으로 사용하기 위해 파이프라고 할 정도로 아주 가는 기둥을 불규칙하게 많이 세우고 그 안에 칸막이를 두지 않기도 한다. 이렇게 하면 철근 콘크리트 기둥을 일정 간격으로 세울 때보다 내부의 부분들이 엇비슷해지고 균질해지며 경계가 훨씬 모호해진다. 그러나 이 방식은 지면 위에 한 개의 층일 때만 가능하다.

기둥과 벽

벽에서 나온 기둥

이집트 사카라Saqqara에 있는 조세르Djoser 왕 매장 복합체에 가보면 홀로 서 있는 기둥이 얼마나 만들기 어려웠는지 실감하게 된다. 아주 좁은 입구의 열주랑 좌우에는 벽에 직교하는 짧은 벽이 계속 나타나는데 이 짧은 벽의 끝을 둥그렇게 다듬었고 위아래로 많은 홈을 냈다. 기둥이 아니라 기둥 모양을 낸 짧은 벽이다. 그럼에도 이 공간을 지나갈 때는 원기둥이 열을 이루며 서 있는 것처럼 느껴진다. 거대한 계단 피라미드를 지나 안쪽으로 들어가면 저 유명한 파피루스 반원기둥을 볼 수 있다. 기둥을 세운 것이 아니라 기둥 모양이 나도록 돌을 깎아 쌓은 벽의 일부다. 기둥은 세우고 싶으나 세울 기술이 없어서 이렇게 만든 것이다. 마치 조각상을 세울 기술이 없어 룩소르 신전Temple at Luxor 앞에 있는 람세스 2세가 서지 못하고 벽에 붙어 앉아 있는 것과 같다.

이런 사정에서도 알 수 있듯이 르네상스의 알베르티는 건축의 주요 요소는 벽이며 기둥은 벽면에서 나왔다고 말했다. 따라서 원기둥은 "벽면의 기초로부터 최상부에 이르기까지 수직으로 뻗은 강화된 벽면의 한 부분"이라고 정의했다. 그리고 원기둥은 벽 또는 벽에서 나온 사각형의 기둥을 더욱 뚜렷하게 만들기 위한 장식이라고 보았다. "모든 건축에서 주요한 장식은 의심할 나위 없이 원기둥이다."[21]

기둥은 겉보기에는 단순한 듯하지만, 인간이 지닌 최상의 기술이 동원된다. 돌을 자르는 기술, 그것을 수직으로 세우는 기술 그리고 그 위에 다시 무거운 보를 걸치는 기술, 뿐만 아니라 이러한 작업을 수평, 수직 방향으로 확장하는 기술. 이렇게 해서 인간은 자신이 거처할 공간을 의지적으로 구축해왔다. 이러한 작업을 반복하여 2층과 3층 등 다층 구조물을 구축하는 과정이야말로 가장 건축적인 사실임을 입증하는 작업이다.

크노소스 궁전palace at Knossos은 그리스 남쪽 크레타섬에 있다. 물론 이 건물은 미노스 왕에 대한 전설이 얽혀 있는 유명한 미로 궁전이다. 미로를 의미하는 영어 라비린스labyrinth는 양 날개 도끼를 뜻하는 '라브리스labrys'에서 나온 말이다. 양 날개 도끼는 미노아 사람들의 종교 행사에 쓰이던 제의적 상징물이었던 것 같다. 그리고 이 건물은 건축가 다이달로스Daedalus와, 몸은 사람인데 머리는 황소인 괴물 미노타우루스Minotaurus, 그리고 미노타우루스에게 잡아 먹히는 동족을 구하기 위해 과감히 뛰어든 아테네의 청년 테세우스Theseus와 그를 사랑하는 아리아드네Ariadne의 이야기가 얽혀 있는 곳이기도 하다.

서양건축의 원류인 이 크노소스 궁전은 놀랍게도 3,500년 전 독립된 기둥으로 지은 다층 구조물이고 1,300개의 방으로 이루어진 대규모 건축물이다. 북쪽 문의 기둥을 보면 밑은 가늘고 위로 갈수록 두꺼워지며, 단면이 타원인 원기둥인데 붉은색을 칠했다. 그 위에 검게 칠한 기둥머리가 있고 다시 그 머리 위에는 얇은 판을 한 장 두었으며, 또 다시 그 위에 수평 부재를 올렸다. 이때의 기둥은 나무로 만들어졌지만 크노소스 궁전의 기둥은 그리스 원기둥의 원형이 되었다.

그러나 이곳의 기둥 간격은 대개 1미터 남짓이며 3미터를 넘지 못한다. 오늘날의 기술에 비하면 보잘것없는 간격이다. 그러나 이 기둥은 내부 공간에 위대한 결과를 가져다주었다. 기둥과 기둥 사이에는 보다 더 큰 개구부를 만들고, 더욱 넓은 시야로 외부를 바라보게 해주었다. 이렇게 하여 지중해의 풍성한 빛이 방안에 가득 찬다.

이 궁전의 어떤 곳에서는 기둥과 기둥 사이의 이런 성질을 이용하여 바닥을 잘라내고 그 밑으로 빛을 떨어뜨린다. 마치 현관을 열고 들어가면 홀 한가운데를 뚫어 2층을 바라보게 하는 것과 같은 이치다. 기둥은 이렇게 벽을 열어 공간을 넓게 해줄 뿐만 아니라, 공간의 수직적인 이용을 다양하게 해준다. 그 결과 인간은 하늘이 주는 더할 나위 없이 값비싼 빛을 얻을 수 있게 된다. 이 크노소스 궁전을 '라비린스', 곧 '미로'라 부르는 것은 단지 복도를 따라 막힌 길이 여기저기에 나 있다는 뜻만이 아니라, 기둥으로 생긴 다양한 공간의 연결을 두고 한 말이었을 것이다.

기둥과 벽의 관계는 고대 그리스에서 근대에 이르기까지 건축사 전반에 걸친 가장 중요한 문제였다. 그러나 기둥과 벽의 관계는 간단하다. 기둥이 벽의 전면에 독립해 서 있는 경우, 기둥과 벽이 접해 있는 경우, 기둥이 벽 안에 독립해 서 있는 경우 등 세 가지다. 그런데 고대 그리스 신전에서는 그 뒤에 있는 벽이 하중을 받치고 건물 주변에 열주가 배치되어 중력에서 해방된 건축적인 이상을 실현했다. 이는 마치 그리스 조각이 독립하여 이성의 명석함을 나타내는 것과 같다.

기둥이 벽과 붙어 있는 벽기둥은 표면에서 약간 돌출되어 장식적인 수직 띠처럼 보이고 평탄한 느낌을 준다. 힘을 받는 벽을 건축적으로 분절하여 보이도록 벽에 부가한 기둥인 것이다. 이렇게 하면 벽은 보이지 않는 것이고 바탕ground이 되며, 기둥은 이성적 판단으로 보이게 하는 것이고 그림figure이 된다. 아직 건축이 되지 못한 벽 안에서 모양이라도 기둥으로 분절하는 것이 건축이라고 생각했기 때문이다. 이처럼 기둥은 분절하는 요소가 된다.

도면에서 벽은 선처럼 이어지지만 기둥은 점으로 나타나듯, 벽이 무리수라면 기둥은 정수와 같다. 아잔타 석굴Ajanta caves은 바위를 파고 들어가 무리수와 같은 동굴 안에서 정수와 같은 기둥과 볼트를 파내어 인위적으로 건축 공간을 만들었다. 자연 속에 있지만 자연과 분리된 인위적인 가구架構로 변경한 것이다. 이렇게 하여 아잔타 석굴은 무리수 안에서 정수를, 정수를 통하여 무리수를 왕복하는 공간의 감정을 동시에 느끼게 한다.

벽에 묻힌 기둥

근대건축에서는 기둥이 구조 속으로 들어가버렸다. 고전건축의 기둥과 비교하자면 기둥이 기둥이 아니게 된 것이다. 근대건축은 기둥과 보로 엮인 라멘rahmen 구조로 공간을 만들면서 벽은 힘을 받지 않는 요소가 되어 벽이 없는 자유로운 공간을 만들어낼 수 있었다. 근대의 철근 콘크리트 구조에서 기둥이란 구조 시스템에 속하는 하나의 요소일 뿐이다. 기둥과 보로 이루어진 골격은 가벼운 재료로 덮이게 되었고, 그 결과 뼈대와 피막, 구조와 화장이라는 형식을 갖추게 되어 건물의 외피가 유리나 그 밖의 다른 재료로 덮어버렸다. 기둥은 화장의 뒷면에 숨게 되었다.

벽이나 기둥은 모두 수직으로 힘을 받는 요소다. 이런 벽 안에 힘을 받는 기둥을 넣으면 벽의 나머지는 공간을 한정하는 면이 된다. 만일 벽에서 힘을 받는 여러 기둥 중에 하나만을 독립시키면, 기둥만 힘을 받지 벽은 힘을 받지 않는 스크린처럼 보이는 효과를 준다. 미스가 설계한 바르셀로나 파빌리온에서는 비내력벽이 자유로이 배치된 것으로 알려져 있으나, 자세히 보면 벽이 천장에 모두 붙어 있다. 그것은 벽 안에 여러 기둥을 심어 넣었기 때문이다. 그런데도 아주 가느다란 십자형 기둥을 독립시켜 이 기둥이 지붕의 무게를 다 받고 있는 것처럼 보이게 했다. 미스가 체코의 브르노Brno에 설계한 투겐트하트 주택Villa Tugendhat의 식당은 벽면이 스크린처럼 공간을 곡면으로 감싸고 있다. 그러나 그 옆에 서 있는 독립 기둥은 하중을 받는 구조체의 느낌을 주지 않으며 곡면 벽과 함께 공간을 에워싸는 요소가 되어 있다. 미스의 초기 주택을 보면 이렇게 기둥이 힘을 받는 물리적인 요소가 아니라 기둥이라는 표징으로 바뀌어가고 있음을 알 수 있다.

문

문은 유보의 장소
드나드는 벽

건축을 구성하는 요소로서 공간을 구획하는 벽이 있고, 그것을 뚫어 만든 개구부가 있다. 개구부는 다시 문과 창으로 나뉜다. 문은 사람이 드나드는 개구부이고, 창은 시선이 오가는 개구부이다. 문으로는 신들도 다닌다. 메소포타미아 지역에서 번영했던 바빌로니아 왕국의 수도 바빌론은 문을 뜻하는 '밥bab'과 신들을 뜻하는 '일라니ilani'가 결합된 단어로 '신들의 문'이라는 뜻이다. 사람이 사는 수도 자체가 신들이 드나들며 자기들을 보호해준다는 의미를 지닌다.

문은 몇 개의 예외를 제외하면 반드시 벽과 함께한다. 벽은 사람이든 시선이든 오고 가는 것은 차단하지만, 문과 창은 서로 다른 장소를 이어준다. 그래서 문과 창은 방에서 바깥, 이 방에서 저 방의 거리감을 조작하는 데 중요한 장치가 된다. 문은 벽의 일부이고, 문의 앞뒤로 일정한 공간이 있으며, 드나드는 사람의 얼굴을 파악하는 곳이다.

스티븐 홀의 세인트 이그네이셔스 경당Chapel of St. Ignatius의 문은 벽과 같은 재료로 되어 있어서 벽처럼 보이지만, 손잡이를 보면 큰 문과 작은 문이 이웃하고 있음을 알게 된다. 자유로이 배열된 타원형의 창문도 두 문이 한 벽면에 있다는 것을 알게 해준다. 손잡이는 넓적하여 잡아당기거나 밀기 쉽다. 그 안으로는 문의 눈높이에 창문이 있어서 누가 왔는지, 누가 문을 열어주는지 알 수 있고, 그 창들로 빛이 들어와서 문 근처가 제법 환하다.

건물이 하는 역할을 가장 단순하게 말하면 경계를 둘러 영역을 에워싸는 것이다. 그러나 이러한 요소들은 처음부터 분명히 나뉘어 있지는 않았다. 움집처럼 간단한 주택에도 드나드는 문이 있었고, 불을 피울 때 나는 연기를 빼내도록 구멍을 설치하기도 했다. 그러나 그 경계에는 문이나 창 같은 열린 부분이 있다. 이렇게 열린 모든 부분을 '개구부開口部'라고 부른다. 열려 있는開 입구口과 같은 부분部이라는 뜻이다. 곧 개구부는 출입, 채광, 환기, 통풍을 위하여 벽을 치지 않은 문이나 창을 통틀어 이르는 말이다.

사람이 단지 통과하기만 하면 되는 지하철의 한 부분은 개찰문이라 하지 않고 개찰구라고 한다. 그러나 열고 닫는 문은 양쪽으로 여는 문이라 하여 한자로 '門'이라고 쓴다. 문을 열 때는 '개開'라고 쓰고 닫혀 있을 때는 '폐閉'라고 쓴다. 문은 양쪽으로 열고 닫는 것이며 그 안에 열고 닫는 장치가 있다는 뜻이다.

창호窓戶는 건물의 외벽이나 건물 안에 있는 방과 방 사이에 설치된 창이나 문을 가리킨다. 창호를 열고 닫으면 어떤 공간과 다른 공간이 이어졌다가도 끊기는 변화가 생긴다. 너무나도 당연한 장치가 사람이 살아가는 데 참 미묘한 관계를 준다. 방과 방 사이에 있는 아무 문이나 다 창은 아니고, 그 공간이 어떤 특성을 가졌는지, 공간끼리 과연 어떤 관계에 있는지를 생각하여 그것에 맞는 창窓과 호戶가 놓인다.

문의 일차적인 기능은 닫기 위한 것이고 침입자로부터 방어하기 위한 것이다. 성문을 만들 때는 방어를 목적으로 문을 L자 모양으로 꺾어들어가게 만들었는데, 예루살렘에 있는 다마스쿠스 문Damascus Gate이 그러하다. 다리를 쉽게 건너지 못하게 하기 위해서 다리에 문을 두기도 한다. 영국 웨일스의 몬마우스Monmouth에 있는 모나우 다리Monnow Bridge는 문 탑이 그 자리에 서 있는 중세 방어용 다리로서 현재 영국에 남아 있는 단 하나의 다리다. 방어를 위한 문과 다리가 하나로 통합되어 있다. 문이란 누군가를 들어오지 못하게 거부하는 것이면서, 동시에 사람을 안으로 초대하는 상반된 성질을 가지고 있기 때문이다. 설령 문이 열려 있다 해도 누구나 들어올 수 있는 것은 아니다. 안에서 필요로 하는 사람만 문을 지날 수 있다.

그래서 문은 사회적인 결속을 나타낸다. 입문入門했다거나 파문破門당했다는 말도 있고 한 가문이나 문중도 있으며, 불교에서 같은 법문의 사람은 일문一門, 이름난 학자 밑에서 배우는 제자나 신도를 문도門徒라고 한다. 같은 문에 들어가 학문을 함께 배우다 나온 이들은 동문同門, 같은 문 안에 있는 가족을 가문家門이라고 한다.

"좁은 문으로 들어가라."는 성경 구절도 있듯이 하느님 나라에 초대받는 것도 문으로 들어간다고 표현한다. 그래서 문은 원치 않는 사람을 거부하고 원하는 사람만을 받아들이는 필터 역할을 한다. 이렇게 하여 일단 허락을 받고 문을 지나 안에 들어온 사람은 바깥 사람들과 구별된다. '대학 문이 좁다'든가 '취업문이 좁다'는 표현도 이런 뜻에서 나온 것이다.

입구는 내부에 사람이 거주하도록 둘러싼 벽을 깨어 드나들도록 만든 것이므로, 건축물에는 반드시 입구가 있고 문이 붙는다. 혹시 군사적으로 창이 없는 특수한 집은 있을 수 있어도, 문과 입구가 없는 집은 있을 수 없다. 독일의 철학자 오토 프리드리히 볼노Otto Friedrich Bollnow가 "집에는 사람이 갇혀 있지 않게 집 안의 세계와 밖의 세계를 적절히 연결하는 트인 부분이 필요하다."[22]고 말한 이유도 바로 이 때문이다. 그러나 침입자를 막기 위해 문은 닫혀 있어야 하지만, 항상 닫혀 있으면 그것은 이미 인간의 주거가 아니다. 문은 사람이나 물건만이 아니라 길흉화복까지도 드나든다. 그래서 우리나라에는 병액귀가 집 안에 드나들지 못하도록 막아주는 문신門神이 있었고, 대문에 입춘방立春榜을 써 붙이고, 제사를 드리기 전에 반드시 대문을 열어 조상신을 맞아들였다.

고급 주상 복합 단지나 타운하우스처럼 문이 늘 닫혀 있으면서 거주자 외에 외부 사람들의 출입을 엄격히 제한하는 사유화된 지역을 '게이티드 커뮤니티gated community'라고 부르며, 이를 '빗장 동네'라고 번역하기도 한다. 미국에는 약 3만 개의 빗장 동네에 약 400만 명의 인구가 거주하고 있다고 한다. 담으로 둘러싸여 있고 문으로 차단하며 외부와의 관계를 차단한 현대의 요새도시다. 이런 동네는 도심이나 교외의 완전히 독립된 장소에 위치한 부유한 사람들의 차별화된 동네다.

준비하는 곳

문은 이 방에서 저 방으로, 아니면 건물 안이나 밖으로, 또는 밖이나 안으로 이동하는 경계에 설치된다. 문은 기다리는 곳이며 판단하고 결심하는 곳이다. 이 심리적인 기능을 갖는 경계가 '문지방threshold'이다. 종교학자 엘리아데는 "문지방에는 밖과 안의 경계가 구체적으로 나타날 뿐 아니라 어떤 곳에서 다른 곳으로 옮겨가는 가능성이 구현된다."[23]고 말한 바 있다. 문은 실제적으로나 추상적으로나 이쪽과 저쪽의 장소를 갈라내는 경계의 갈림길이다. 양산 통도사의 일주문은 좌우 하나씩 두 개의 기둥과 지붕으로만 이루어진 문이다. 그러나 이 문은 오로지 문을 전후로 한 영역이 성스러운 공간으로 진입하기 위한 준비 공간이자 다음 단계로 나가는 중간의 한 부분임을 나타내는 기호로서 작용하고 있다.

따라서 문은 문지방이라는 경계의 뜻을 그대로 갖는다. 문화인류학에서는 문을 일상적인 공간의 경계가 모호하고 불확정적이어서 부정不淨하기도 하지만, 다른 한편으로는 성스러움도 되는 곳이라고 하여 통과의례 등과 관련해 매우 진지하게 논의하고 있다. 이를 '경계성liminality, 境界性'이라고 하는데, 이는 라틴어에서 '문턱' '경계'의 의미를 가진 '리민limin-' 그리고 '리멘limen-'에서 파생된 단어다. '임계성臨界性'이라고도 번역한다.

초기 그리스도교 성당에는 안에 들어가기 전 문 앞에 유보된 공간이 있었다. 그 장소를 '나르텍스narthex'라고 하는데 번역이 어려울 정도로 쓰임새가 모호하고 여러 가지다. 세례를 받은 사람은 안에 들어가 미사에 동참할 수 있지만 그렇지 못한 사람은 이곳에 머물러야 한다. 이쪽에서 저쪽으로 넘어가는 과정에서 유보된 공간이다. 그러나 오늘날에는 이런 것이 사라져버렸다. 또 초기 그리스도교 성당의 문 앞에는 아트리움atrium이 있었다. 이것은 고대 로마시대 주거 공간의 기본 요소였는데, 신자들이 들어갈 때는 준비된 마음을 가지고, 나올 때는 서로 이야기를 나누라고 만든 것이다. 세속적인 공간과 신성한 공간 사이를 잇는 유보 공간이다.

문은 들어가는 기쁨과 들어가지 못할지도 모른다는 불안감이 교차하는 곳이며, 들어갈 수 있으리라는 기대감과 희망이 있는 곳이다. 누구나 문 밑을 지날 때 또는 문을 열고 안으로 들어가려고 할 때 무언가 마음이 고양되는 심리를 경험한다. 이런 개념은 건축설계에서 많이 나타나는데, 이는 학교 교실의 문에 대입해보면 알 것이다. 교실의 문은 수업을 마치면 나갔다가 수업이 시작되면 들어오는 문이다. 이 문은 아침 일찍 등교하는 아이들을 향해 환영의 인사를 해줄 수 있고, 수업을 다 마치고도 돌아가지 않고 친구들과 이야기를 나눌 수 있는 곳이 될 수도 있다. 부모들에게는 수업을 마치는 아이들을 기다리고, 부모들끼리 공동의 관심사를 나누는 장소가 될 수도 있다. 문은 기대와 만남과 예기치 못한 만남이 이루어질 수 있는 유보의 장소가 된다.

고대 그리스시대에 메가론이라 부르는 주거 형식에서는 입구에 기둥을 두 개 세우고 안쪽에 주택으로 들어가는 문을 두었다. 문을 나서면 좌우에 기둥이 있고 그 위에 평평한 지붕을 얹었다. 그리스 신전의 문 앞에도 방 같은 공간이 덧붙었다. 그리스 신전에서는 가장 안쪽에 있는 방을 '나오스naos'라고 하였고 그 바깥쪽 현관에 해당하는 부분을 '프로나오스pronaos'라 하는데, 이는 나오스 앞pro-에 있다는 뜻이다. 문을 뜻하는 것은 아니지만 문과 같은 성격의 공간을 주요 방 앞에 두었다는 점에서 보면, 문이 일정한 공간을 점유하게 되었다는 의미다.

포치porch는 건물 정면의 일부를 차지하지만, 이 기둥이 주택에서 옆으로 넓게 이어지면 문이 되고 또 거실의 연장도 된다. 이것을 '리빙 포치living porch'라고 부르는데, 이쯤 되면 리빙 포치는 손님을 맞이하기도 하고 담소도 나누는 외부의 방이 된다. 이런 포치에 기둥을 더 많이 세우고 이것을 큰 건물에 붙이면 이를 '로지아loggia'라고 한다. 이렇게 되면 문은 개인적인 방의 성격을 넘어 점점 더 공공적인 성격을 띠게 된다.

반 에이크는 맞이하는 장소를 '문간의 계단doorstep'이라고 불렀는데, 문지방과 같은 뜻이다. 이 장소는 건물에 속하면서 도시에도 속하는 중간 단계다. 이렇게 생각할 때 문은 열고 닫는 물리적인 요소를 넘어 문의 앞뒤가 이어진 방과 같다고 볼 수 있다. 문에는 방향이 있다. 그리고 그 앞뒤의 일정한 공간은 머무는 장소이며, 문을 전후로 밖에서 안으로 이행하기 위한 준비의 공간이 된다. 알바 알토의 마이레아 주택Villa Mairea 입구는 준비를 위한 공간으로 아주 유명하다. 입구 위는 자유로운 곡선의 캐노피를 얹은 일종의 '프로나오스'다.

마이레아 주택에서 캐노피는 여러 각도로 기울어진 작은 나무 기둥 다발이 받쳐주고 있고, 그 밑은 가늘고 긴 목재를 잇달아 붙여 나무들 사이를 지나는 느낌을 주고 있다. 현관문을 열면 캐노피와 거친 돌을 깐 바닥을 넘어 소나무 숲이 보인다. 이 문은 열고 닫는 데 목적을 두지 않고 드나듦의 영역으로 의미를 넓혔다. 자연을 지나 집에 들어오는 것이고 자연을 향해 집을 나서는 것이다. 문의 손잡이는 꺾여 있어서 잡히는 손의 방향에 잘 응해 주며, 손잡이 위로는 열두 개의 작은 원형 창문이 있다.

그러나 모든 문이 이렇게 여유롭지는 않다. 르 코르뷔지에의 최고 걸작 사보아 주택의 문조차도 마이레아 주택의 문과는 전혀 다르다. 사보아 주택의 2층 밑은 캐노피처럼 되어 있지만 주택 1층의 주변이 다 똑같으므로 이 문만을 위한 것이 아니다. 따라서 사보아 주택의 문에는 문지방이라는 개념이 아주 약하다. 라 로슈 주택Villa la Roche의 문도 마찬가지로 열고 닫으며 드나들기 위한 문이다. 거장의 작품이라고 모든 문이 똑같이 해석되는 것은 아니다.

문은 앞서 상징한다

문은 일정한 공간을 점유하며 상징한다. 프로필라이움propylaeum은 거룩한 영역에 이르는 기념비적인 입구를 뜻한다. 대문자로 써서 프로필라이아Propylaea라고 하면 아테네 아크로폴리스에 있는 것을 말한다. 이것은 들어오는 사람을 받아들이기 위해 양쪽 벽면으로 좁히면서 안쪽을 보이는 기둥이다. 전개된 신전을 향해 시선을 풀어놓는 절묘한 장치로서 문을 공간적으로 표현한 것이다.

문은 홀로 서려고 한다. 중국의 화표주華表柱는 기둥 하나만 세우고 그 위에 가로대가 놓인 것처럼 만든 것이다. 그러나 이것은 어떤 장소를 표지할 수는 있어도 이것만으로는 문이 되지 못한다. 기둥이 두 개 세워지고 그 사이를 가로대로 묶을 때 비로소 문이 된다. 인도 산치Sanchi에 있는 사찰의 탑은 둥근데, 인도에서 가장 오래된 석조 구조물로 주위에 담장이 둘러쳐져 있다. 그 앞에는 돌로 만든 기둥이 있고 그 위에 가로대가 세 개 이어져 있다. 사찰에서 많이 보는 일주문은 대지 경계에 담이 없어도 여기부터 신성한 공간이 된다는 것을 암묵적으로 나타낸다. 일본의 전통 문 도리이鳥居도 이와 같다.

중국의 패루문牌樓門은 두 개의 기둥 위에 놓인 가로대 위에 다시 지붕을 얹는 것을 말한다. 이런 문은 길에 세우거나 십자로나 다리 위에 세우는데, 공훈을 기리거나 과거 급제나 충효절의를 기리는 문으로 사용했다. 인천 차이나타운에서도 제법 볼 수 있다. 문만으로 성립하는 건축물로는 개선문이 있다. 전승의 기념비만이 아니라 황제의 명예나 공적을 찬양하기 위한 것이 많았다. 개선문은 도시의 가로의 중심에서 시각적인 중심이 되었다. 그리고 문은 그 문 안에 있는 무엇을 앞서 상징한다.

대성당이나 성채와 같이 기념적인 구조물의 입구는 '게이트'라 하지 않고 '포털portal'이라고 부른다. 그래서 아치 모양이 몇 겹으로 나 있고 깊이도 아주 깊으며, 문 위에는 최후의 심판과 같은 내용을 장대하게 조각한다. 이 문은 특별한 경우에 열리며 그렇지 않은 경우에는 좌우에 있는 문을 사용한다.

도시를 만들 때도 문을 두어 방위와 관련지었다. 조선이 한양으로 천도하고 도성을 만들어 도시의 경계를 삼고 여덟 개의 관문을 만들었다는 사실은 잘 알려져 있다. 숙청문, 흥인문, 돈의문, 숭례문의 4대문과 홍화문, 광희문, 창의문, 소덕문의 4소문 등 모두 여덟 개의 문이 완성되었다. 한양도성이 집의 벽과 같은 것이라면 여덟 개의 문은 집의 문과 같은 것이다.

베네치아는 물로 둘러싸여서 시벽市壁이 없었고 따라서 시문市門도 없었다. 그러나 베네치아는 세상에서 가장 아름다운 시문을 가지고 있다. 바다에서 찾아오는 베네치아라는 도시의 시문은 팔라초 두칼레Palazzo Ducale와 도서관으로 둘러싸인 광장이다. 근대 이전에는 시문이 있었다. 시문은 전통적으로 도시를 벽으로 둘러치고 도시 안으로 사람이나 마차, 물품이나 동물이 들어오거나 도시에서 나가는 사람을 통제하기 위한 용도였다. 예전 근대화된 도시의 시문은 철도역이었다. 그러나 오늘의 시문은 고속도로 톨게이트이고 버스 터미널이며 공항이다. 현대의 속도와 스케일 속에서도 문의 모양은 변하지 않았지만 문의 의미와 역할은 계속 변화되고 있다.

그러나 프랑스 철학자 폴 비릴리오Paul Virilio는 통신의 발달로 벽이 사라지고 도시의 문도 사라졌다고 비판한다. "이처럼 경계가 사라지면서 우리가 도시로 접근하는 방식은 더 이상 관문이나 개선문을 통해서가 아니라, 전기적인 안내 장치를 통해서다."[24] 도시에는 문이 없다. 행진할 일도 없고, 의례를 행할 일이 없어진 오늘의 도시와 건축에서는 전자 장치가 출입문을 드나드는 절차를 대신하고 있다. 옛날에는 밤이면 문을 닫고 아침이면 열었지만 오늘날에는 상점의 셔터를 여는 것으로 아침이 시작된다.

건물 회전문은 에너지 손실을 막기 위한 용도라 예전 여닫이문이나 미닫이문과는 의미가 사뭇 다르다. 들어가고 나가는 힘과 방향이 같아야 한다. 손도 대지 말아야 한다. 오히려 손을 대면 문이 멈춰 선다. 자동으로 도는 문과 같은 속도로 움직이기만 하면 된다. 위계나 상징이 사라지고 드나드는 것의 의미가 소실된 채 오직 들어가고 나가는 단순 행동만 남아 있는 문이다. 공직에 있던 사람이 퇴직하고 다른 공직이나 사적 업무로 이전하는 것을 '회전문 인사'라고 하는 이유도 이런 단순 행동 때문에 생긴 말이다.

창

창은 집의 눈

바람의 구멍

창이 없는 집은 없다. 아무리 콘크리트 덩어리로 단단하게 지은 건축물이라도 창이 있으면 건축이고, 창이 없으면 댐과 같은 토목 구조물이다. 건축가 프랭크 게리Frank Gehry도 건축과 조각이 다른 점은 창이 있는가 아닌가로 정해진다고 말한 바 있다. 물론 창이 없어 보이는 건물은 있다. 창고나 영화관, 미술관, 백화점 등은 창이 없는 듯 보이지만 아예 창이 하나도 없는 것은 아니다. 창은 이렇듯 건축의 핵심을 결정짓는 요소다.

창은 한자로 '窓'이라고 쓴다. 이 글자는 '窗'에서 나왔다고 하는데, 글자 위에는 구멍이라는 뜻의 '혈穴'이 있다. 창을 만든다는 것은 바람과 빛을 받아들이기 위해 벽에 구멍을 뚫는 일이다. 집 벽에 구멍을 낸 가장 오래된 집은 동굴주거다. 동굴에 뚫은 구멍이 입구가 되고 창이 되었다. 그렇지만 벽에 구멍을 내는 일은 쉽지 않았다. 빛을 얻으려면 일단 출입구가 제일 효과적이었지만 가족을 방어하려면 출입구를 언제나 열어둘 수는 없었다. 또 집이 어느 정도 커지면 출입구를 통해 들어오는 빛이 집의 깊은 곳까지 닿지 못했다.

창문窓門은 공기나 햇빛을 받고 밖을 내다볼 수 있도록 벽이나 지붕에 낸 문을 말한다. 창호窓戶는 창과 문을 통틀어 이르는 말이다. 그러나 이 풀이는 정확하지 않다. 문門과 창窓은 하는 일이 다르다. 문은 어떤 공간과 공간을 연결해주는 건축 요소이지만 창은 채광과 환기를 위한 건축 요소다. 또 출입을 위해서 밖에 있는 것이 문이고, 건물 안에 있으면서 대청과 방을 이어주는 것은 호戶다. 그러니까 창호는 출입도 하면서 채광과 통풍을 겸한다. 우리나라 주택에서 바람을 막거나 모양을 내려고 미닫이 문지방 아래 등에 널조각을 댄 머름이 있으면 창이다.

'윈도window'는 바람의 눈, 곧 '윈드 아이wind eye'다. 이 단어는 스칸디나비아의 옛말 '빈다우가vindauga'에서 온 말인데 '빈드르vindr'는 바람이고 '아우가auga'는 눈이다. 창은 바람의 눈, 바람이 들어오는 구멍, 보는 구멍이라는 뜻이다. 창문은 빛과 신선한 공기를 집 안에 들이려고 만든다. 창이 전혀 없는 벽을 '블라인드 월blind wall', 즉 맹벽盲壁이라고 한다. 창은 눈인데 창이 없으니 눈이 없는 벽이라는 뜻이다. 그리고 창문 없는 층을 '블라인드스토리blindstory'라고 한다.

사람들은 창문을 통해 바깥세상을 바라본다. 창문은 우리가 더 넓은 세상을 경험하게 해주기 때문에 '건물의 눈'이라고 할 수 있다. 그래서 눈을 '마음의 창'이라고 부른다. 집의 창은 사람에 비유하자면 눈이다. 눈은 곧 마음을 들여다볼 수 있으니, 집의 창은 집 안을 들여다보고 집 밖도 들여다보게 해준다. 컴퓨터의 운영 시스템을 '윈도windows'라고 이름 붙인 이유도 컴퓨터의 모니터가 세상을 내다보는 창문이라고 보았기 때문이다.

판테온은 이와 비슷한 구조를 가진 건물들과는 전혀 다르게 기하학적으로 완벽한 모습을 하고 있어서 여느 돔의 구멍에서 들어오는 빛과는 전혀 다른 빛이 그 안을 채운다. 사람들은 이 구멍을 '눈'이라 불렀다. '오쿨루스oculus'라는 말이 '눈'이라는 뜻이다. 사람도 눈을 통해 빛이 들어오듯이, 판테온도 눈을 통해 빛을 받았다는 뜻이다. 둥근 천장은 하늘과 우주를, 구멍은 태양을, 내부 공간에 들어오는 빛은 태양에서 나와 온누리에 퍼지는 빛을 상징했다. 태양이 시간에 따라 변하는 것처럼 이 공간 안에서도 태양의 빛은 변한다. 안에서 위를 올려다보면 둥근 천장을 보고 있는 것이 아니라 둥근 천체를 보고 있는 셈이다. 그렇게 되면, 나는 건물 바닥 위가 아니라 우주의 한가운데 서 있는 것이 된다.

판테온 지붕의 구멍은 일부러 낸 것이 아니다. 콘크리트로 지은 둥근 천장의 한가운데가 무너지지 않게 하려면 구멍을 내어 무게를 줄여야 했다. 돔에 구멍을 낸 건물은 판테온 이전에도 목욕탕 건물 등에도 많이 나타났으니, 판테온만 둥근 천장에 구멍을 낸 것은 아니다. 결과적으로 이 구멍을 통해 공간 안에 빛이 가득 내려올 수 있었다.

시선이 오간다

창은 다른 사람과 사물을 보는 눈과 같다. 시선이 오가는 장치인 것이다. 꼭 누구를, 무엇을 보아서가 아니라 그저 멍하니 창을 통해 밖을 내다본다. 쉽게 들여다보이지 않으면서도 창을 통해 바깥 풍경을 보려는 인간의 근본적인 욕구가 창에 담겨 있다. 그래서 창은 허리보다 높은 곳에 만들어진다. "창이 갖는 가장 단순한 기능으로는 …… 내부 공간에서 외부 세계를 관찰할 수 있다는 것이다. …… 엿보는 구멍이라는 것이 있고 이것을 통해서 사람은 위협적일 수 있는 모르는 사람들이 접근하는 것에 초점을 맞추고 집 주위를 멀리 바라볼 수 있었다. …… 창은 집의 눈으로 해석되고 있으며, 이때 창 자체가 …… 종종 눈 모양을 하고 있었다고 덧붙여두어도 좋을 것이다. …… 보이지 않고 보는 것, 이 치밀한 생명 보전의 근본 원칙은 창의 모양에서 가장 순수한 모양으로 구체화되어 있다."[25] 철학자 볼노의 말이다. 이처럼 창은 위험한 사람이나 동물로부터 우리를 지켜주는 동시에 밖에서 무슨 일이 일어나는지 알게 해준다.

창은 세계를 엿보는 장치이지만 자기를 숨기는 장치이기도 하다. 그래서 눈을 작게 뜨고 밖을 엿본다. 인도 자이푸르에 '하와 마할Hawa Mahal'이라는 궁전이 있다. '바람의 궁전'이라는 뜻인데 왕족 여인들이 길거리에서 일어나는 재미있는 일을 엿볼 수 있지만 밖에서는 안이 안 보이도록 벽을 높게 만든 궁이다. 동남아시아의 옛 주거는 풀이나 대나무를 엮어 벽을 만들었다. 안에서 보면 강한 태양빛을 받아 하나의 레이스 모양으로 보인다. 그 좁은 틈 사이로 빛도 들어오고, 공기도 드나들고, 안에서 바깥의 모습도 잘 볼 수 있다. 한옥의 창호지도 바람을 막아주지만 바람도 통하고 안팎의 상황도 전달된다.

창은 사적인 생활을 엿보는 장치가 되기도 한다. 알프레드 히치콕Alfred Hitchcock 감독의 영화 〈이창Rear Window〉에는 창을 통해 망원경으로 남의 생활을 엿보고 그러다가 자신이 다시 엿보이는 대상이 되고 만 남자가 등장한다. 엿볼 수 있는 것은 상대방 집의 창이 큰 유리로 되어 있었기 때문이다. 오늘날의 집합 주택의 공간 형식으로 다른 집의 사적인 부분을 알 수 있는 구조다.

밖에서 무슨 일이 일어나는지 궁금하여 엿보기를 좋아하던 세기 말 빈의 사람들에게 창을 통해 허용된 세상을 보지 말라고 말한 건축가는 아돌프 로스였다. "문명인은 창으로 밖을 보지 않는다. 그들이 보는 창은 젖빛 유리로 되어 있어서 밖을 보기 위함이 아니라 안에 빛을 넣어주는 것"이라고 말할 정도였다. 교양 없는 인간은 밖으로 내다보려고 하지만 교양 있는 근대인에게는 내부를 향해 열린 창이 중요하다는 뜻이다. 이쯤 되면 창은 윤리의 문제이고 안을 향한 근원의 문제다.

그럼에도 창의 모양만이 아니라 창에 실려 드러나는 생활이 건물의 인상을 결정한다. 유럽 사람들이 아름답게 살고 있다고 느끼는 장면 가운데 하나는 창문 베란다에 화분을 놓고 그것을 꾸미는 생활이다. 창문 베란다의 화분은 자신을 위한 장소이기도 하지만, 자기 집을 쳐다보는 사람들을 배려하는 것이기도 하다. '함께 산다.'는 건축의 사회적 의미란 이렇듯 창문가에 화분을 놓고 기르는 일에서 시작한다.

이탈리아 프로치다Procida라는 섬에 가보면 부둣가와 마주한 3-4층 정도의 건물이 서로 맞붙어 군을 이루고 있는데, 이 건물들의 창은 크기도 다르고 모양도 달라서 자유분방하게 벽을 뚫었다. 이런 창을 자세히 보면 바깥세상에서 들어오는 요소를 적당히 거절하기도 하고 안쪽 세계의 분위기를 정당히 바깥쪽에 보내주며, 적당히 누군가를 초대하는 창이다.

건축가 크리스토퍼 알렉산더Christopher Alexander는 "건물의 구성 요소와 주위 생활은 문과 창에서 이어지므로 문이나 창을 장식하는 것은 언제나 중요하다."[26]고 했다. 프로치다의 집이 모두 모양과 재료와 색채가 다른 이유는 각자의 삶이 다르기 때문이다. 알렉산더가 장식을 들어 창의 생생함을 전하려고 했다면, 알토는 여자 친구를 예로 든다. "창문을 설계할 때, 여자 친구가 밖을 내다보며 앉아 있는 모습을 상상해보라."[27] 창문은 그저 밖을 내다보는 장치가 아니다. 정겨운 풍경이 피어나는 곳이다.

창은 잘라본다

창은 풍경에 깊이를 준다. 중국 소주蘇州에 있는 원림園林에서 볼 수 있듯이 정원에 벽을 두고 그 안에 살을 좁게 만든 창을 두어 바깥 풍경을 창의 액자로 끊어낸 것을 '누경漏景'이라고 한다. 경치가 새어들어온다는 뜻이다. 창은 아니지만 마루와 처마 그리고 기둥으로도 먼 풍경을 끊어낸다. 병산서원 만대루에 오르면 마룻바닥과 지붕의 처마 사이로 풍경이 넓게 끊어지며 병산을 파노라마처럼 보여준다. 풍경을 이렇게 끊어내는 창을 '픽처 윈도picture window'라고 하는데, 근대건축 이후부터 이런 수법이 많이 쓰였다.

창은 시대마다 서로 다른 지역의 사람들이 내부와 외부를 어떻게 의식하며 살고 있는가를 읽게 해준다. 따라서 건축물의 한 부분인 창에는 건축의 전체 모습이 축소되어 있다. 코르뷔지에는 이런 사실을 알고 "창의 역사는 건축의 역사이기도 하며, …… 적어도 건축의 역사에서 가장 특징적인 한 가지 모습"이라고 했다.

말년에 접어든 그는 여름이 되면 카프 마르탱Cap Martin 오두막집에서 쉬면서 일했는데, 편지에서도 "나는 이곳에서 행복한 수도자처럼 생활하고 있다."라고 적고 있다. 이 오두막집의 작은 창을 통해서 저 거대한 지중해를 응시하며 앞으로 전개될 새로운 건축공간을 구상하는 그는 자신을 고독하게 기도하고 일하는 수도자처럼 묘사했다. 그만큼 창에는 주어진 환경에서 땅과 하늘과 무한한 소망을 느끼게 하는 거주 감각이 압축되어 있다는 뜻이다.

달리는 열차의 창가에 앉아 밖을 내다보며 여행하는 것은 내가 머물고 있는 작은 세계를 떠나 어떤 거리를 두고 저 먼 곳을 바라보기 위해서다. 이처럼 창은 바깥세상을 보고 듣는 것이며 공기를 마시는 것이다. 창은 카메라의 파인더처럼, 보려는 것은 받아들이고 그렇지 않은 것은 잘라버린다. 그렇게 하면 이쪽과 저쪽의 거리가 생기고 특정한 것만 선택하여 이쪽으로 부른다.

창은 세계를 잘라보는 것이다. "창을 통해 풍경을 바라보는 것은 분리를 의미한다. '창'은 어떤 창이건 풍경 안에 존재함과, 풍경을 바라봄의 연관성을 단절시킨다. 풍경이 순수하게 시각적인 것이 되고, 그것을 만질 수 있는 경험이 되려면 우리 기억 속에 존재해야 한다."[28]

건축사가 베아트리스 콜로미나Beatriz Colomina는 창이 풍경과 조망을 틀에 넣는 것을 카메라에 대응시키며 근대건축을 분석했다. 코르뷔지에가 "나는 보고 있음으로써만 살고 있다."라고 말할 정도로 시각 미디어는 근대에서 가장 큰 특권을 가졌다. 코르뷔지에에게 주택의 창은 렌즈였다. "창이 카메라라면 집 자체는 자연에 대한 카메라다."[29] 그가 건물의 입면에 둔 매우 긴 수평창은 근대 기술이 만들어낸 새로운 시각인 영화의 화면처럼, 바깥 풍경을 수평으로 잘라 보이게 했다. 그리고 건물이 서 있는 땅과 관계없이 창이 보여주는 조망은 카메라 렌즈를 통해 보는 화면과 같았다. 그래서 수직창과 달리 수평창은 바깥 풍경이 마치 창에 달라붙어 있는 것처럼 보이고 창을 따라 이동하는 감각을 준다.

이와는 다르게 프랑스 건축가 오귀스트 페레Auguste Perret는 창을 바라보려면 사람의 몸처럼 위아래가 긴 수직창으로 열었을 때 하늘과 땅이 이어진 외부의 풍경을 만날 수 있다고 보았다. 그는 수평창이 인간의 지각이나 올바른 풍경을 감상하지 못하도록 방해하기 때문에 "나는 파노라마를 혐오한다."라며 수평창을 반대했다. 그가 생각하기에 창은 인간 그 자체이므로 수평으로 긴 창은 창이라고 할 수 없었다. 그러나 수평창이냐 수직창이냐 하는 코르뷔지에와 페레의 논쟁은 결국 인간의 인식에 관한 것이다. 수평창은 카메라의 눈이고 수직창은 인간의 신체가 풍경에 대응하는 것이다.

스카르파가 설계한 브리온 가족 묘지에서 부부의 묘는 L자형으로 대지의 한가운데 놓여 있다. 입구 정면에 있는 쌍을 이룬 둥근 창은 마을의 가로수 길에서 시작하여 공동묘지를 지나 막다른 곳에 있다. 이 둥근 창은 사람을 지나가게 하려는 것일까, 아니면 지나가지 못하게 하는 것일까? 산 자의 몸은 여기에 머물고 혼만 지나갈 수 있다는 뜻일까?

이 묘지에는 물 위에도 떠 있고 공중에도 떠 있는 것처럼 보이는 상자 모양의 파빌리온이 있다. 여기에 서 있으면 위로는 벽이 가로막고 아래로는 시선의 변화에 따라 담장이 올라오며 가로막는다. 닫힌 세계가 생기는 것이다. 그런데 앉으면 반대의 풍경이 펼쳐진다. 이를 위하여 스카르파는 이 창을 눈높이로 투시도를 그렸다. 스케치를 보면 서 있는 사람과 앉아 있는 사람 모두가 그려져 있다. 이 풍경에서는 수평의 담장이 땅바닥을 가리고, 반대로 하늘에는 저 멀리 성당의 탑과 주변의 집들이 함께 나타난다.

스카르파의 브리온 가 묘지에는 수직으로 서 있는 신체, 앉아 있는 신체, 수평 또는 수직으로 전개되며 지각하게 해주는 프레임인 창이 함께 나타나 있다. 코르뷔지에의 수평창처럼 바깥으로만 열린 창도 아니고 페레의 수직창처럼 신체 전체에 호응하는 창도 아니다. 이 창은 신체의 움직임에 따라 열리고 닫히며 좌우 수평으로 열려 이쪽과 저쪽의 관계를 풍경으로 묶어내는 창이다. 눈은 신체에 있지만 건물에 있는 창은 인간의 지각과 인식의 문제를 표현하고 있다.

창가에 서는 것

창은 열리고 닫히면서 빛을 받아들이거나 막기도 하고 바람을 받아들이거나 막기도 하며, 시선을 받아들이거나 막기도 한다. 그러나 커다란 판유리와 새시로 만들어진 근대건축의 창은 아주 오래 전부터 지녀온 창에 대한 감각을 둔하게 만들었다. 창은 그저 밖을 내다보는 구멍이 아니다. 창에는 여러 가지가 작용한다. 오히려 대나무로 짠 동남아시아 주거의 벽이 빛과 바람과 시선을 받아들이기도 하지만 동시에 막아주기도 한다.

그런데 이러한 빛과 바람과 시선의 작용이 일어나는 곳이 다름 아닌 창가다. 외부의 여러 정보를 가장 앞서 느낄 수 있는 창가는 의외로 생활공간에서 가장 소중한 곳이다. 그러나 천장에서 바닥까지의 높이를 모두 유리로 만든 창은 창가를 잃고 균질한 공간을 만들어내기 쉽다. 그렇지만 벽에서 독립하여 하나만 있는 창에 생긴 창가는 따뜻하고 조용하며 여기에 있어도 좋다고 사람을 불러내는 힘이 있다. 건축에서 빛과 바람과 시선과 함께 생활하는 곳이 다름 아닌 방이다.

칸은 "창은 방이 되려고 한다."라고 말한 바 있는데, 방은 창으로 생기를 얻고 창은 방이 요구하는 모든 작용을 다 갖추고 있다. 그래서 방이 마음이 머무는 장소이듯이 창도 집의 마음이 머무는 장소가 된다. 그가 설계한 피셔 주택Fisher House• 거실의 창은 창과 창가가 어떠해야 하는지를 잘 가르쳐준다. 창의 폭은 3미터이고 높이는 4.5미터인 이 큰 창은, 위로는 유리가 고정되어 있고 아래쪽은 상자 모양의 유리창에 통풍을 위한 목재 창이 있고 그 밑에는 벤치도 있다. 빛이 들어오고 바람이 불어오며 창가에 앉을 수 있다. 밖을 내다본다는 창에 대한 서로 다른 체험이 하나로 묶여 있다. 창가를 어떻게 만드는가는 건축을 어떻게 하는가이다.

창가는 빛이 가득 찬 공간이다. 창가에서는 책을 읽고 일을 할 수 있다. 창을 약간 들어 올리고 창턱 높이에 긴 책상을 붙여 놓으면 봄과 가을에는 다른 방에서 느낄 수 없는 생활의 감각을 얻을 수 있다. 예전에도 창가에는 '윈도 시트window seat'가 있었다. 돌을 쌓아 외벽을 만들었기에 창이 작았던 시대에는 빛을 실내로 충분히 받아들이지 못했다. 그래서 벽 두께의 일부를 이용하여 안쪽 창 밑에 걸터앉아 햇빛이 필요한 일을 하는 경우가 많았다.

집 안에서 밖을 더 많이 보려면 창을 밖으로 빼서 튀어나오게 한다. 이런 창이 지면에서 시작하여 층 전체로 나와 있으면 이것을 '베이 윈도bay window'라고 하고, 지면에 닿지 않고 튀어나온 창을 '오리엘 윈도oriel window'라고 한다. 일종의 유리 진열장이다. 이것은 사생활을 지키면서도 안쪽에서 넓은 공간을 갖고 바깥쪽을 조금 더 많이 내다보려 할 때나, 집 안이 지나치게 좁아서 적당한 발코니를 만들 수 없을 때 쓰인다. 이런 창은 특히 영국처럼 비가 많이 오거나 햇빛이 많이 필요한 지역에서 사용한다. 그래서 영국의 건축역사가 니콜라스 페브스너Nikolaus Pevsner는 "영국 사람은 베이 윈도 없이는 행복한 날이 하루도 없었다."라고 말했다.

좌식 생활에 맞게 나지막하게 설치한 머름의 높이는 약 40센티미터 정도다. 이 높이는 방바닥에 앉아 있는 사람이 창을 통해 밖을 내다보기 쉬운 높이다. 그렇다고 언제나 열려 있는 느낌을 주지도 않는다. 한옥은 높은 기단 위에 짓기 때문에 마당에서는 머름 아래를 알 수 없어서 방 안의 사생활을 지켜주는 데 아주 요긴하다. 그러나 거실에서 입식 생활하는 경우가 많은 오늘날에는 천장이 높고 창문 전체가 유리로 되어 있어서 창가에 서거나 창가에 기대어 밖을 보는 일이 거의 없다.

최근에 어떤 창가에 서 본 적이 있는가? 창가에 서면 저 바깥세상을 향해 내 마음이 펼쳐진다. 안에 있는데도 밖으로 무한하게 이어져 있다고 상상하게 해준다. 따라서 창은 사람들에게 "꿈을 꿀 수 있게 해주는 것"[30]이다. 방에서 일을 하다가 잠시 쉴 때 창가에 다가서곤 한다. 밖에 있는 풍경을 보기 위해서다. 그러면 마음이 차분해지고 무언가 해방감을 느낀다. 창가에 서서 풍경을 바라보는 것과 똑같은 풍경을 그냥 바라보는 것은 아주 다르다. 창틀이 사진처럼 나를 테두리로 둘러싸기 때문이다.

창가는 보이지 않는 풍경을 통하여 고독한 마음으로 나를 바라보게 되는 곳이다. 때문에 사람은 창가에 앉으면 마음이 들뜨지 않는다. 그런가 하면 창가에 의자나 창대를 두면 가족이나 친한 사람들이 함께 머무를 수도 있다. 창가에서 밖을 내다볼 때는 대개 두세 사람이 앉는다. 전망 타워가 아니고서는 창가에 열 명이나 스무 명이 함께 서서 밖을 내다보는 경우는 없다. 그만큼 창가는 인간적인 스케일로 만들어진, 너와 나를 감싸주는 공간이다.

계단

중력에 대한 자유

상승과 하강

사전적으로 계단은 단차가 나는 외부의 두 공간을 이어주는 것이다. 그러나 이 세상에 존재하는 계단은 그야말로 다양하다. 올라간다는 느낌은 별로 없이 천천히 올라가는 계단, 계단을 올라가는 행위를 신앙의 한 표현으로 여기는 급한 계단, 계단이기도 하면서 광장의 단처럼 사용되기도 하는 계단 등 수많은 계단의 형식이 건축 공간을 풍성하게 해준다. 계단은 오르고 내리는 공간적인 장치이지만, 모여서 아래를 내려다보는 건물 유형은 모두 계단을 응용한 것이다. 유치원 건물에 생각보다 조금 널찍한 계단을 만들고 그 앞에서 바닥을 이어주면 이 자리는 훌륭한 극장이 된다.

제단이나 왕좌가 있는 곳은 계단으로 올라가야 당도한다. 계단은 무언가 초월적인 느낌을 주므로 그 자체로 권력을 의미한다. 그래서 건축가들은 기념비적인 계단을 만들려고 애썼다. 계단은 생활 속에서 얼마든지 보고 경험하는 것이지만 일상에서 벗어나는 인간의 욕망을 상징하기도 한다. 전설로 내려오는 이야기이지만 고대 지구라트Ziggurat나 바빌론의 공중정원은 계단으로 상상한 최고의 형태였다. 바벨탑을 보면 계단을 타고 오르는 것이 얼마나 인간의 욕망을 상징하는지 알 수 있다.

이런 계단을 오르는 것은 중력으로부터의 자유이고 구원을 향한 길이다. 하이데거의 동창생이기도 하였던 로마노 과르디니Romano Guardini 신부는 이렇게 말했다. "계단을 오를 때면 발뿐 아니라 우리 자신이 전체로 올라간다. 정신적으로도 우리는 위로 올라가는 것이다. …… 아래란 본래 작고 언짢은 것의 표상이고 위로 올라간다는 말은 우리의 본성으로부터 '지극히 높은 존재'로, 하느님께 올라감을 뜻한다. …… 그래서 길바닥에서 성당으로 이끄는 계단이 있고 그 계단이 '올라가보시오. 기도의 집으로. 하느님 가까이 가보시오' 하고 우리를 부른다."[31]

계단으로 올라가는 것은 정신적인 열망, 특권, 권위를 가리키고, 계단에서 내려가는 것은 그 반대라는 인식을 가지고 있다. 독일어에서 '트레펜treppen'은 계단이라는 뜻인데 계단 위로 올라가는 '트레펜게당케treppengedanke'는 '그리 멀지 않은 미래를 향하는 것'이나 '예상'을 뜻하고, '뒤가 개운치 않은 사건' '뒤늦게 생각난 지혜'는 계단을 내려오는 것을 뜻하는 '트레펜비츠treppenwitz'라고 한다.[32] 계단을 딛고 올라가는 것은 중력에서 벗어난 자유이고, 내려오는 것은 중력의 구속으로 들어가는 것이다.

로마의 캄피돌리오Campidoglio 언덕 옆에 있는 산타 마리아 인 아라첼리Santa Maria in Aracoeli에 이르는 124개의 계단은 1384년 페스트가 유행할 때 이곳을 지켜준 성모님을 기리기 위해 만들었다. 더구나 이 계단에는 난간도 없다. 이에 비하면 미켈란젤로 부오나로티Michelangelo Buonarroti가 설계하여 경사로가 있기 이전, 캄피돌리오가 시장으로 쓰였던 시대에는 도시의 낮은 곳에서 광장으로 통하는 길은 이 장대한 계단밖에 없었다.

지구라트나 전설로 전해지는 바벨탑과 같은 기념비적 건물에 붙은 계단처럼 하늘로 올라가는 계단은 신성하고 무한한 느낌을 상징했다. 멕시코 마야 유적지인 치첸이트사Chichèn-Itzá는 네 면에 91개의 계단이 있고 마지막에 한 단이 더 있으므로 365단이 되어 한 단이 1년이 된다. 길이 100에 대하여 높이가 20인 경사를 20도라고 하는데, 100도면 수직으로 놓인 계단이며 75-100도면 사다리다. 치첸이트사의 기울기는 72-74도가 된다고 하니 이 계단은 계단이라기보다 사다리라 할 수 있다. 계단에는 인체 치수에 따른 고유한 범위가 있다. 외부에 놓이는 계단은 24-30도 정도다. 내부 공간에서는 30도가 제일 편한데, 45도쯤 되면 내부 공간에서도 계단으로서는 가장 급한 경사다. 계단은 어느 정도의 경사를 가졌는지가 아주 중요하다.

인도에 있는 계단 우물은 계단 형태가 참으로 기하학적이고 그 입체가 만들어내는 빛과 그림자 또한 매우 아름답다. 그러나 물을 길어오기 위해 계단을 오르내리는 몸을 생각한다면 이 계단은 아슬아슬한 고역의 계단이다. 캄보디아의 앙코르와트Angkor Wat 계단이나 마야의 지구라트인 치첸이트사를 올라가는 계단은 거의 기다시피 가야 한다. 계단은 편안한 상승과 하강에 아름다움이 깃들여 있는 곳만은 아니다.

알토와 계단에 대한 일화가 있다. 목사가 잠깐 기다리라며 도서관에 내려가서 단테 알리기에리Dante Alighieri의 『신곡La Divina Commedia』을 들고 와서는 지옥에서 가장 나쁜 것이 비례가 나쁜 계단이라고 쓰인 페이지를 보여주었다는 것이다.[33] 단테의 『신곡』 지옥편에 등장하는 이 문장은 지옥까지는 수많은 계단으로 내려가야 하므로 계단의 비례가 잘못되면 나쁘다는 뜻이었다. 건축가는 물리적인 계단을 말한다. 그러나 계단을 오르내리는 사람은 그것을 상징으로 받아들인다.

고딕 대성당에서는 돌로 만든 동굴과 같은 나선계단이 엄지기둥의 지지를 받으며 좁은 공간을 반복해서 회전하며 올라간다. 나선계단은 오늘날에도 계단을 놓을 면적이 전혀 나오지 않을 때 할 수 없이 사용하는 계단이지만, 기둥과 가까운 곳은 계단 폭이 좁고 바깥쪽은 너무 넓어서 조심스럽게 중간을 잘 딛어야 한다. 이런 계단을 올라갈 때는 위만 보고 오르내려야 하므로 주변을 살필 여유가 없다. 오로지 일직선으로 한 방향으로만 올라가다 보면 드디어 하늘과 도시가 내려다보이는 체험을 할 수 있다.

르네상스 시대까지는 건물 내부의 계단이 작고 좁았다. 오히려 내부 계단은 최소한의 면적으로 줄이고 이를 감추려고 나선계단을 이용하는 것이 일반적이었다. 알베르티도 계단에 대해서는 "건축물 중에서 적을수록, 또 면적이 작을수록 좋다."라고 말했다. 르네상스 시대의 계단에서는 올라가는 층 하나만 관련되고 그다음에 나타날 층은 알 수 없었다. 계단에 대한 지각이 그 층에 1대 1로 대응하는 것이다. 지각적으로는 오늘날 내리고자 하는 층만 알면 되는 엘리베이터와 같다. 알베르티는 일곱 단이나 아홉 단마다 계단참을 하나씩 놓아야 한다고 했는데, 이는 노약자를 위해서였다. 100년이 지나 안드레아 팔라디오Andrea Palladio도 열한 단이나 열세 단마다 계단참을 하나씩 놓아야 한다고 했는데 알베르티와 똑같은 이유에서였다.

샹보르 성에는 다 빈치가 설계했을 것이라 여겨지는 좌우 대칭인 2중 나선계단이 있다. 이 계단은 위에서 채광이 되면서 오르내리는 사람들의 모습이 그대로 투과되는 동적인 계단이다. 두 나선계단은 서로 만나지 않고 세 개 층을 올라갈 수 있다. 이렇게 고안된 나선계단이 프랭크 로이드 라이트가 설계한 구겐하임 미술관Solomon. R. Guggenheim Museum에 와서는 아예 공간 전체로 전개되었다. 전시 작품을 보는 동선은 끊임없이 움직이게 하면서 전체를 파악하게 하는 전무후무한 미술관 형식을 제안했다.

지그프리트 기디온Sigfried Giedion은 『공간, 시간, 건축Space, Time and Architecture』이라는 시대의 명저에서 유독 건축가 발터 그로피우스Walter Gropius가 설계한 유리로 덮인 건물의 모퉁이에 배치된 계단 사진을 강조한다. 공간은 외부로 마냥 확장되는 공간이고, 시간은 사람이 공간 안을 자유로이 돌아다니는 것인데, 모퉁이에 드러난 계단이 유리면을 통해 공간과 시간을 합친 대표적인 예로 보았기 때문이다. 이 수법은 샹보르 성의 계단과 의식 면에서는 다를 바가 없다.

무대가 된 계단

건축가 지오 폰티Gio Ponti는 『건축 예찬Amate l'architettura』[34]에서 계단을 찬미한다. "계단을 환상적인 것으로 만들지 못하는 건축가는 예술가가 아니다. 그는 건축의 무대를 연출할 수 없다."라고 단언한다. 계단이 이렇게 중요하다는 뜻인데, 이 말대로라면 건축이 예술이 되느냐 아니냐 하는 것과 건축의 무대가 되느냐 아니냐는 계단을 어떻게 만들었는가로 결정된다.

오페라를 보면 무대에 계단이 꼭 등장하는 것도 무대의 동적인 연출과 관련이 있다. 계단 하나만으로도 무대에서 펼쳐지는 장소가 광장도 되고 도시나 건축의 표정을 규정하기 때문이다. 영화 〈바람과 함께 사라지다Gone with the Wind〉에 나오는 붉은 계단도 이와 같은 것이었다. 계단만이 부각된 영화로 유명한 것은 세르게이 에이젠슈테인Sergie Eizenshtein의 〈전함 포템킨Bronenosets Potemkin〉으로 제4부에 '오데사Odessa 계단'이 나온다. 도망가며 저격당하는 모습이 명암이 뚜렷한 넓은 계단 위에서 펼쳐지는데, 계단이 얼마나 극적인 공간인가를 보여준다.

바로크의 궁전, 주교관과 같은 곳에서 계단은 위아래 층을 동적으로 이어주면서, 수직과 수평 방향으로 동선이 연속되는 모습을 한눈에 알 수 있게 해준다. 이런 건축물에서는 주층이 지상층이 아니라 2층에 있었고, 계단실은 알현실이나 연회장 못지않게 강력한 에너지를 표출하는 장이 되었다. 계단실은 큰 공간 안에 독립적으로 위치하면서 크게 꺾이며 2층으로 이어지는데, 이것은 당시 사람들이 열중하던 축제 공간인 2층 주층으로 올라가는 계단이 중요했기 때문이다. 따라서 계단 공간은 축제를 위한 공간의 일부다.

독일 뷔르츠부르크 레지덴츠Würzburg Residenz 궁전의 계단은 공간을 극적으로 이어주는 대표적인 예다. 중심축을 대칭축으로 해 직각으로 한 번 더 꺾여 올라가는 계단, 그리고 2층으로 올라가면 계단 주변에 갤러리가 있고, 그 갤러리의 창문을 통해 외부의 넓은 정원을 바라보는 경험을 주는 계단이다. 그리고 계단 위에는 천장이 광대한 공간을 덮고 있다. 이런 계단을 '트레펜하우스streppenhaus'라고 부른다.

이 계단과 그것을 담고 있는 공간 전체는 떠 있는 무대 공간이다. 계단을 올라가는 것은 천상으로 올라가는 것과 같다. 계단을 올라가는 사람은 천장에 그려진 여러 인물과 하나가 되어 떠 있는 듯한 감각을 느낀다. 계단을 오르며 천장 프레스코화를 보면 주요 장면이 변화하는데, 크기와 위치가 하나의 영화 필름처럼 전개된다. 계단실은 투시도로 그려진 극장 공간이다. 폼메르스펠덴 성관Schloss Pommersfelden에는 이보다는 단순하지만 장대한 계단이 있는데, 그것을 덮는 천장 넓이가 무려 620제곱미터라고 한다. 천장의 구조도 벽돌이 아니라 자중을 줄이기 위해 가벼운 응회암凝灰岩 블록을 사용해 그 안에 철근을 넣고 보강했다.

그러나 이 계단 공간은 계단으로만 머무르지 않는다. 이 계단을 올라가면 가장 큰 방이 나타나는데, 건물의 주요 층은 정원을 멀리 바라보게 되어 있다. 공간과 공간이 안팎으로 이어지고 방향을 전환하며 위로 상승하는 감각을 주는 장대한 계단이 그런 공간의 연결부에 있다는 사실이 중요하다. 벽면은 하얗고 빛은 공간 전체에 골고루 분포된다. 따라서 계단실만 이렇게 넓은 것이 아니라, 계단실을 오르내리면서 지각적으로도 위에 있는 방으로, 그 방에서 보는 외부 공간으로 확장되어 있다.

이것은 19세기 오페라 극장의 스펙터클한 계단 공간으로 발전해갔는데, 근대가 바라던 동적인 공간은 이미 이렇게 나타나 있었다. 프랑스 건축가 샤를 가르니에Charles Garnier가 설계한 파리 오페라 극장Opéra de Paris의 저 대단한 계단처럼 공간의 중심을 만드는 대계단을 '그랑 에스칼리에Grand Escalier'라고 하는데, 공간 자체도 그렇지만 오페라를 전후로 이 계단을 오르내리는 사람들 자신이 연극의 출연자들이다. 베르사유 궁전Palais de Versailles의 대계단에서 알현하는 장면을 그린 그림도 이런 대계단이 극장의 무대였음을 보여준다.

계단은 오르내리기 위한 것만이 아니다. 고대의 원형극장은 실은 계단 건축이다. 고대 그리스 극장인 에피다우루스Epidaurus 극장의 둥그런 좌석도 높이가 조금 높아서 그렇지 계단의 일종이다. 유럽의 광장은 계단과 이어진 것이 많다. 이 계단은 사람들이 모이는 이상적인 장소였다. 옥외 계단은 날씨가 좋은 날 사람들을 밖으로 나오도록 유혹하는 곳이다. 1725년에 건설된 로마의 스페인 계단Scalinata di Trinità dei Monti은 오르내리는 계단을 넘어 도시를 내려다보고 올려다보는 경관의 장치로 만들어져 실제로 도시 생활 속에서 사람들이 움직이며 만들어내는 극장이 되었다. 계단 수는 137단이지만, 낮은 곳에서 높은 곳으로 올라가는 기능만을 생각한 것이 아니라, 계단 그 자체를 즐기는 일종의 '계단 건축'으로 그 계단에 앉아 있으면 마치 고대 극장 관람석에 있는 것과 같이 느껴지게 만들었다.

계단이 훌륭한 도시 공간이 되는 것은 예나 지금이나 변함이 없다. 런던 세인트 폴 대성당St. Paul's Cathedral 앞에는 계단이 널찍하게 나와 있다. 이 계단은 건물로 오르내리기 위한 용도지만 스페인 계단처럼 사람들이 앉아 쉬는 장소, 앉아서 구경하는 자리로도 쓰인다. 뉴욕의 타임스퀘어Time Square에 있는 붉은 계단Red Steps은 공연 티켓 판매소 위를 덮은 계단인데 유명한 배우가 밟는 레드카펫을 펼쳐놓아, 아주 간단한 장소인 것 같으면서도 도시를 내려다보는 독특한 명소가 되었다.

계단은 사용하는 사람들로 생기를 얻는다. 사람이 없는 계단은 공허하지만, 사람으로 가득 채워지는 계단은 그것이 비록 지하철 계단이라도 활기를 얻는다. 그래서 체코 출신의 미국인 작가이자 건축가인 버나드 루도프스키Bernard Rudofsky는 "계단은 건축이라는 싱싱한 빵 안에 있는 빵의 효모 같은 것이다."[35]라고 말했다.

공간을 통합하는 계단

3차원 공간의 주역

계단은 종종 혈관에 비유되면서 그 중요성이 강조된다. 1615년 베네치아의 건축가 빈첸초 스카모치Vincenzo Scamozzi는 계단을 이렇게 말했다. "신체에 동맥과 정맥이 있듯이 의심할 나위도 없이 계단은 건물의 모든 부분 중에서 가장 필요하다. 동맥과 정맥이 자연스럽게 피를 몸의 모든 부분에 보내듯이, 주요 계단이나 숨겨둔 계단은 건물의 가장 친밀한 부분에 도달하기 때문이다."[36] 계단은 오래전부터 동선의 요충지라고 인식되고 있었다.

계단이 하나뿐인 작은 건축물에서는 계단의 위치와 크기 그리고 계단의 형식이 거의 대부분을 결정하는 경우가 많다. 주택에서 건물 모양이 어떻게 생겼고, 안의 기능이 특수하다고 해도 계단의 위치를 잘 잡으면 웬만한 동선은 다 풀린다. 또 계단을 어디에 어떻게 놓는가가 주택 설계의 개념을 거의 다 드러낸다고 해도 틀린 말은 아니다. 엘리베이터나 화장실 등이 밀집하는 사무실의 코어에도 피난에 유효한 거리 안에서 피난계단을 잘 만들어야 한다. 아니면 아예 비행기를 탑승할 때 사용하는 이동식 계단처럼 이동하며 위의 사항을 결정하는 방식도 있다. 자크 헤르초크 Jacques Herzog와 피에르 드 뫼롱Pierre de Meuron이 스위스 바젤에 설계한 장크트 야코프 파르크St. Jakob Park 경기장이 그렇다.

미켈란젤로는 라우렌치아나 도서관Biblioteca Mediceo Laurenziana에 가히 혁명적이라 할 만한 계단실˚을 설계했다. 대개는 입구인 전실의 천장이 열람실보다 낮거나 기껏해야 같던 것이 그때의 설계 방식이었는데, 미켈란젤로는 전실의 중앙에 독립 계단을 만들어 반대로 열람실보다 천장을 높게 설계했다. 그리고 따로 떨어져 있고 바닥의 높이도 다른 전실과 열람실을 이런 계단이 하나로 묶는다. 회색의 돌계단이 정육면체인 방과 분리되어 마치 물이 흘러내린 듯한 형태로 열람실로부터 빠져나와 있다. 건축역사가 파울 프랑클Paul Frankl이 이 계단을 두고 "하나의 공간적 혁명"이었다고 평가한 것은 이 때문이다.

높이가 다른 전실과 열람실을 계단 위를 상승하는 운동으로 연결한 최초의 예는 라우렌치아나 도서관이지만, 르네상스 시기에는 없었던 옥외 계단이 처음으로 나타난 것은 로마의 캄피돌리오 광장에 있는 세나토리오 궁전Palazzo Senatorio이다. 이 계단은 좌우에 있는데 중간에 계단참을 두어 한 번 쉬게 했다. 이중으로 물매 slope를 이룬 이 계단은 1층과 주층을 하나의 단위로 묶어낸다. 이 계단을 모방한 것이 티볼리에 있는 데스테 주택Villa d'Este의 계단이다. 좌우로 벌어진 계단 형식이 1층과 주층을 묶는 것은 세나토리오 궁전과 같으나, 이것이 정원으로 이어지는 단차 때문에 비슷한 계단 두 개가 좌우에 놓이게 되었다. 그리고 건물 앞에 있는 계단과 같은 형식의 계단이 정원에도 반복되어 있어서 운동을 통해 건물의 내외부를 통합하고자 했다. 로마의 줄리아 주택Villa Giulia 중정에서 님페움으로 내려가는 계단은 이것을 더욱 세련되게 변형시킨 것이다.

바로크 건축의 계단 공간 중에는 베르니니가 원근법을 이용하여 설계한 바티칸의 스칼라 레지아Scala Regia 등 그 자체가 독립되어 있으면서 장려한 것이 많았다. 이처럼 바로크 건축에서는 계단이 건축의 주제가 되어 위와 아래의 공간을 일체화했다. 외부에 놓인 계단이 먼저 무대의 배경처럼 처리되면서 동적으로 구성되기 시작했다. 르네상스 시대에는 외부 계단이라는 것이 거의 없었는데, 바로크에서 스펙터클하게 보이던 외부 계단을 서서히 내부로 들여와 활용하기 시작했다.

땅 자체가 계단이어서 아름답지 않은 계단도 많다. 땅의 높이 차이를 해결하며 서로 붙어 살아야 하는 마을의 계단은 사람의 흔적을 고스란히 담아낸다. 경사진 도로에 맞추려고 경사가 급한 쪽에는 계단을 두고 그렇지 않은 곳은 경사면으로 만들었다. 자세히 보면 모두 땅의 레벨에 맞추어 그 조건 안에서 오르내리려고 애쓴 결과물이다. 도로에서 보면 작은 계단인데 계단참은 인도의 일부다.

내부 공간이던 계단이 근대적으로 새롭게 해석된 것은 전적으로 빈의 건축가 아돌프 로스 덕분이다. 그는 바닥을 변화시키고 계단으로 연결하여 3차원의 공간으로 만들었다. 예전 같으면 같은 바닥에서 쑥쑥 썰어 방을 만들었을 텐데, 로스는 그것을 이상하게 생각했다. 그저 방의 바닥을 눈에 보기 좋게 만들려고 한 것이 아니라, 어떤 방이든지 내밀함을 가져야 한다고 본 것이다. 이 생각은 화장실의 높이는 왜 바보 같이 커다란 거실의 높이와 같아야 하느냐는 반문에서 시작되었다. 화장실은 좁으니 높이를 반으로 줄이고, 그 위로 다른 방을 놓을 수 있지 않느냐고 본 것이다.

이렇게 하면 전체 공간은 새롭게 전개된다. 각 공간의 바닥이 차이가 나고 그것을 극복하는 계단이 그 공간의 관계를 규정한다. 그리고 그 공간을 새로운 방식으로 체험하게 되면서 건물 전체가 다양한 이미지로 나타난다. 그는 이렇게도 말했다. "체스를 평면이 아니라 3차원의 입체 격자에서 노는 기분으로 만드는 것이 앞으로 가능할 것이다. 이와 마찬가지로 건축가도 앞으로는 3차원의 공간 안에서 방을 나누는 것을 계획하게 될 것이다." 이렇게 하여 그가 공간을 만드는 방법을 훗날 그의 제자가 '공간 계획'이라는 뜻의 '라움플란Raumplan'이라고 불렀다. 계단은 소극적으로 단차를 이어주는 것이 아니라, 공간을 풍부하게 만드는 열쇠가 되었다. 사람들은 코르뷔지에가 탁월한 건축 공간을 만들어냈다고 평가하는데, 그 원류의 하나가 '라움플란'이다.

계단은 이 바닥에서 저 바닥으로 오르내리기 위해서, 또는 위와 아래층을 그냥 잇기만 하기 위해 존재하지 않는다. 제법 널찍한 바닥을 두 단으로 나눈다면 중간에 계단참이 한 군데 생기고, 세 단으로 나누면 계단참이 두 군데 생긴다. 똑같이 바닥을 둘로 나누더라도 방향이 바뀌는 계단을 만들 수 있다. 계단이란 벽과 벽 사이에서 올라가는 계단, 바닥에서 위에 있는 창문을 향해 걸쳐 있는 계단, 벽을 따라 크게 뚫려 있는 공간을 올라가는 작은 계단, 나선으로 감겨올라가는 계단, 조망이 넓게 보이는 곳을 당당하게 올라가는 계단이다.

좋은 계단에는 갈림길이 있다. 같은 곳을 가더라도 오르내리며 달리 올라갈 수 있고, 같이 올라가더라도 가는 곳이 다를 수 있다. 그러면 계단으로 오르내리며 멈추고 방향을 바꾸며 공간을 동적으로 만들어준다. 바닥에 생긴 단차는 자연스레 사람들이 걸터앉게 만든다. 광장에 면하는 대성당의 널찍한 계단은 사람들이 모여 앉는 곳이 되고, 어떤 때는 건물에 조각적인 효과를 주기도 하며, 방 안에서는 사람이 지나가는 방향을 잡아주기도 하고 틀어주기도 한다.

계단참은 계단과 계단 중간에 잠깐 쉬는 느낌을 주거나 안전하게 방향을 바꾸도록 만든 수평면을 말한다. 법으로도 정해진 바가 있다. 루이스 칸도 이런 계단참이 반드시 있어야 한다고 말했는데, 법적으로 반드시 있어야 한다는 뜻이 아니었다. 그는 계단참에는 창을 두어 밖을 내다보게 하고 작은 창가에 걸터앉도록 하거나 책꽂이를 두어야 한다고 권했다. 그렇게 하면 할아버지가 손자에게 "봐라, 저 책. 늘 읽고 싶었지?" 하며 말을 걸게 된다는 것이다. 이런 일이 늘 일어나지는 않겠지만, 걸어서 오르내리기만 한다고 여기던 계단참이 이렇게 작은 방이 될 가능성을 갖게 된다는 것이다. 당연히 방에서 책을 읽는 것과 생각하지도 못한 계단참에서 책을 읽는 것은 느낌으로도 큰 차이가 있다.

알토가 설계한 러시아 비보르크Vyborg의 비푸리 도서관Viipuri Library은 일단 작은 계단으로 올라오면 열람실이 나타나고, 그 좌우에 아주 큰 계단이 이어진다. 그러나 올라온 작은 계단 앞에는 난간이 막고 있어서 다시 반 층 위에 있는 대출계 쪽으로 올라가야 한다. 그리고 올라올 때 본 넓은 열람실로 가려면 다시 반 층을 내려와 이용해야 한다. 계단만 보면 좌우로 다소 큰 계단처럼 보이지만 레벨 차이가 있는 두 바닥의 공간과 함께 보면 이 도서관의 주인공은 바로 이 계단이다. 계단의 독특한 난간이 이러한 동선을 구분해준다.

수평선을 강조하는 한국 건축에서는 계단이 그렇게 발달되어 있지 못한 듯 보인다. 그러나 부석사 범종루 밑을 지나 그다음 지면으로 올라가는 계단은 아무 생각 없이 그냥 올라가면 안 된다. 범종루 밑을 지나면서 앞으로 나아갈 때, 이 계단과 그 앞에서 저 안양루와 무량수전이 어떻게 펼쳐지는가 잘 살펴보라. 그러면 계단이 오르내리는 수단이 아니라 사람의 몸과 움직임 그리고 그와 함께 다른 건물들이 어떻게 시각적으로 함께 이동하는지를 조절하는 아주 중요한 공간 장치임을 알게 된다.

이 계단의 윗단이 기단의 끝이다. 기단 위의 땅바닥이 보이지 않게 만들었다. 만일 이 지점에서 땅바닥이 보였더라면 안양문이 이쪽으로 가깝게 다가온다고 느끼지 못했을 것이다. 다시 앞에 있는 계단을 올라가기 시작하면, 나는 앞으로 나아가는데 안양루는 이와 반대로 뒤로 물러서는 듯 느껴진다. 이 계단은 이런 공간적인 전개를 계산한 계단이다. 그저 그렇게 보이는 계단이 부석사 전체의 공간 전개를 치밀하게 조절하고 있는 것이다. 이 계단을 올라오면 이 계단을 위해 잘라버린 범종루의 바닥을 볼 수 있다.

안양루 앞에 있는 계단도 마찬가지다. 이 계단은 물론 낮은 곳에서 높은 곳으로 올라가기 위해 만들었다. 그런데 잘 보면 안양루 앞에는 바닥이 하나 있고, 한참 물러서서 높은 축대를 쌓았다. 이 계단은 몇 단 올라가서 앞으로 걷다가 그때부터 빨리 올라가게 만든다. 만일 그렇게 하지 않았더라면 안양루 앞 계단은 의외로 길어지고 갑자기 올라가기가 어렵게 느껴졌을 것이다. 또 안양루와 그 밑의 축대와 계단의 비례도 이상해졌을 것이다. 부석사는 땅바닥 자체가 계단이다.

경사로

경사로는 나지막한 비탈길처럼 그 위에서 천천히 평행 이동하며 위로 올라가게 한다. 긴 수평의 운동과 느린 수직의 운동을 합하면 경사로가 된다. 그래서 경사로 천천히 올라가면 층의 개념이 사라진다. 토속적인 마을에는 넓어졌다 좁아졌다 하면서 많은 경사로가 만들어져 있다. 경사가 조금 급하면 경사로 옆에 완만한 계단을 함께 둔다. 아예 경사로가 낮은 계단으로 복잡한 지형과 갈라지는 골목 사이를 해결해준다. 이런 마을에서는 경사로와 계단을 따로 구분할 수 없다.

　루도프스키는 페루자Perugia의 아피아 가도Via Appia에 있는 완만한 계단과 경사로, 경사로에 아주 낮은 단을 둔 계단 등 세 종류의 길을 이렇게 묘사한다. "이 길은 험하지만 바닥의 돌이 아름다워 어려움을 충분히 잊어버릴 수 있다. 이 거리를 걷는 사람은 누구나 전혀 단조롭지 않은 계단들의 질감에 주목하게 된다. 세 사람이 나란히 걷는다고 하면 높이, 길이, 폭이 모두 서로 다른 계단을 걷고 있다고 느낄 정도로 변화가 있다. 한 사람은 약간 완만한 보통 계단을 선택할 것이고, 다른 사람은 가장자리 부분의 폭이 좁은 경사로를 걸을 것이며, 철저해야 직성이 풀리는 세 번째 사람은 가운데 있는 계단 옆 경사로 중 하나를 걸을 것이다. 이 경사로는 램프도 아니고 계단이 아닌, 이 둘이 합쳐진 것으로, 가파른 페루자 거리의 특유한 길이다. 계단은 오르막을 걸을 때 높이가 1인치밖에 안 돼서 염소처럼 걷는 사람은 즐겁겠지만, 이에 익숙하지 못한 사람에게는 장애물이고 돌이 차이는 귀찮은 계단이 될 것이다."[37]

　이런 지형에 들어선 마을에는 바퀴 달린 수레도 함께 다닐 수 있는 경사로와 계단 등을 적당히 선택하게 되어 있다. 경사로는 수평인 땅과 수직의 기둥과 벽 그리고 수평의 바닥으로 만들어지는 건물을 잇기 위한 것이다. 외부와 내부를 이을 때 이 경사로는 효과적으로 사용되며, 오늘날에는 고령자나 신체 부자유자를 위해 많이 사용된다. 경사로는 계단보다 경사가 느려서 수평 방향으로 이동거리가 늘어난다. 계단이라면 금방 오르내리는데 경사로를 사용하면 이동거리가 길어지고 한쪽 끝까지 갔다가 다시 다른 한끝까지 와야 하는 단점이 있으나, 반대로 유연하게 평행 이동하며 시점이 연속적으로 변화하여 공간을 천천히 경험할 수 있게 된다.

　그러나 의외로 장대한 건축물의 역사에는 경사로가 그다지 잘 나타나지 않는다. 그렇지만 이집트의 하트셉수트 장제전 Mortuary Temple of Hatshepsut은 산을 배경으로 하여, 로마의 캄피돌리오 언덕으로 편안하게 올라가는 것과 같은 경사로를 두고 그 가운데에 계단을 둔 것으로 유명하다. 20세기에 들어와서 경사로를 건축적 어휘로 처음 도입한 사람은 코르뷔지에였다. 그는 계단이 아닌 경사로를 주택 한가운데 넣어 근대건축을 대표하는 공간으로 만들어냈다. 이것은 그의 후기 건축인 인도의 아메다바드 섬유직물업협회Mill Owners' Association Building라든가 하버드대학교의 카펜터 센터Carpenter Center에서도 꾸준히 나타난다. 쿠르체트 주택 Maison Curutchet에서는 경사로가 그 주변에 터널, 빛의 우물, 작은 중정, 뚫린 공간, 바닥의 레벨 차이, 반지하, 덮여 있는 옥상정원 등의 여러 공간을 통합하고 있다. 렘 콜하스나 MVRDV와 같은 건축가 등도 좁은 통로는 경사로로 확대한다든지 바닥을 기울여 교통하는 공간으로 최대한 활용하고 있다.

엘리베이터와 에스컬레이터

1853년 미국의 엘리사 오티스Elisha G. Otis가 엘리베이터를 발명하고, 1867년 파리 만국박람회에서 대형 수압식 엘리베이터로 관객을 기계관의 옥상까지 옮겨주는 모습을 보여준 이래, 엘리베이터는 고층건물을 짓는 데 필수조건이 되었다. 5층 정도만 돼도 엘리베이터가 설치되어 계단을 예전만큼 잘 사용하지는 않지만, 오히려 엘리베이터가 있었기에 고층건물이 가능했다고 해야 맞는 말이다.

수직으로 고층이 올라간다고 좋아할 일만은 아니다. 계단으로 층이 열려 있는 경우 계단으로 올라가면 층마다 어떤 모습인지 알 수 있지만 엘리베이터는 출발층과 도착층만 알 수 있다. 지하철의 출발역과 도착역만 알면 되는 것과 똑같다. 엘리베이터를 타고 고층으로 올라가면서 우리는 수평면을 잊어버리게 되었다. 그러다 보니 사람들은 자기가 가야 하는 층과 1층만 알고 산다. 바슐라르는 프랑스 시인 조 부스케Joë Bousquet의 말을 인용하며 이렇게 말했다. "그 사람은 한 층만 가진 사람one-storyed man이다. 다락방에 아주 작은 방을."[38]

근대건축은 바닥을 적층했을 때 레벨이 다른 바닥을 움직이면서 적층된 바닥을 하나로 묶는 계단과 경사로와 엘리베이터라는 장치가 필요했다. 이 장치는 사람이 공간 안에서 움직이는 심과 같은 것으로 그 주변에서 행위가 일어난다. 바닥에 대해서는 수직으로 올라가니 수직성도 생기고 행위가 그것을 중심으로 일어나므로 중심성도 생긴다. 그리고 이 장치는 사람의 움직임을 시각적으로 표현해준다.

구조체인 바닥과 사람의 움직임은 본래 서로 일치하지 않지만, 근대건축에서는 이 둘을 결합하고자 했다. 베스닌 형제Victor & Alexander & Leonid Vesnin의 러시아 구성주의를 대표하는 계획안 프라우다Pravda 사옥을 보면 사람의 움직임을 시각적으로 표현하고 투명한 엘리베이터 상자, 계단의 물매를 나타내는 사선 등을 외관에 표현했다.

1900년 파리 만국박람회에서는 파빌리온 옥상에 전망용 '움직이는 보도'가 설치되었다. 움직이는 계단인 에스컬레이터의 시작이다. 에스컬레이터는 백화점, 철도역, 지하철역 등에 이미 많이 설치되어 높은 계단을 대신하고 있다. 외부 계단이 건물에 붙은 경우도 많다. MIT에 있는 알토의 베이커 하우스 기숙사Baker House Dormitory에는 계단 모양이 외관에 그대로 노출되어 있지만, 퐁피두 센더에서는 파리 시내를 감상하면서 에스컬레이터로 몇 개 층을 올라간다.

계단은 대부분 엘리베이터나 에스컬레이터라는 기계로 대체되어 있다. 계단이 가장 잘 쓰이는 곳은 주택이다. 그러나 공동주택인 고층 아파트에서는 계단을 거의 사용하지 않는다. 계단은 엘리베이터가 고장이 났을 때만 쓰이는 수직 이동의 보조장치가 되어버렸다.

천장

천장은 떠 있는 하늘

가우디가 설계한 구엘 저택Palau Güell의 2층 살롱에 들어서면 포물면체拋物面體인 돔 위에서 비치는 빛이 점으로 된 광원이 되어 작은 구멍을 뚫고 새어들어온다. 한가운데에 커다란 창이 있고 그 창을 중심으로 무수한 작은 원이 뚫려 있는데, 가운데로 갈수록 작아지고, 멀리 떨어질수록 커져서 밑에서 쳐다보면 수직 방향으로 깊이감을 충분히 느낄 수 있다. 천장은 마치 별이 떠 있는 하늘의 지붕을 대하는 느낌을 준다. 이곳은 종교적으로 기도하는 곳이고, 때로는 음악회나 문학 모임이 열리는 장소라는 두 가지 기능을 가진다. 기도를 위한 고요한 공간이 여과된 빛에 감싸여 있다.

그런데 천장을 가진 방 또는 위층의 바닥면이 그대로 천장이 된 방을 천장이 없는 방이라고 말한다. 왜 그럴까? 천장은 지붕이나 위층의 바닥을 가리기 때문이다. 집의 천장을 뜻하는 영어 '실링ceiling'은 '감추다, 패널로 덮다'를 뜻하는 프랑스어 '셀러celer'나 '은폐'를 뜻하는 라틴어 '셀라레celare'에서 나왔을 것으로 추측된다. 한편 사람들은 집을 세계로 생각하고 있다. 천국이나 하늘을 뜻하는 라틴어 '카일룸caelum'의 영향을 받았을 것으로 본다. 아무튼 집 안에서 올려다보는 천장은 하늘을 보는 것과 같은 감정을 일으킨다. 초라하고 작은 집일지라도 천장은 하늘을 상징했다.

천장은 지붕 밑이나 위층 바닥 밑을 평평하게 하여 치장한 각 방의 윗면인 '반자'의 겉면을 이르는 말이다. 한자로 '하늘 천天', '가로막을 장障' 자를 쓴다. 하늘을 막고 있는 면이라는 뜻이다. 천정天井은 일본어다.[39] 천장은 지붕이나 위층의 바닥을 가리고 방의 윗면을 한정하는 재료다. 건축의 경계를 이루는 것은 바닥, 벽, 지붕이지만 실내의 볼륨을 한정하는 것은 바닥, 벽, 천장이다. 지붕은 건물 전체를 한정하지만 천장은 지붕 안쪽이다.

이러한 천장의 본질은 발다킨badachin, baldacchino, 天蓋이라는 캐노피canopy에 있는 듯하다. 이것은 사람의 머리 위를 덮고 하늘을 한정해준다. 고귀한 사람의 자리나 제단처럼 거룩한 자리 위를 지붕처럼 천으로 덮은 집 속의 집, 지붕 속의 지붕을 말한다. 본래는 바그다드에서 나오는 호사스러운 천의 한 종류에서 이름이 유래했다고 한다. 네 개의 지지대에 이 천을 덮으면 공간에 떠 있는 느낌을 주고 그 뒤에 감추어진 고귀함을 가린다는 의미를 지닌다. 천장도 이와 같이 무언가 고귀한 것, 세상, 우주 등을 상징하는 공간을 만드는 가장 직접적인 수단이었다. 교황이 집전하는 바실리카basilica에는 노란 우산과 같은 것을 걸어두어 그 성당의 중요도를 표시한다. 이렇듯 지붕은 균질해지는 장에 대하여 의미 있는 특정한 자리를 확정해준다.

판테온을 안에서 바라볼 때 내부 공간 전체를 장악하는 것은 그 안을 비추는 빛이고, 그 빛이 비추고 있는 둥그런 돔의 아랫면이다. 이 아랫면은 지붕이 아니고 천장이다. '커퍼coffer'란 천장에 사각형이나 팔각형으로 움푹 들어가게 만든 일련의 패널을 가리키는데, 이런 돔을 두고 '커퍼드 돔coffered dome'이라고 한다. 그래서 판테온의 이런 면을 '커퍼드 실링coffered ceiling'이라고 한다. 돔과 일체가 되어 있으므로 천장이라고 하면 돔이 있고 그 아래에 따로 붙인 것처럼 들리지만, 구조와 일체가 된 천장이 판테온 천장이다.

전통적으로 천장은 도상학적이었다. 바닥 위의 아랫면인 천장은 얇고 연속적이다. 성당의 중앙 돔이나 천장 또는 원형 제단의 반원 돔 안에 커다란 판토크라토르Pantocrator를 가짐으로써 하느님이 우리와 함께 있음을 묘사하는 것은 교회의 전통이었다. 판토크라토르는 '만물의 주재자'라는 뜻이다. 베네치아 산 마르코 대성전Basilica di San Marco에는 몇 개의 돔이 반복해 나타나며 성당 내부 전체에는 금빛 바탕에 수많은 모자이크가 그려져 있다. 팔각형 평면의 산 조반니 세례당Battistero di San Giovanni에는 장대한 모자이크 천장 한가운데 채광탑이 있고, 그것을 중심으로 바깥쪽부터 차례대로 천사 성가대, 창세기, 성모 마리아와 그리스도, 세례자 요한 이야기가, 그리고 아래 3분의 1쯤에는 최후의 심판이 그려져 있다.

방 내부의 천장을 회화나 조각으로 장식하는 것은 한정된 면에 그린 회화로 소우주를 만들기 위해서다. 교회의 천장에는 구름도, 별이 수놓은 밤하늘도 있을 수 있으며, 하늘의 위엄 속에 앉아 계신 예수도 있을 수 있다. 그렇게 하여 천상의 예루살렘에서 빛나는 별과 함께 영광에 빛나는 하느님을 바라볼 수 있다.

공간을 완성해주는 것

천장도 그것이 덮고 있는 것에서 분절되어 두께 없이 한정하는 면이 된다. 천장을 발다킨으로 이해하는 것은 그것이 공간을 덮고 한정하며 보호한다는 것, 그리고 직물, 옷, 덮개 등의 비물질적인 표면임을 뜻하기 때문이다. 바닥은 무겁지만 그와 반대로 천장은 가볍다. 가벼운 천장은 바닥의 무거운 느낌을 바꾼다. 때문에 천장은 수평 방향으로 공간이 펼쳐지며 공간을 한정해주는 힘이 있다.

천장은 지붕 밑이나 위층 바닥 밑을 치장하고 방의 윗면을 가린다. 따라서 천장은 가장 마지막에 방을 완성하는 건축 요소다. 천장은 항상 나와 떨어져서 저쪽 위에 떠 있을 뿐이다. 바닥이나 벽처럼 구체적이고 직접적으로 사람의 행동을 규정하지도 않는다. 몸은 바닥을 발로 딛고 걸으며 오르내리고, 벽에 기대거나 벽을 따라 걷기도 한다. 바닥과 벽은 늘 내 몸과 함께한다. 그러나 천장은 일단 내 몸과 무관하다. 바쁠 때는 부지런히 바닥을 움직이고, 무슨 일을 하며 집중할 때는 벽을 바라보게 된다.

근대건축에도 발다킨과 같은 매단 천장suspended ceiling이 있었다. 알토의 비푸리 도서관 강의실의 매단 천장은 파동친다. 그러나 그것은 단지 천장 자체의 형태만이 아니다. 이 곡면은 20밀리미터 정도의 각재를 이어붙인 것으로, 음의 덩어리가 제각기 이 각재 하나하나에 대응하는 감각도 나타낸다. 마치 천이 자연스럽게 걸려 있으면서 공간을 부드럽게 감싸고 있는 느낌도 준다. 알토는 이 강의실의 천장 형태를 위해 음이 반사하는 궤적을 그리고, 강의실에 있는 각 사람에게 음이 잘 전달되도록 연구했다.

고딕 성당에서 지붕은 박공지붕인데 밑의 내부는 볼트로 되어 있는 등 지붕의 모양과 안에 있는 천장의 모양이 다른 예는 건축사에서 얼마든지 찾아볼 수 있다. 알토의 루이 카레 주택Maison Louis Carré은 유형이 서로 다른 지붕과 천장이 겹쳐 나타나 두 형태가 뚜렷하게 대립된다. 숲으로 둘러싸인 널찍한 전원에 커다란 경사 지붕이 한쪽 방향으로 흐른다. 그런데 입구 현관에 들어서면 하얀 벽이 나타나고 그 위로 마치 바람을 맞아 부풀어 오른 돛처럼 나무로 만든 천장이 곡면을 이룬다. 현관 위에서 들어오는 빛은 4.5미터까지 올라간 곡면 천장을 환하게 비추다가 서서히 어두워진다. 현관에서 바닥이 거실을 향해 90센티미터 아래로 내려갈 때 천장은 눈높이로 다가오면서 함께 내려간다. 천장이 이렇게 연속 곡면이고 바닥도 연동하고 있어서 사람의 동작은 공간과 볼륨과 함께 움직이는 듯이 보인다. 천장은 사람들을 외부에서 내부로 들어가라고 이끌고 안내해준다.

알토는 거실과 서재의 평면도에 천장의 나무판 이음매, 조명 기구, 가구의 디테일을 함께 그려 넣으며 공간 전체와 가구를 천장과 함께 검토했다. 이처럼 주택 하나에도 천장이 공간을 결정하는 바를 주의 깊게 살펴보아야 한다. 이 주택뿐만이 아니다. 여기에서 일일이 열거할 수는 없지만, 다른 작품을 볼 때마다 천장을 잘 살피면 좋은 건축 공부가 된다.

근대건축에서는 공간의 중심성을 배제했으므로 천장은 바닥과 함께 하나의 연속한 면으로 여겨졌다. 판테온이나 비잔틴 성당에서는 돔이나 볼트의 천장이 공간에 방향을 주었으나, 근대건축에서는 천장도 균질한 장으로 만드는 데 큰 역할을 했다. 근대건축에서는 벽이 사라지거나, 있다고 해도 연속하는 공간을 위해 바닥과 천장과는 다른 재료 또는 투명한 면으로 만들기를 좋아했다. 그래서 벽과 천장의 재료는 따로 정해졌다. 또한 내부는 추상적인 공간을 만들기 위해 평탄한 면으로 처리되었다. 미스 반 데어 로에의 크라운 홀에서는 천장이 바닥에서 5.5미터 높이에 있고 67미터×36.5미터의 거대한 면적에 붙어 있는 천장 판이 공간을 지배하고 있다. 또한 많은 조명 등의 설비가 위층 바닥의 아래인 천장에 설치되었고, 공기조화 설비, 배수, 전선 등이 천장 속을 차지하는 숨은 공간이 되어 천장이 두꺼워졌다.

이에 대해 루이스 칸의 '서비스하는 공간servant space'은 천장 설비 등의 문제를 직시한 것이었다. 20세기 후반에 들어와서는 각종 설비를 가리는 패널을 제거하고 콘크리트 슬래브를 그대로 노출하며 BIMBuilding Information Modeling 덕분에 축소된 설비만을 덮은 실제 천장을 만들어 다시금 표현하는 천장으로 바뀌고 있다.[40]

오늘날 천장은 외부로도 노출되고 건물의 외부에 참여하게 만들기도 한다. 건축가 장 누벨Jean Nouvel은 루체른에 있는 한 호텔 천장에 서로 다른 영화 장면을 프린트했다. 이 천장의 장면은 방 안을 압도하여 누워 있을 때는 마치 영화관의 스크린을 보든 듯하지만, 방 안에 앉아 있을 때는 방의 상하좌우의 방향성을 왜곡한다. 밤이 되면 밖에서는 방 안의 조명으로 반사된 천장의 그림이 호텔 파사드의 일부로 나타난다. 천장이 내부와 외부의 경계를 지우고 있는 것이다.

그러나 우리는 일상에서 천장을 그리 자주 바라보지 않는다. 어쩌면 조금 쉬려고 기지개를 펴다가 보게 되는 것이 천장일지도 모르겠다. 천장은 나를 넘어서 저 위에 있고 나를 내려다보며 나를 감싸주고, 하던 일을 멈추고 조용히 나를 성찰할 때 크게 나타난다. 그래서 천장은 나의 존재가 과연 무엇인지, 나는 어디에서 왔는지를 묻는 건축 요소가 된다. 천장은 기쁨으로 방을 완성해주는 것이다.

천장을 말할 때 빼놓을 수 없는 또 하나가 있다. 지붕을 가진 집들이 작은 안뜰을 두고 클러스터로 모여 있으면 그 안뜰은 어떤 것이 될까? 칸은 광장의 벽면은 다른 건물의 벽이고 하늘이 천장이라고 했는데, 그렇다면 이 작은 안뜰도 지붕을 둔 것이다. 지붕이 없는 중정은 보이지 않은 지붕을 가지고 있다. "가로는 합의의 방이다. 그것은 공동체의 방이며, 그 벽을 각각 제공한 이들의 것이다. 이 방의 천장은 하늘이다." 보이지 않는 천장이다.

2장

건축과 구축

수직으로 세워진 돌에서 시작하는 인간의
근원적인 감정이란 인간의 의지로 세워진
구조물이 세계 속에 존재한다는 것이며, 그
구조물과 함께 인간이 거주한다는 감각이다.

구축 의지

구축은 기술과 의지

구축construction이란 과연 무엇인가? 한마디로 구축이란 기술에 의지하여 물체를 정신의 영역에 비추어 완벽하게 만들려는 의지요, 의식적인 행위다. 그리고 그것은 건축이라는 사물을 생활 조건 안에 위치시키는 행위이기도 하다. 구축의 의지는 중력을 거슬러 구조물을 일으켜 세우는 일이며, 종교적 행위에 가깝다.

돌과 나무라는 물질이 흐트러져 있으면 그것은 건축이 아니다. 건축은 재료를 사용하여 하나의 질서 있는 구축물을 쌓아 올리는 행위다. 우리는 건축이 자연과 조화를 이룬다고 하지만 그것은 건축을 소박하게 찬미한 것에 지나지 않는다. 엄밀하게 말해서 이렇게 구축한 어떤 건축도 지어지고 나면 우리를 둘러싸고 있는 자연 환경과는 근본적으로 이질적인 것으로 나타난다.

구축은 짓는 것을 넘어서 인간의 생활 방식까지를 뜻하는 말이다. 산사山寺를 찾아가면 신심이 두터운 불자들이 사찰을 지날 때 하나둘씩 쌓아놓은 작은 돌무더기를 자주 대한다. 이 작은 돌무더기에는 구축의 힘이 있다. 비록 이 돌은 건축이라고 하기에는 크기가 너무 작지만, 절 한쪽에 새 집을 짓기 위해 쏟아놓은 돌과는 전혀 다르다. 공사장 한쪽에 쏟아놓은 돌과는 달리, 이 작은 돌에는 '짓는 의지'가 스며 있고 무언가의 희구를 그 안에 담고 있다. 바로 구축의 힘이다.

나는 오랫동안 『침묵과 빛 사이에서Between Silence and Light』[41]라는 책에 실린 한 장의 사진, 곧 알제리 테베사Tebessa에 있는 브리스가네Brisgane의 올리브 기름 공장 폐허에 깊은 감명을 받은 바 있다. 마치 아크로바트를 하듯이 폐허의 한 부분을 아슬아슬하게 받치고 있는 기둥과 보가 완전한 구조물 이상으로 구축을 향한 의지를 잘 표현해주었기 때문이다. 특히 끝부분을 받치고 있는 기둥과 보의 무너질 듯한 모습은 왜 인간이 건축을 하는가 묻는 구축의 근거를 잘 나타내고 있다.

그러나 인간만이 무언가를 짓는 유일한 동물은 아니다. 단세포의 유기체도 자신의 힘으로 껍질을 구축한다. 그렇지만 동물은 본능으로 짓는다. 구축의 의지를 지니고 있는 것은 인간뿐이다. 인간은 완전한 기둥의 모습을 갖추기 이전에도 돌덩어리를 모아 동굴 같은 내부 공간을 구축했다. 이런 공간에는 거대한 물체가 지배할 뿐, 벽과 기둥의 구분 없이 단지 미로와 같은 내부만 존재했다. 그런데 동굴을 파고 구멍을 만드는 것은 삶의 존재를 증명하는 것이라고 할지라도 구축이라고는 하지 않는다. 동굴은 인간에게는 가장 근원적이며 발생적인 공간이지만, 구축의 형식을 뚜렷이 갖춘 것은 아니었다.

수직으로 세운 돌

기둥은 구축성을 가장 단순하게 나타내는 기본형이다. 초석 위에 기둥이 똑바로 서 있는 것이 구축이며, 기둥이 받치고 있는 것이 구축이다. 이렇게 수직으로 선 기둥은 인간의 정신이 발명한 가장 위대한 것 중의 하나다. 이런 의미에서 한스 제들마이어Hans Sedlmayr는 이렇게 말한다. "기둥은 처음부터 고도로 장중한 형식이며, 세계에 대한 정신적 태도, 똑바로 서 있다는 것에 대한 진정한 상징인데, 이것이 인간을 동물보다 더 높게 만든다."[42] 이처럼 원기둥은 인간의 영역과 깊은 관계에 있으며, 때로는 원기둥 대신에 인간의 신체를 바꾸어 넣을 정도로 원기둥과 인간은 깊은 관계를 가지고 있었다.

신석기시대에는 정주하는 장소의 조건에 따라 재료를 선택해서 그것에 맞는 구조로 벽을 세우고 지붕도 덮었다. 흙을 주요 건축 용재로 사용하는 경우에는 손으로 진흙을 이겨서 말려 만든 흙벽돌을 쌓아올려 벽을 만들었다. 이때 기술이란 손만 있으면 될 정도로 흙은 만들기도 쉽고 쌓기에도 간단했다. 이에 비하면 돌은 어려웠다. 돌을 돌로 가공한다는 것은 너무나 어려웠으므로 가능한 작은 돌을 주워와 쌓아올렸다. 나무를 잘라 쓰러뜨리고 껍질을 벗기고 가지는 따로 모아 별도의 부재로 사용하는 등 나무를 가공하여 엮어가는 공정도 복잡했다. 그러나 이렇게 재료를 쌓고 엮는 것은 주거에 필요한 실용적 측면에만 머물러 있었다.

인간이 만든 최초의 본격적인 구축물은 멘히르다. 멘히르는 주체의 분명한 의지에서 나온 산물이다. 평평한 땅 위에 커다란 돌을 놓는 순간, 돌을 중심으로 옆으로는 영역이 확보되고, 위로는 하늘을 향한 인간의 의지가 형태로 표현된다. 구축이란 중력에 저항하며 구체적인 형태를 가지고 수직으로 하늘을 향하는 행위이며, 형태의 의지를 구현하는 근원적인 관념이다. 이런 의미에서 기둥은 건축에서 가장 오래된 중요한 요소가 되었다.

사람은 어느 때부터인가 건축으로 실용성을 넘어 무언가 이 세상에 없는 것을 찾고자 했다. 사람은 땅 위에 올라와 두 가지의 건물을 만들고 저 세상에 있는 존재를 향해 기도했다. 그 하나는 땅의 풍요로움과 여성의 생식력이 결부된, 구석기시대부터 이어온 지모신地母神을 섬기는 신전이었다. 다른 하나는 농업을 중심으로 생활의 기반을 이루면서 매년 계속되는 순환이 해의 움직임과 관련이 있다는 사실을 알고 이 세상과 저 세상을 지배하는 해에 대한 신앙을 구축으로 표현하는 것이었다.

해를 향한 신앙은 하늘을 향하는 기둥을 세웠다. 나무로 세운 기둥이나 썩지 않게 돌로 만든 기둥으로 해를 향하여 높이 만들었다. 따라서 이 돌기둥이나 나무 기둥은 주변에 굴러다니는 돌이나 자연 속에 있는 나무와 같지 않다. 기둥은 집을 짓기 위한 것이지만, 기둥만 따로 떼어 하늘을 향한 신전이 되게 했다. 둥근 기둥이라는 뜻의 '칼럼'의 어원은 '가장 높은 것top, summit' 또는 '눈에 두드러진 것 또는 언덕to be prominent, hill'에 있다. 기둥은 해의 은혜에 감사하기 위한 최선의 표현이었다.

기원전 4500년에서 2000년에 세워진 프랑스 브르타뉴에 있는 카르나크Carnac 열석군을 보면 무수한 돌기둥을 볼 수 있다. 이렇게 만든 이유는 알 수 없으나, 돌을 세우는 것은 햇빛을 받아 그늘을 드리우고 땅에 그림자를 만들어냄으로써 이런 사물이 존재함을 보이고 저 세상에 있는 무언가를 기억하기 위함이었다.

돌을 수직으로 세우는 구축 행위는 인간에게 근본적인 감정을 유발한다. "그것은 돌덩어리가 홀로 서 있음을 아는 것과 같은 간단한 특성에 의한 것이지만, 그곳에는 마음 내키는 대로 노래를 부르거나 숲을 지나 뛰노는 것 이상의 무언가가 있다. 그 감정은 무엇일까? …… 그것은 세계 안의 세계a world within a world가 있어야 한다는 감정에서 시작한다."[43]

수직으로 세워진 돌에서 시작하는 인간의 근원적인 감정이란 인간의 의지로 세워진 구조물이 세계 속에 존재한다는 것이며, 그 구조물과 함께 인간이 거주한다는 감각이다. 하이데거는 짓는 것building은 곧 어떤 장소에 머무는 것이며, 어떤 장소에 머무는 것은 거주하는 것dwelling이며, 동시에 구축하는 것constructing이자 개간하는 것cultivating이라고 말한 바 있다.[44] 이는 구축하는 것이 인간 존재의 근원을 이룸을 달리 말한 것이다.

건축은 예술이 되기 이전에 구축된 결과물이다. 구축이란 물체를 단순히 배열하는 것만이 아니라, 밖을 향하려는 인간의 바람에서 비롯한다. "벽이 갈라지고 기둥이 나타났을 때, 건축에서 일어난 중대한 사건을 생각하라."라는 칸의 말은 결국 구축의 근거에 주목하라는 뜻이었다. "기둥은 벽에서 생겨났다. …… 벽은 두껍고 강도를 지니고 있어서 사람이 살 수 있게 보호해주었다. 그러나 얼마 안 있어 밖을 내다보고자 하는 의지가 사람으로 하여금 벽에 구멍을 뚫게 했다. 그러자 벽은 몹시 아파하며 이렇게 말했다. '너, 나를 어떻게 하고 있는 거지? 나는 너를 보호해주었고 안전한 느낌을 주었는데. 그런데 이제 와서 나를 뚫어 구멍을 만들다니!' 이에 사람이 말했다. '나는 밖을 내다보고 싶고, 놀라운 것을 보고 싶어. 그래서 나는 벽에 구멍을 뚫은 거야.' …… 기둥은 이렇게 생겨났다. 기둥은 개구부인 것과 개구부가 아닌 것을 만드는 일종의 자동적인 질서였다."[45]

이 인용문은 읽기에 따라, 벽이 아파한다든지 사람이 벽을 보고 이야기한다든지 등을 우화적으로 받아들일 것이다. 그러나 이 글은 땅 위에 존재하게 될 무언가의 구조물은 그 배후에 있는 인간의 바람desire에서 비롯되며, 건축에서는 먼저 인간이 있음을 말하고 있다. 구축은 기둥과 벽으로 쌓아가는 것이지만 그저 물질만을 쌓는 것이 아니라, 그 뒤에는 "밖을 내다보고자 하는" 데서 볼 수 있는 사람의 의지가 들어 있다.

공간적 구축

수직으로 세운 돌의 장

구석기시대에 사람들은 동굴에 들어가 살았다. 여기는 두 가지 관점이 있다. 하나는 의식儀式이다. 건축사가 스피로 코스토프Spiro Kostof의 주장처럼 사람이 그것을 짓지는 않았으나 라스코 동굴처럼 동굴을 찾아 의식을 하며 신전으로 사용했다면 그것은 건축이라는 것이다. 그러나 건축이 공간적인 구축이라면 동굴은 사람이 자신의 의지로 구축한 것이 아니게 된다. 동굴은 외부가 없고 오직 내부만 있다. 동굴은 의도적인 형태로 된 오브제가 아니며 몸을 감싸는 의복과 비슷해도 구축성은 없다.

돌덩어리 하나를 땅에 세우면 멀리서 바라볼 수 있는 것만으로 무언가의 장場이 생기고 사람의 마음을 끌어들인다. 이 때문에 이 장의 주변에 함께 모여 있다는 공동체의 감정이 솟아나고, 같이 모여 하늘을 바라보면 무슨 좋은 일이 일어날 것 같았다. 이 '장'이 오늘날 건축에서 말하는 장소이고 공간이며 구축이었다. 이것은 배워서 안 것이 아니다. 날 때부터 지니고 있던 의지가 이런 사실을 터득하게 해주었다. 그림을 그릴 줄 알게 된 것과 같은 비슷한 때에 사람들은 구조물의 이러한 장을 알게 되었다.

건축은 회화나 조각이 다루지 못하는 현실의 공간을 다룬다. 건축의 본질이 공간에 있다 함은 이와 같은 구축에 대한 근원적 감정과 일치한다. 회화는 공간의 이미지를 그리고, 공간 안에 놓인 조각은 3차원의 입체, 형태, 빛깔로 지각된다. 그러나 건축의 돌과 나무는 입체, 형태, 빛깔로 지각되려고 세우기 이전, 땅에서 사는 '나'라는 존재를 하늘을 향해 확인시키는 직접적인 것이다.

사람은 땅 위에 머물며 산다. 그러나 그것은 살기 위한 첫 번째 조건이다. 건축은 땅 위에 구축하는 행위에서 출발한다. 이탈리아 건축가 비토리오 그레고티Vittorio Gregotti는 1983년에 뉴욕 건축가연맹The Architectural League in New York에서 이렇게 말한 적이 있다. "근대건축에서 가장 나쁜 것은 대지site의 관념과는 무관하게 경제적으로나 기술적인 필요에서만 고려된 공간이라는 관념이다. ······ 대지의 관념이나 정주定住의 논리를 통해서 환경은 건축적 생산의 본질이 된다. ······ 그러나 사람은 알 수 없는 우주의 한가운데에서 대지로 알아볼 수 있게 땅 위에 돌을 놓았다. 지지체를 원기둥으로 바꾸기 전에, 지붕을 팀파눔tympanum으로 바꾸기 전에, 돌 위에 돌을 놓기 전에."[46] 자신이 살 집임을 확인하려면 땅에 돌을 놓고 건물을 구축하는 것이 인간이 환경을 만드는 가장 본질적인 일이라는 말이다.

구축적인 질서

건축은 사람을 에워싸기 위해 지어지며 받쳐주기 위해 지어진다. 이 둘은 서로 구별되는 것이 아니며 둘 중의 하나를 선택할 수 있는 것도 아니다. 에워싸는 것은 신체의 연장을 위한 지어짐을 말하고, 받쳐주는 것은 땅 위에서 중력의 제약을 받으며 산다는 것에 근거한다. 이것은 건축의 가장 기본적인 제약이다.

건축가 고야마 히사오香山壽夫는 건축의 가장 기본적인 제약을 '에워싸는 모티프'와 '받치는 모티프'로 구분하여 설명했다.[47] '에워싸는 모티프'는 에워싸는 것이자 덮는 것이며, 분절되지 않고 연속해 하나로 이어지다가 둥근 원을 그리고 닫히는 것이다. 중력에 구속되고 장소에 귀속되며 공간을 에워싸는 성질이다. 사적이고 안쪽으로 수렴하는 구심력이 있고, 여성적이며 주변과 단절되는 공간의 성질을 가지고 있다. '에워싸는 모티프'의 원형은 동굴이나 옷이다. 이와는 달리 '받치는 모티프'는 세우고 들어 올리고 우뚝 서고 중력에 대항하고 그러면서도 땅에 뿌리를 내린다. 받치고 있는 것은 다시 다른 것으로 받쳐진다. 이것들은 부분이 되어 분절하고, 구조와 체계를 가지며 구축된다. 그리고 밖을 향해 펼쳐지는 원심력이 있고 남성적이다. '받치는 모티프'의 원형은 직립하는 사람의 몸이고 기념비다.

철학자 아서 쇼펜하우어Arthur Schopenhauer도 강조했듯이 건축은 하중을 받아 이를 떠받치는 예술이다. 당연한 말이지만 건축은 힘을 땅에 전달하고 있다는 점에서 조각은 건축을 따라갈 수 없다. 그러므로 건축은 구조와 분리될 수 없으며 기둥이나 보, 아치나 볼트와 같은 구조적 형태가 건축의 요소가 된다. 건축에서 단면도란 중력을 물체로 극복하기 위한 체계를 보여주는 것이고, 평면도는 중력의 존재를 요구하는 단면이다.

땅 위가 아니라 땅속에서 거대한 돌을 세워 벽을 만들고 그 위에 돌을 얹어도 내부 공간은 얻어진다. 이것은 건축의 발생적인 원형이라고 할 수 있는 동굴과 같다. 그러나 수직인 기둥을 한 개가 아니라 여러 개를 모아도 또 다른 내부 공간이 생긴다. 이것은 분명히 사람이 물체에 작용을 한 것이므로 자연에서 얻은 동굴과는 전혀 다른 내부 공간이다.

스톤헨지에서는 거대한 돌덩어리가 땅 위에서 수직 부재와 수평 부재를 이루며 공간을 에워싸고 있다. 스톤헨지는 돌덩어리라는 단순한 물체가 기둥과 보라는 '체계'를 이루며 공간을 형성하는 것을 여실히 보여준다. 돌덩어리를 세워 '질서'와 '체계'를 주는 구축의 행위가 드러나 있는 것이다. 이와 같이 모든 건축물은 돌 등의 물체로 둘러싸인 것이 아니라 '구축적인 질서'로 둘러싸여 있다. 그러나 실제로는 압축력을 받아 땅에 중량을 전달해야할 수직 부재가 가늘어지면 물체의 본래 효과는 줄어든다. 돌덩어리인 존재감이 뒤로 물러나고, 구축이라는 형식 또는 질서가 전면에 나타나기 때문이다.

고대 이집트 건축이나 바로크 성당 등에서 보듯이 기둥이 지나치게 밀집해 있으면 형식의 질서보다도 물체의 밀집이라는 원시적인 감각을 불러일으킨다. 그러나 고대 그리스나 로마 건축에서는 이와는 달리 위에서 내려오는 돌덩어리가 벽이었다가 이 것이 아치로 바뀌고 다시 이 아치가 가느다란 원기둥으로 바뀐다. 물체의 존재감이 구축이라는 '질서'로 바뀌고 기둥과 기둥 사이에 서 공간은 더욱 뚜렷하게 나타나는 것이다. 고전건축은 베이스 위 에 샤프트shaft를 놓고, 그 위에 주두를 놓으며, 또 그 위에 엔타블 레이처entablature를 얹어 구축을 형태로 표현했다.

기둥이 나란히 서는 열주는 "하나의 건축 원형이 만들어낸 감동적 사건"[48]이다. 그래서 열주는 구축적 질서를 가진 최초의 건 축이다. 왜 그럴까? 열주는 꽉 차 있어서 무언가를 받쳐주는 기둥 이 열을 이루며 텅 빈 공간을 에워싸기 때문이다. 열주가 원을 그 리면 구축으로 비로소 공간을 획득하게 된다. 티볼리Tivoli의 빌 라 아드리아나에는 이집트의 도시 카노푸스Canopus의 이름을 붙 인 열주랑이 있다. 긴 호수 둘레에 열주를 세우고 그 위에 아치와 보를 번갈아 올려놓아 마치 파도치는 듯한 엔타블레이처가 있는 경쾌한 열주랑인데, 기둥이 벽처럼 에워싸는 성질로 바뀌는 가장 아름다운 예시 가운데 하나다.

이것이 건물 외벽이 되면 팔라디오의 바실리카Basilica Palla- diana에 올려놓은 팔라디오식 아치Palladian arch 가 된다. 이것은 단 지 건축물의 외곽에 붙어서 입면을 갖추기 위해서만 쓰인 것이 아니다. 이 열주가 붙은 회랑은 건물 쪽에서 생각하면 외부와 내 부를 매개해주는 것이며, 따라서 건물들이 모여 집합체를 이룰 때 꼭 있어야 하는 장치다.

앞에서도 살펴본 미네르바 메디카 사원은 돔을 받치는 리 브가 내려와 작은 반원형 공간의 아치로 이어지고, 이 아치는 중 앙 공간에서 두껍게 보이지 않도록 반원형 공간 사이의 틈을 이용 한다. 에워싸는 아치도 열주라고 할 수 있는데, '받치는 모티프'는 뒤로 물러서고 '에워싸는 모티프'가 강하게 나타난 것이다.

외부로 확장

공간에 질서가 도입되고 구축되면 공간은 분절되고 외부와 내부는 단절된다. 수직 부재에 수평 부재가 얹힌 것도 부재와 부재가 분절된 것이다. 질서는 분절에 의한 것이며, 분절을 위해 질서가 도입된다. 수직으로 세운 기둥은 그것이 놓인 자리를 중심으로 만들고 그 주변을 통제한다. 그런데 이 하나의 기둥이 섬으로 생긴 장은 내부의 논리를 외부로 확대한다. 서양건축이 그렇게 기둥을 중심으로 건축을 논했던 이유는 이 때문이었다.

수직 부재와 수평 부재를 규칙적으로 증식해서 만든 구축 체계는 기둥과 기둥 사이에 공간을 형성하고, 내부와 외부를 하나로 연결한다. 건축이 체계를 가지고 구축되는 이유는 외부로 공간을 확장하기 위해서이다. 앞에서 '받치는 모티프'는 구심적인 '에워싸는 모티프'와 달리 밖을 향해 펼쳐지는 원심력이 있다고 했는데, 이는 건축은 내부뿐 아니라 외부를 필요로 한다는 뜻이다. 건축가 구마 겐고隈研吾는 외부를 자연이라 부르지만, 구축은 외부를 필요로 하며 자연은 구축에 대해 영원한 타자일 뿐이라고 말했다. "외부가 없으면 구축은 좌절한다. …… 질식한 기둥은 외부를 희구한다. 기둥 사이가 넓어지고 공간은 희박하게 되며 이윽고 다주실多柱室, hypostyle hall은 소멸해간다."[49]

이집트 신전의 다주실은 구조물로 내부를 확장하려는 구축 의지를 잘 나타내고 있다. 다주실이란 고대 이집트 건축에서 많은 기둥이 열을 이루고 있는 넓은 방을 말한다. 룩소르Luxor의 카르나크에 있는 대신전의 다주실은 기둥만 134개로 이루어진 이집트 최대 규모의 장대한 방이었다. 이 다주실은 10.2미터 × 53미터 넓이인데, 중앙의 두 열을 이루는 열두 개 기둥은 꽃이 핀 파피루스 기둥으로 높이 23미터, 지름 3.3미터이고, 나머지 122개는 높이가 17미터이고 꽃이 피지 않은 파피루스 기둥이다. 기둥이 중앙의 통로를 끼고 좌우대칭으로 늘어서 있는데, 중앙의 두 열은 다른 것보다 높아서 채광과 통풍을 위한 창이 뚫려 있다. 규칙적인 기둥의 배열로 이렇게 큰 공간을 얻을 수 있었다. 그러나 내부의 큰 공간은 자연에 대한 대단한 침식이었다.

이집트 기자 피라미드 앞에 있는 카프레 계곡 신전Valley Temple of Khafre의 다주실에서는 이보다는 훨씬 근대적 감각을 지닌 단순하고 추창적인 기둥과 보의 연결을 볼 수 있다. 기둥의 단면 크기에 맞춰 보가 연결된 접합면을 보면 추상적인 체계의 구축은 아주 오래전부터 인간의 머릿속에 있었다고 할 수 있다.

다주실은 이슬람의 모스크로 이어졌다. 특히 코르도바의 메스키타Mezquita에 있는 예배의 방*은 854개의 무수한 기둥이 숲처럼 펼쳐지는 기도의 장소다. 모스크는 이슬람의 가르침에 따라 신 앞에 모든 사람이 평등하다는 믿음을 실현하려는 듯, 다수의 기둥으로 받쳐지는 공간은 무한하게 연속되는 기도를 위한 균질한 공간으로 되어 있다. 이것은 파르테논의 주주식周柱式, peristyle의 이념적인 구축과는 근본적으로 다르다. 이러한 다주실은 신적인 정신이 스며 있는 신성한 공간이며, 외관의 건축이 아닌 내부 공간의 건축이다.

힘의 흐름

중력을 거슬러 '받치는 모티프'는 힘의 흐름을 눈에 보이도록 시각화하기도 한다. 판테온의 벽도 그러하지만, 특히 포추올리Pozzuoli의 플라비안 원형경기장Flavian Amphitheater에는 아치가 벽에 끼워져 있어서, 벽면의 하중이 아치에 전달되고 다시 중력에 반응하며 땅에 이르는 힘의 선이 단적으로 드러나 있다. 벽면이라기보다 차라리 '힘의 분포도'라고 하는 편이 낫다. 이것은 수덕사 대웅전 측면에서도 마찬가지다. 이 건물의 측면도 건물을 바로 세우고 보는 '입면도'가 아니라, 구축의 과정을 명쾌하게 보여주는 '단면도'다. 기단 위에 놓인 기둥과 엮여 있는 가구는 지붕에서 시작하는 힘을 밑으로 분포시키는 작용을 하며, 이 건물이 어떤 과정을 거쳐 어떻게 엮여 있는지 구축의 과정을 그대로 나타내고 있다.

건축이 구축함으로써 만들어지는 공간예술임은 오귀스트 슈아지Auguste Choisy가 『건축사Histoire de l'Architecture』 등에서 보여준

절단 액소노메트릭axonometric 드로잉에 잘 나타나 있다. 이 도법은 기본적으로는 평면에 근거하면서도 밑에서 올려다보게 그린 그림이다. 건물이란 밑에서 위로 구축되는 것이며, 또한 위에서 아래로 흐르는 힘의 전달 과정임을 단면으로 보여주고 있다는 점에서 드로잉 자체가 구축적이다. 이 그림은 위로는 건설의 과정을, 아래로는 힘의 체계를 동시에 나타내고 있다. 건축에서 공간을 만드는 것은 다름 아닌 구조이며, 건축 공간이란 이러한 구축을 통해 만들어진다는 것, 그리고 인간은 그 공간 안에서 구축된 결과를 체험한다는 점이 강조되어 있다.

구축과 구성

구성composition이 수평 방향으로 전개하는 기하학이라면, 구축은 중력에 저항하여 수직 방향으로 전개하는 물질적 질서를 말한다. 구성이 고대 건축을 둘러싼 비례처럼 시각적인 것에 의존한다면, 구축은 촉각적인 것이다. 구축은 재료를 손으로 만지고 운반하고 쌓고 이어 구조를 만든다는 점에서 촉각적이다.

간단히 이해를 돕기 위해 도산 서당의 한 장면을 살펴보자. 만일 이 장면을 두고 지붕과 마루가 만드는 프레임 속에 수직면이 가로지르고 사립문 쪽으로 시선이 흐른다고 말한다면, 우리는 그것을 구성으로 말한 것이다. 그러나 지붕은 나무로 기둥을 세워서 버티고 있는 구조 위에 서까래를 얹어 만든 또 다른 구조이며, 바닥은 나무를 대고 이어 만든 구조이고, 견고한 돌로 만든 벽이라고 말한다면, 우리는 그것을 구축으로 말한 것이다.

건축의 근간은 물질에 있고, 건축은 최종적으로 구조적이며 구축적인 형태로 구체화된다. "'어떤 건축 형태도 구축에서 생기며, 점진적으로 예술적인 형태가 된다.'는 명제는 확고한 것이다."[50] 오토 바그너Otto Wagner의 말은 이를 지적한 것이다. 구성은 배분된 공간을 통합하지만 실제로 땅 위에 짓는 구체적인 일을 뜻하지는 않는다. 그러나 구축은 중력과 건물이 놓이는 땅 위에 우리가 만드는 재료의 결합 방식에 관한 것이다.

사실 구성과 구축을 일부러 비교할 것은 없다. 그럼에도 이들을 비교하는 하는 이유는 구성과 구축에 '구構'라는 글자가 같이 있기 때문이 아니다. 일찍이 혁명 전부터 1920년대에 걸쳐 소련에서 전개된 예술운동을 러시아 구성주의構成主義, Constructivism라고 하는데, 번역할 때 러시아 구축주의構築主義라고 했어야 옳다. 이들에게 구성이냐 구축이냐는 대단한 논쟁 거리였다. 그들은 '구성'은 지나가야 할 예술의 개념이고 이를 기술에 의한 새로운 구축으로 바꾸어야 한다고 믿었다.

이 새로운 구축은 새로운 계획을 이끌고 재건해야 할 새로운 사회인 소비에트 러시아를 개조하는 개념이었다. 그래서 알렉세이 간Aleksei Gan과 같은 지도적인 인물은 이 구성구축주의 이론을 기술tectonics, 이데올로기의 토대와 물질의 선택, 사실factura, 물질의 작용, 구축construction, 작업의 구조화이라고 집약했다. 그들은 구축을 말함으로써 건축을 예술과 엮으려고 하지 않았다. 러시아 구성주의자들이 구축을 전면에 내세운 이유는 오랫동안 구습에 젖어온 예술구성을 버리고, 새로운 사회를 이끌고 갈 물질과 기술에 의한 새로운 건축을 하자는 것이었다. 물론 실제적으로 그들은 실패했고 새로운 사회를 건설할 만한 기술도 가지고 있지 못했다. 구성주의라고 번역한 것과는 달리 구성을 버리고 구축을 해야 한다고 주장한 운동이었다.

이것을 '예술과 기술의 새로운 통합'이라 하며, 이는 예술과 기술을 형이상학적으로 통합한다고 모호한 주장을 한 발터 그로피우스Walter Gropius와 다르다. 또한 이것은 근대운동의 기술을 새로운 정신Esprit Nouveau, 에스프리 누보으로 치환한 르 코르뷔지에에게서는 볼 수 없는 근대적 주장이었다. 근대건축은 건축의 본질인 구축성을 부정하고 시각에 의존함으로써 새로운 조형을 만들 수 있었다. 이러한 건축에 비해 근대의 추상예술은 오히려 건축의 추상성을 자신의 예술 안에 반영하려 했다. 피에트 몬드리안Piet

Mondrian이 자신의 그림에 '파사드'라는 제목을 붙이거나, 카지미르 말레비치Kazimir Malevich가 '아키텍토닉스architectonics'라고 이름 붙인 것, 움베르토 보초니Umberto Boccioni가 미래파 조각의 기반을 '결구적tectonic'이라고 생각한 것이 그러하다.

그럼에도 근대건축의 조형은 입체파나 순수파 또는 쉬프레마티슴Suprematism, 절대주의 등의 회화를 건축으로 번안함으로써 얻어졌다. 이런 태도에서 기둥은 수직선이고, 보는 수평선이며, 벽과 바닥은 수평·수직면과 같은 것이라고 여길 뿐이다. 그 결과 "바우하우스 학생들은 건물의 기능이나 재료의 극한 강도와 무관하게 단지 추상적인 형상을 조작하고, 단지 '의미 있는 형태'로 장식적인 호소력을 얻으면 된다는 생각으로 건축을 배웠다."[51] 이것은 특히 오늘날에 더욱 되풀이되고 있는 상황이다.

또한 "이리하여 건축은 19세기에 그러했듯이 조각을 가지고 미적으로 '수정한' 구조적 형태, 곧 장식된 구축ornamented construction이 아니라, 이제는 조각을 가지고 미적으로 '구성한' 구조적 형태, 곧 구축화된 장식constructed ornament이라는 개념이 특정 건축가의 정신에 생기게 되었다."[52]라고 피터 콜린스Peter Collins는 말한다. 우리나라 말에도 "성을 구축한다."라고 하면 실제로 물질을 쌓아 성을 짓는 것을 뜻하지만 "이론을 구축한다."라고 말할 때도 많다. 이것은 마치 물질을 쌓아 차근차근 지어올라가듯이 이론을 짜 나간다는 말이다. 그렇듯이 당시의 건축가나 예술가에게 말과 방법은 '구축'하는 것이었으나, 그것은 실제의 물질을 쌓은 구조물로 외부 공간을 확보한다는 현실적인 구축이 아니었다. 따라서 구축은 새롭게 정의된 또 다른 구성이었다.

이렇게 해서 모방예술이 아닌 건축은 근대에 이르러 오히려 회화나 조각을 모방한 결과가 되었다. 네덜란드 예술가 테오 판 두스뷔르흐Theo van Doesburg와 건축가 코르넬리스 판 에스테렌Cornelis van Eesteren의 '메종 파티퀼리에르Maison Particulière' 같은 것은 회화의 색채를 건축의 3차원에 적용한 것이며, 건축의 구축성을 색채로 가리는 기법일 뿐이다. 또한 네덜란드 디자이너 헤릿 릿펠트Gerrit

Rietveld 등에 의한 전시실의 색채공간 구성Space-Colour-Composition도 공간의 크기와 방향성 등을 색채의 관계 속에서 재구성한 것에 지나지 않는다.

근대건축은 완전한 구축보다는 경계의 감각을 부정하는 새로운 공간 개념에서 많은 자극을 받았다. 그들은 철과 유리에 지대한 관심을 기울였는데, 비물질화하기 위한 이상적인 재료였기 때문이다. 러시아 구성주의자들도 구축을 말하지만, 그것은 공간을 해체하고 속박에서 벗어나려 한 것이다. 이런 구성은 중력과 무관하며, 건물과 땅의 관계는 무시되어 있고, 집은 수직과 수평면으로 추상화되었다.

오스트리아 건축가 요제프 호프만Josef Hoffmann이 설계한 벨기에 팔레 스토클레Palais Stoclet는 구축을 부정하고 가벼운 재료로 전체를 비결구적으로 보이게 만든 근대건축의 대표적 예다. 건축사가 에두아르트 제클러Eduard Sekler는 이 저택에 대하여 다음과 같이 분석한 바 있다. "이 분절된 띠가 강한 선요소線要素를 이루고 있지만, 선적인 요소가 빅토르 오르타Victor Horta의 건축에서 그러했던 것과 같은 '힘의 선'과는 관계가 없다. 스토클레 저택에서는 선이 수직·수평으로 똑같이 나타나기 때문에, 이 선은 결구적으로는 중립적tectonically neutral이다. …… 마치 벽은 육중한 구축으로 지어지지 않고, 커다란 시트인 얇은 재료로 이루어져 있으며, 이 재료는 모퉁이에서 모서리를 감싸는 금속 띠와 만나고 있다는 느낌을 강하게 받는다."[53]

이러한 방식은 돌판에 리베트를 쳐서 힘을 전달하지 않는 베니어처럼 벽을 피복한 오토 바그너의 빈 중앙체신은행post-sparkasse의 외벽에도 잘 나타나 있다. 이렇게 하중과 지지의 상호관계를 시각적으로 부정하거나 애매하게 만드는 방식을 제클러는 비결구적atectonic이라 부르고 있다.

건물을 구축의 행위로 여기는 것은 건물을 하나의 사물로 생각하는 것이며, 책처럼 1차적인 것으로 생각하는 것이다. 그러나 현대 문화의 주류는 구축의 문화가 아니다. 현대 문화는 2차적인 것으로 1차적인 것을 역전하려는 문화다. 물건보다는 광고에 관심이 더 많고, 책보다는 책표지로 사물을 판단하려 한다. 이것은 본질과 현상의 차이를 뒤바꾼 것이며, 의미보다는 기호를 우선으로 여기는 것이다. 상품과 책이 1차적인 것이라면 광고와 책표지 디자인은 어디까지나 2차적인 것이다. 상품이나 책을 팔기 위해 광고나 책표지 디자인이 필요한 것인데도, 현대 문화에서는 광고가 상품의 생산을 유발하고, 책표지가 책의 내용을 규정한다. 이런 문화 속에서 건축의 시작인 구축은 극복의 대상이 되어간다.

현대건축은 건물을 배경화법적scenographic이거나 투시도적인 상像의 연속물이라는 2차적인 것을 토대로 벽과 기둥을 배열하려 한다. 그리고 구축적인 것을 전도하려고 한다. 예를 들어 베르나르 추미Bernard Tschumi의 글라스 비디오 갤러리Glass Video Gallery는 철골과 콘크리트로 이루어진 건축의 영속성을 텔레비전이나 비디오와 같은 비물질적인 표상으로 치환하려고 한 것이다. 유리에는 새시가 일체 끼워져 있지 않은데, 이때 유리는 새시의 지지를 받지 않고, 그 자체가 구조적인 역할을 하도록 만들었기 때문이다. 물론 기둥과 보라는 지지하는/지지되는 것의 관계를 나타내는 틀은 남아 있으므로 건축의 영속성이 완전히 배제된 것은 아니지만, 유리라는 소재 안에 지지하는/지지되는 것의 관계가 나타나 있다. 물질적인 것에 대한 비물질적인 것의 치환, 영속적인 것에 대한 일시적인 것의 치환, 지지하는 것에 대한 지지되는 것의 치환 등 1차적인 것에 대한 2차적인 것의 치환은 결국 구축의 본질을 전도하려는 데 그 목적이 있다.

토머스 대니엘Thomas Daniell은 현대건축에서 보는 미니멀리즘에는 노골적인 미니멀리즘과 덧없는 미니멀리즘이 있다고 구분하고, 전자에는 루이스 칸이나 안도 다다오安藤忠雄 같은 건축가를, 후자에는 OMA나 이토 도요와 같은 건축가를 배열했다. 전자는 구조가 결구적이고 물질적인 실체에 큰 관심을 기울이지만, 후자는 물질적 구축에는 관심이 없고 추상적인 건축으로 지각상의 효과에 더 큰 관심을 보인다는 것이다. 너무 간단한 구분처럼 보이지만, 같은 현대건축의 미니멀리즘 안에서도 '물질 대 비물질' '결구적 대 비결구적'인 차이가 있고, 이것은 '구축 대 비구축'의 차이로 나타난다는 것을 알 수 있다.

대니엘은 이렇게 요약한다. "노골적인 미니멀리즘이 귀에서 귀고리를 떼어낸 것이라면, 덧없는 미니멀리즘은 입술연지에서 볼을 없애버린 것이다."[54] '귀와 귀고리'는 장식을 떼어낸 구조이고, '볼과 입술연지'는 구조를 뒤로 하고 장식을 전면에 내세우는 것인데, 이 장식은 단순한 볼륨의 유리에 프린트를 한다든지, 극단적으로 평탄하게 만들어 모든 분절을 지우는 것을 말한다. 진정한 의미의 구축은 약해진 듯이 보인다.

구축 방식

결구적, 절석법적
건축의 네 가지 요소

구축에는 어떤 구체적인 방식이 있을까? 건축을 '구축'의 관점에서 생각하는 경우, 논의는 언제나 19세기의 건축가 고트프리트 젬퍼의 이론에서 시작한다. 젬퍼는 『건축의 네 가지 요소』[55]에서 만들어진 형태는 두 가지의 물질적인 과정에서 얻어진다고 보았는데, 이 생각은 이후에 나타난 건축의 방향에 결정적인 영향을 미쳤다. 이것은 게오르그 빌헬름 프리드리히 헤겔George Wilhelm Friedrich Hegel이 이념, 정신의 관점에서 물질에 구속되어 있는 건축을 저급한 예술이라고 본 것과는 정반대로, 건축가로서 오히려 물질을 주축으로 예술의 실천적 미학을 다시 논했다는 점에서 아주 중요하다.

젬퍼는 『공업적, 구축적 예술의 양식 또는 실용의 미학에서의 양식론Der Stil in den technischen und tektonischen Künsten oder Praktische Ästhetik』[56]에서 물질이야말로 인간이 만들어낸 사물의 공통적인 출발점이라고 보았다. 재료가 없으니 만들 수 없고, 어디에 써야

하는지 모르니 재료가 가공될 수 없으며, 쓸 데가 있기는 해도 막상 만들 기술이 없으니 아무것도 만들 수 없다. 그래서 그는 원재료, 목적, 기술 세 가지가 있어야 비로소 최종적인 형태가 만들어진다고 보았다. 그는 먼저 재료를 역사적 관점에서 직물, 도기, 목공, 석공, 금속 세공 등 다섯 가지로 분류했다.

젬퍼는 1851년 만국박람회에 전시된 카리브의 오두막집이 네 개의 구축적 요소로 이루어져 있음을 알게 되었다. 네 가지 요소란 화롯가, 에워쌈, 지붕, 기단이다. 이 네 가지 요소는 모두 형태상의 분류가 아니라 도자기, 벽돌, 목조, 직물이라는 인간이 생산하는 네 가지 방식으로서 실제 예술을 통해 경험되는 것이었다. 화로는 도자기와 금속 가공, 지붕은 목공의 결구, 토루나 기초는 조적, 표면이나 벽은 직물에 해당한다. 이것을 예술로 구분하면 각각 화롯가는 도기술陶器術, 에워쌈은 편조술編組術, 지붕은 결구술結構術, 기단은 석공술石工術이 된다.[57] 도기술은 조소적이고 입체적인 모든 것, 편조술은 면적으로 구성된 모든 것, 결구술은 공간적인 구성 요소가 되는 모든 것, 석공술은 양적인 체적을 갖는 모든 것이다.

이것은 당시 유럽 건축에 대한 비판이었으며, 20세기의 건축을 예견한 대단한 것이었다. 그가 생각한 건축은 구조를 추상적으로 파악한 로지에의 '원시적 오두막집The Primitive Hut'과는 달랐다. 로지에의 원시적 오두막집에서는 한 여자가 건축과 거리를 유지하며 기둥의 단편에 앉아 손으로 자연 안에 놓인 한 구조물을 가리키고 있다. 이 거리 두기는 오두막이라는 건물building을 구조의 추상적 관계와 인간의 이성으로 재현한 건축architecture이라는 뜻이었다.

젬퍼는 '불'을 그 주위로 모이는 종교적 사회적 모임과 같은 것이며, 구별된 장소를 보호하고 분절하는 수단으로 보았다. 그는 "화로는 인간 문화에서 가장 오래되고 가장 높은 상징으로, 건축의 혼이라고 불리는 건축이 발상하게 만든 요소다."라고 말했다. 왜 그런가? 화로를 둘러싸고 최초의 가족이나 종족이 시작되고 가장 오래된 사회적인 질서나 종교적인 의식이 시작되었기 때문이다. 불꽃이 올라오는 화롯가는 신성의 상징이고, 어떤 의미에서는 기념성을 표현해준 것이었다.

이렇게 그가 화로를 가장 먼저 말한 것은 구축이 인간 사회의 중심을 둘러싸는 것으로 보았기 때문이다. 지붕은 화로를 보호하기 위함이며 지붕은 다른 결구로 고정되었다. 에워쌈도 나뭇가지나 잎을 늘어놓거나 짠 것에서 시작한다. 옷감이 발명되고 결구와 결합하면서 공간을 칸막이하는 벽이나 지붕에 이용되었다.

결구와 절석법

젬퍼는 오랫동안 건축을 규정한 마르쿠스 비트루비우스 폴리오Marcus Vitruvius Pollio의 '용用 강強 미美'라는 세 가지 원칙에서 벗어나 두 개의 새로운 틀로 건축을 다시 분류했다. 하나는 길이가 여러 가지인 부재를 결합하여 공간을 둘러싸는 틀에 의한 결구tectonics, 結構다. 나무나 대나무, 윗가지로 지은 집 또는 바구니 세공 같은 것이 여기에 해당한다. 돌을 잘라 목조처럼 사용하는 경우도 결구다. 다른 하나는 일정한 크기의 덩어리를 쌓아 공간을 둘러싸는 압축 매스에 의한 절석법stereotomics이다. '스테레오토믹스stereotomics'란 고체를 뜻하는 '스테레오stereo'와 자른다는 '토미아-tomia'가 합쳐진 말이다. 벽돌이나 돌 또는 철근 콘크리트가 가장 일반적인 재료로 쓰인다. 건축사가 칼 그루버Karl Gruber 또한 중세 도시는 절석법적인 구축법으로 만들어진 성채와 결구적인 구축법으로 만들어진 주택으로 이루어져 있다고 설명했다.

「건축과 공간」4권 2장 '벽의 공간, 기둥의 공간'에서도 말했듯이 가벼운 골조는 하늘을 나타내며 매스를 비물질화하는 것인데 반해 육중한 형태는 땅속 깊이 뿌리를 내린 것이다. 앞의 것이 비물질성과 빛과 하늘 아래의 이미지를 나타낸다면, 뒤의 것은 물질성과 어둠과 땅 위의 이미지를 나타낸다. 또한 결구적 방식을 따르는 요소는 분절된 것이지만, 절석적 방식을 따르는 요소는 기본적으로 연속적인 것이다. 앞에서 '받치는 모티프'와 '에워싸는 모티프'

는 각각 이에 해당한다.

　그렇지만 이 두 가지 성질이 꼭 따로 나타나는 것은 아니다. 고대 그리스 건축은 본래 조적구조였지만, 육중한 돌을 쌓아올리면서 선재線材인 기둥을 만들었다. 고딕 건축에서는 요소가 제각기 분절되어 있지만, 클러스터드 피어clustered pier, 주두, 볼트의 리브로 이어지면서 공간 전체는 요소의 개별성을 넘어 하나로 연속하고 있다. 이에 대하여 바로크 교회는 벽기둥과 원기둥, 니치niche 등이 하나로 연속해 있고 돔과 볼트도 그렇지만, 전체적으로는 땅에 속한 벽과 하늘에 속한 천장으로 나뉘어 있다.

　그리스 신전으로 대표되듯이 결구적으로 구축되는 경우에도 주두는 기둥으로 분절되고, 또 다시 엔터블레이처로 분절되어 독립적이다. 그러나 그리스 신전도 형식적으로는 결구적이라도, 기둥과 엔터블레이처를 이루는 요소는 절석법적이다. 불국사의 석축 기단 형태도 마찬가지다. 기둥과 보에 주목하면 그 위에 놓인 목조 회랑의 결구 방식을 따른 것이지만, 기둥과 보 사이를 메우는 돌은 절석법적 구축의 방식을 따랐다.

　이것은 한 건축가의 작품 안에서도 나타난다. 코르뷔지에는 초기에 필로티나 창과 기둥으로만 이루어진 결구적 방식을 따랐으나, 후기에는 브리즈솔레이유brise-soleil라는 차광벽遮光壁을 주요 요소로 사용했다. 이 요소는 단순히 햇빛을 막기 위해 기술적으로 고안된 것이 아니었다. 벽이라면 절석법적인 것인데, 이것은 이 두 가지를 합친 것이었다. 건축가 앨런 코쿤Allan Colquhoun의 말을 빌리면 "두꺼우면서도 침투할 수 있는 벽"[58]이다. 브리즈솔레이유는 벽의 절석법적 두께와 기둥의 결구적 개방이 공존하고 있어서 벽이면서 동시에 기둥이다.

　요르단 페트라에 있는 '파라오의 보고Khazneh el Faroun'는 암석을 깎고 잘라내어 결구적으로 구축한 고전의 신전 형태를 만들어냈다. 절석법을 따랐는데도 결과적으로는 결구로 만든 형상을 얻었다. 터키 카파도키아Cappadocia에 있는 괴렘Görem 주거군도 이런 방식을 따랐다. 스카르파가 설계한 브리온 가족 묘지의 경당 천장˙은 콘크리트라는 절석법적 재료를 사용하면서도 목재를 연속적으로 이어댄 것처럼 만들었는데, 원리적으로는 '파라오의 보고'처럼 결구로 만든 형상을 하고 있다. 그렇게 경당을 둘러싸고 있는 견고한 노출 콘크리트 벽은 땅에 속한 무거운 것으로, 결구적으로 표현된 천장은 하늘에 속한 가벼운 것으로 대비를 이룬다. 이러한 벽과 천장의 대비는 브리온 가족 묘지 전체의 외벽에 되풀이되면서 콘크리트 벽의 깊이를 다양하게 조절하고 있다.

스티븐 팩Stephen Pack의 작품 〈촉각의 어두운 틈Dark Interestice of Touch〉[59]˙을 참조하여 구축의 여러 모습을 생각하면 다음과 같다. 먼저 두 번째 것은 어떤 볼륨을 선재로 표현한 것이다. 파르테논 신전과 같이 기둥을 중심으로 한 결구 방식을 나타낸다. 세 번째 것은 프레임으로 결구된 가벼운 구축과 무게, 두께를 가진 절석법적 구축이 공존하는 방식이라고 할 수 있다. 스카르파의 브리온 가족 묘지에 두 가지 구축 방식이 함께 있는 것도 이와 같다.˙

팩의 작품에서 첫 번째 것은 겉으로 보기에는 덩어리를 짜맞춘 육중한 매스mass를 연상시키는데, 이것에 손을 넣고 석고를 부은 다음 손을 빼낸 건축으로는 어떤 것이 있을까? 그것은 칸의 방글라데시 다카Dhaka 국회의사당Jatiyo Sangshad Bhaban에서와 같이 기둥의 결구적 성격과 벽의 절석법적인 성격이 합쳐진 '속이 빈 기둥hollow column'과 같은 것이 될 것이다. 이것은 "기둥이 속이 빈 채로 자꾸 커져서 그 벽 자체가 빛을 준다고 생각하자. …… 이렇게 하면 그것은 앞에서 '빛을 주는 것'이라고 말한 물체인 기둥과 비슷해진다."[60]라는 칸의 생각과도 일치한다.

편조와 피복
짜는 것, 덮는 것

젬퍼는 선적인 것을 짜서 만드는 것이 가장 오래된 기술이라고 보았다. 짜서 만드는 것에는 나란히 놓은 것과 잇는 것이 있다. 그래서 끈과 띠도 만들고 직물과 편물도 만들며 망도 만든다. 이렇게 띠 모양으로 편물을 짜는 것을 편조weaving, 編組라고 한다. 나뭇가지로 짜고 가죽으로 짜서 생활의 목적에 맞게 사용하는데, 다른 예술도 이것으로 성립했다.

　　장식 문양이라고 하면 아름답게 치장하는 정도로 여기지만, 자연의 소재를 짜면 그것에서 질서가 생기고 그 질서에서 미의식이 나타난다. 장식은 짜는 것, 곧 편조의 매듭이나 봉합 등의 가공 기술과 직접 관계가 있다. 편조란 직물처럼 짜는 것이다. 이 원시적인 기술은 의복, 벽, 지붕 등 이것과 저것을 격리하고 공간을 한정하는 데 소박하게 이용되었다. 이것에서 맨다, 덮는다가 표현되고 테두리, 띠, 면이라는 관념이 생겼다.

　　자연의 재료가 직물처럼 짜여 칸막이가 되면 마치 옷처럼 덮는 역할을 한다. 젬퍼는 이렇게 사물의 표면을 덮어씌우는 것을 피복이라고 했다. 피복은 면으로 감싸는 것이지만 마감, 장식, 디테일만이 아니라 재료와 구조와도 관련이 있다. 피복이 인간 생활에 가장 밀접하게 관련되는 것은 옷이다. 그러나 젬퍼는 원시인은 옷을 입기 전에 동물의 털을 잇고 짜서 잠자리를 만들었으므로 신체를 피복하는 옷은 잠자리나 공간을 둘러싼 다음에 발견된 것이라고 보았다. 건축의 피복은 옷을 본뜬 것이 아니라 그 이전에 건축의 기본인 바닥을 깐 것에서 시작했다는 것이다. 인간은 거친 편조 기술로 땅의 습기를 막고, 신성한 화로를 에워싸며, 바깥 세계로부터 격리함으로써 자리를 정하고 살 수 있었다.

　　이런 바닥처럼 작은 나뭇가지로 담장을 만들어 에워싸면 격리라는 관념이 생긴다. 벽은 이렇게 에워싸는 것이고 공간을 나누기 위해 필요했다. 젬퍼는 처음에는 천과 같은 것이 골조에서 떨어져 공간을 나누었다고 보았다. 벽은 본래 구조와 직접 관계없이 공간을 한정해주는 것이었으므로, 골조는 벽과 분리된 것이며 벽에 종속되어 있었다. 벽은 돌이나 벽돌로 만들지만 이것은 내구성이나 안전을 위한 것이며, 에워싸는 피복에 비해 2차적인 것이다. 젬퍼는 이렇게 말한다. "걸어둔 카펫은 진정한 벽, 공간에 대한 눈에 보이는 경계로 남았다. 카펫 '뒤에' 있는 단단한 벽은 공간을 만드는 것과는 무관하다. 왜냐하면 그 벽은 보호를 위한 것이고, 하중을 받기 위한 것이며, 영구하게 만들기 위한 것이기 때문이다."
그래서 벽의 구축 방식으로, 직물의 매듭이 장식을 만들어내듯이
벽을 짜게 된다. 벽을 이렇게 만들면 재료의 이음매가 장식이 되
고 이것이 장식의 시작이 된다.

　　이와 같은 젬퍼의 생각은 유목민의 텐트를 염두에 둔 것이지
만, 콩고 바쿠바Bakuba의 추장집은 짜인 벽이 바깥쪽에 있고, 그것
을 거는 구조는 안쪽에 있다. 젬퍼의 이론에 직접적인 토대가 되었
던 카리브의 오두막집도 구조는 안에 있고 짜인 벽은 바깥에 있어
서 기둥과 보가 에워싸는 벽과 지붕을 받치고 있다. 그래서 그랬
을까? 라이트는 자신을 직공織工, weaver이라고 불렀다. 마찬가지로
우리나라 주택에서도 목조 기둥 사이를 메운 벽 속을 보면 나뭇가
지가 피륙처럼 짜여 있다.

구조 형태와 표현 형태

피복은 구조이면서 밖으로 형태를 표현한다. 연필은 나무와 심이
한 덩어리여서 가장 바깥쪽에 코팅된 색깔이 형태를 표현하지만,
수성 볼펜은 잉크 튜브와 펜의 몸체가 분리되어 디자인이 다양해
졌다. 이것은 코르뷔지에가 '자유로운 입면'을 만들기 위해 기둥은
안쪽에 배열하고, 바깥쪽으로 캔틸레버 부분만큼 여유를 둔 것과
구축적으로는 같은 방식이다.

　　이렇게 보면 일반적으로 전혀 무관해 보이는 구조와 장식도
서로 연관되어 있으며, '결구'의 개념에서 비롯한다. 그러나 구조와
장식의 관계를 이해하는 것은 그리 어려운 일이 아니다. 젬퍼는
이집트 기둥과 아시리아 기둥을 비교하며 '핵심 형태Kernform, core-
form'와 '예술 형태Kunstform, art-form'가 제각기 어떻게 결구되어 있는
지 설명했다. 이집트 기둥에서는 위아래가 각각 구조적 안정을 유
지하는 '핵심 형태'와 로터스 꽃의 주두라는 '예술 형태'로 명확하
게 분리되어 있다. 그러나 아시리아 기둥은 본래 나무 뼈대를 금
속으로 감쌌는데, 시간이 지남에 따라 감싸는 부분이 기둥을 지
지하는 역할을 대신했다. 점차 안에 있는 나무 기둥은 사라져버리

고 피복하는 표면이 '핵심 형태'와 '예술 형태'를 결합하게 되었다. 그리스 기둥은 이와 같은 이집트 방식과 아시리아 방식을 결합한 것이다. 예를 들어 이오니아식 기둥은 위아래가 이집트 방식으로 구분되지만, 주두의 관渦 모양이나 플루팅fluting은 아시리아의 관 디자인을 따른 것이다. 한편 이스파한Isfahan에 있는 셰이크 로트 폴라 모스크Mosque of Sheik Lotfollah의 입면 장식은 피복하는 표면만 남은 경우다.

독일 고고학자 카를 뵈티허Karl Bötticher에 의하면 하나의 형태에는 뼈대를 이루는 '핵심 형태'와 그것을 장식적으로 피복하는 '예술 형태'가 따로 존재한다. '핵심 형태'란 기둥의 지지하는 기능과 같은 것이고, '예술 형태'는 이 지지하는 기능이 어떻게 드러나는가 하는 표현 형태와 관련된 것이다. 젬퍼는 뵈티허의 의견을 따라, 앞의 것은 '구조적-기술적structural-technical'이라 하였고, 뒤의 것을 '구조적-상징적structural-symbolic'이라고 바꾸어 불렀다.

11세기에 지어진 비잔틴 수도원인 오시오스 루카스 수도원 Monastery of Hósios Loukas•의 벽면은 초석과 창과 지붕이라는 구조적인 요소로 분절되어 있고, 벽체와 아치, 벽체의 켜마다 재료를 혼용하거나 구축의 방식을 달리하고 있다. 벽돌과 돌이 쌓인 것이지만 그 표현은 천을 누빈 바느질과 같다. 그럼에도 이는 구축을 가리는 것이 아니라 오히려 벽체 전체와 초석, 창의 기둥과 창대의 관계가 분명하고, 벽체에서 올라간 아치와 기둥에서 올라간 아치는 제각기 받치고 받쳐지는 힘의 관계를 분명히 해주고 있다. '핵심 형태'와 '예술 형태'가 동등하게 나타나 있는 것이다. 카를로 스카르파가 설계한 카스텔베키오 미술관Museo Civico di Castelvecchio의 연결부도 이와 마찬가지다. 볼트라는 '핵심 형태'는 좌우의 벽이라는 '예술 형태'로 가려지기는커녕, 오히려 서로를 독립시키고 분절해주면서 옛것과 오늘의 것이 서로 강조되어 있다.

구축은 가리는 것

건축의 본질은 구축이며, 구축된 모습을 동시에 드러내지만 피복으로 가리기도 한다. 이런 관점에서 건축에서 구축이란 사람이 옷을 두르는 것과 같다. 실제로 마크 위글리Mark Wigley 같은 많은 건축이론가는 구축의 문제를 의복으로 바꾸어 생각했다. 그는 젬퍼의 생각을 확대하여 건축의 기원은 위장이며, 직물은 구조를 드러내는 것이 아니라 그것을 덮어 감추는 일종의 가면이고, 건축의 본질은 구축이 아니라 구축을 가리는 것이라고 주장한다.[61] 이렇게 해서 구조를 시각적으로 드러내던 근대건축의 교의를 부정하고, 현대건축의 이론적 배경을 비물질화에서 찾고자 했다.

멕시코 우스말Uxmal에 있는 지배자 관저에서 비의 신神 차크Chac의 마스크를 나타내는 모퉁이는 위글리와는 다른 관점을 보여준다. 곧 힘을 받고 있는 구조의 단위가 요철을 이루며 직물과 같은 효과를 내고는 있다. 이것은 구축의 단위를 드러내지 않고 '직물'이 구조를 가리는 가면이 되어 있다. 만자형卍字形의 문양은 이웃하는 구조 요소로 이어지는 또 하나의 구조 요소이면서 구조를 가리고 있다. 건축의 본질이 구축이지만 구축은 그 자신을 가리기도 한다.

헤르초크와 드 뫼롱이 설계한 '스톤 하우스Stone House'에서는 콘크리트로 만든 프레임과 슬래브를 제외하고는 거의 대부분 돌로 마감되어 있다. 프레임의 네 귀퉁이가 돌로 숨겨져 있어 보이지 않는다. 받쳐주는 구조체와 받쳐지는 벽면 마감재는 각각 지지支持와 피지지被支持의 관계를 나타낸다. 돌은 무겁다는 느낌을 주기 때문에 이런 방식에서 돌벽은 가볍게 느껴지고, 다른 한편으로는 벽과 벽 사이에 콘크리트 프레임이 끼워진 듯 보이기도 한다. 말하자면 프레임을 중심으로 보는가, 아니면 돌벽을 중심으로 보는가에 따라 어느 쪽이 가볍고 무거운가, 또는 어느 것이 지지하는 것이며 지지되는 것인가 하는 관계가 뒤바뀐다.

스웨덴 건축가 시귀르드 레버런츠Sigurd Lewerentz가 설계한 클리판Klippan에 있는 성 베드로 교회Church of St Peter는 그가 77세에

의뢰를 받아 처음부터 벽돌을 자르지 않고 쓰기로 마음먹고 설계하여 지은 것이다. 그리고 그다음 3년은 벽돌 한 장 한 장이 쌓이는 것을 계속 지켜보았다. 벽돌은 벽, 바닥, 천장 그리고 가구에까지 쓰였다. 벽돌은 절석법적인 재료이지만 이런 벽돌을 직물로 수를 놓듯이 나뭇조각을 잇대어 짜가듯이 독특한 줄눈을 쌓아갔다. 벽돌을 한 장도 자르지 않고 썼다는 것이 벽돌의 절석법적인 성질을 극단화하는 것이라면, 이와 동시에 흔치 않은 널찍한 수직 줄눈은 절석법적인 벽돌의 중력을 흩어버리고 건물을 피복하고 있다는 느낌을 주기 위함이었다.

거친 벽돌 면은 구축 과정과 그것에 내재한 불규칙성을 강조한다. 벽돌로 만들어진 완벽한 개구부는 틀이 없는데, 이것은 틀도 없는 창의 반사면과 아주 큰 대조를 이룬다. 어디까지가 설계이고 어디까지가 시공인가가 구별되지 않았는데, 이것은 건축에서 구축 행위가 설계에서 시작하여 실제로 지어질 때까지 계속되는 것이며, 디테일이 얼마나 중요한 것인지를 훌륭하게 가르쳐준다. 세상에 벽돌로 지은 건물은 수없이 많지만 이것으로 이 건물은 세상에 하나밖에 없는 벽돌 건물이 되었다.

결구, 텍토닉
테크네

의자를 만드는 일은 그림을 그리는 것과 다르다. 그렇지만 가구와 조각을 만드는 것에는 장인의 숙련된 솜씨라는 비슷한 과정이 있다. '테크네techne'라는 말은 본래 목조의 공작을 뜻하는데, 나무로 만든 침대나 가옥 그리고 신전을 제작하는 것이 포함되었다. 이것은 기술 중에서도 첫 번째의 기술이며 원초의 기술이었다. 테크네를 알고 있는 사람, 곧 사물을 어떻게 만들어야 할지를 알고 있는 사람을 테크니테스technites라고 했다.

테크네는 오늘날 우리가 말하는 기술이 아니다. 그것은 사리에 맞는 지성이 실제에 적용되어 사전에 결정된 목적을 얻기 위해 일정한 기술로 제작하는 활동을 폭넓게 가리켰다. 곧 사람이 무엇인가를 만들어내는 활동 전부를 테크네라고 불렀다. 테크네에는 솜씨뿐 아니라 기술과 함께 이것을 만들어내는 정통한 지식도 포함된다. 정해진 매뉴얼대로 만들어지는 것을 두고 테크네라고 하지 않는다. 같은 재료와 같은 구조로 만든 의자라 하더라도 만드는 사람의 솜씨에 따라 전혀 다른 의자를 만들 수 있다. 이 때문에 그리스 사람들은 예술과 수공예에 테크네라는 말을 사용했고, 예술과 기술을 구별하지 않고 합쳐서 사물 일반을 만드는 제작製作으로 여겼다.

물론 우리가 현재 예술 영역에 포함시키고 있는 활동들도 고대에 존재했다. 그림을 그리고 재료를 깎아 무언가를 새기거나 빚는 활동이 있었고, 춤을 추거나 노래를 부르고 악기를 만들어 음악 활동을 하는 사람들이 있었다. 언어로 글을 쓰고 극본에 따라 무대에서 연기하는 것도 고대부터 있었던 활동이다. 그러나 그들은 지금처럼 그 활동을 예술이란 개념으로 생각하지 않았다. 당시에는 예술이란 말도 없었으며, 무엇이 예술이라는 활동에 들어가는지 구분하지도 않았다.

고대 그리스의 도리아 신전은 기둥과 보에 의한 구조 시스템이지만, 돌을 자르고 이어서 복잡한 형태를 만들어낸다는 것은 건설의 관점에서 결코 훌륭한 해결이 아니었다. 그러나 도리아 신전의 기둥과 엔터블레이처에 구사된 힘과 하중, 그리고 지지체의 작용을 '눈에 보이는 것으로' 만든 '결구'의 관점에서는 오늘날에도 동감을 불러일으킬 만한 건축의 본질이 있다. 고딕 건축에서도 피어에서 리브 볼트로 이어지는 구조 시스템과 돌에 의한 건설, 그리고 정신성을 불러일으키는 위를 향한 힘의 전개라는 결구가 명확히 구분되어 있다.

페르시아의 모스크인 이스파한의 마스지드이자미Masjid-i-Jami를 보면 아치와 볼트가 사용되어 있다는 점에서는 고딕과 같다. 그러나 결구적인 관점에서 보면 이 건물은 고딕과 매우 다르다. 그것은 결구가 아치 형태만이 아니라, 아치를 짜고 있는 세라믹 표면 그리고 아치의 밑면에 매달려 있는 듯이 보이는 볼트에 의

존하고 있기 때문이다.

건축가 리처드 벅민스터 풀러Richard Buckminster Fuller의 지오데식 돔geodesic dome은 어떻게 보아야 할까? 지오데식 돔은 텐세그리티tensegrity 구조의 발견으로 뉴욕 맨해튼을 덮는 돔이나 클라우드 나인Cloud Nine이라는 몇천 명의 주민을 태우고 공중을 부유하는 직경 2.4킬로미터의 구체도시球體都市라는 거대한 프로젝트를 보여주었다. 텐세그리티란 인장재가 연속이고 압축재가 불연속인 구조 시스템이다. 1967년 몬트리올 만국박람회 미국관은 강철로 된 별 모양의 텐세그리티로 바깥쪽은 삼각형의 유니트, 안쪽은 육각형의 유니트로 되어 있다. 이처럼 지오데식 돔의 구조 형식은 통상적으로 건물 중량의 3퍼센트 이내로 동등한 구조적, 기능적 능력을 가지고 있었다.

풀러의 지오데식 돔은 일반적인 돔과 구조 시스템이 전혀 다르다. 이것은 가벼운 부재로 엮인 결구로써 힘의 작용에 대응하면서 부분이 배열된 것이다. 그런 돔이 미적인 판단을 넘어 현대의 주택과 도시를 위한 새로운 해결 방식으로 등장했다는 것은 결구가 단지 건축가 개인의 표현을 위한 구축에 머물지 않음을 말해주고 있다.

구조, 건설, 결구

어떤 건물의 안정성은 사용되는 물질과 구조 시스템에 달려 있다. 거친 조적벽은 두꺼워야 하고, 벽이 받치는 지붕은 보에 얹히면서 그 힘이 벽을 통해 지면으로 내려간다. 구축은 그 자신의 법칙을 따라 어떤 물질을 건축적 대상으로 바꾸는 것이다. 그런데 구축은 구조構造, structure, 건설建設, construction, 결구結構, tectonics라는 세 가지 단계가 통합된다. 이때 '컨스트럭션construction'이 '구축'으로 번역되기도 하고 '건설'로도 번역되어 혼동을 일으킨다. 또한 구조, 건설, 결구가 서로 연관되어 있어서 서로 확실히 구별되지 않은 채 사용되고 있다.

여기에서 건축사가 에두아르트 제클러Eduard Sekler의 설명에 따라 이들의 차이를 살펴본다. 먼저 '사회의 건설'과 '사회의 구조'라는 말의 차이에서 알 수 있듯이 건설이란 짓는 행위의 결과다. 그리고 구조는 전체를 이루는 부분을 정연하게 배열하는 시스템이다. 따라서 건설은 여러 재료를 선택하고 통제하여 어떤 시스템을 구체적으로 실현하는 것이고 어떤 재료와 과정을 사용할 것인가에 주목하는 것이다. 이에 비해 구조는 기둥과 보, 아치, 볼트처럼 건물 안에서 작용하는 힘에 대응하는 방식에 주목한다.

결구는 무언가 새로운 것을 눈에 보이는 것으로 만드는 인간의 행위를 뜻하는 어원에서 나왔다. 건축의 '아키텍처architecture'와 기술의 '테크놀로지technology'에서 보듯이, '텍토닉스tectonics'는 '텍톤téktōn'이라 불린 목수의 기술을 말한다. 뵈티허와 젬퍼도 결구를 기술적이며 구축적인 필요성에서 나온 건축 형태의 표현으로 설명했다. 이 세 가지 개념은 다음 같은 제클러의 설명에 정확하게 나타나 있다. "구조라는 눈에 보이지 않는 개념은 건설을 통해 실현되고, 결구를 통해 가시적으로 표현된다."[62] 이처럼 '결구'는 구조 개념이 구축을 통해 완성되고, 부분이 힘의 작용에 대응하여 뚜렷하게 배열될 때 미적인 판단을 포함하여 형태적 성질이 나타나는 건축의 구축적 방법을 말한다.

스카르파의 결구

카를로 스카르파가 설계한 베네치아의 퀘리니 스탐팔리아 재단 Querini Stampalia Foundation의 다리는 결구의 의미를 더욱 분명히 해준다. 앞에서 건설, 구조, 결구를 구분했듯이, '건설'은 적절한 재료로 이 다리를 만들어놓는 것이다. 이때 이 다리의 '구조'는 아치 구조다. 그러나 적절한 재료를 사용하여 아치 구조를 사용한 다리는 이 다리 말고도 얼마든지 있을 수 있다.

그렇다면 이 다리를 그 밖의 다른 모든 다리와 구별되게 하는 것은 무엇일까? 그것은 이 다리에서만 사용한 재료의 독특한 결합이다. 둥근 철봉 위에 목재 환봉이 얹혀 있고, 바닥이 단에서 곡면으로 바뀌는 곳에서는 목재 이음매에 철판을 보강했다. 어디까지가 구조적으로 반드시 있어야 하며, 어디까지가 장식, 곧 잉여 부분일까? 철봉에 비하면 목재 난간은 장식이며, 목재 난간에 대해서는 이음매를 보강한 철물이 장식이다. 이 철봉이 붙은 난간동자를 보아도 아치 위에 얹은 두 장의 철판이 장식인지, 아니면 철판 사이에 끼어 있는 부분이나 리벳rivet이 장식인지 구별되지 않는다. 모든 부재가 구조에 참여하고, 또 모든 부재가 장식이 되기도 한다. 그러나 하나하나의 디테일은 부재를 연결하는 구조에 통합되어 있고, 장식은 구축적 질서와 통합되어 있다.

　　이런 재료를 이렇게 결합하여 표현한 것은 이 다리뿐이다. 이러한 관찰은 계단을 받치는 ㄹ자형 철판, 나무판, 고정 핀 등으로 계속 이어진다. 재료가 선택되었고, 그 재료에 맞는 접합부가 생겨났다. 바로 옆에 있는 다른 다리는 구조적으로는 아치이고 다리에 계단도 있다는 점에서 이 다리와 같다. 그러나 이 두 다리는 전혀 다른 형태와 감각을 보여준다. 재단 건물의 다리는 매우 가볍기 때문에 바로 옆쪽의 다리 아래를 통과하는 곤돌라의 감각과 완연히 다르다. 결구가 최종적으로 무엇을 하는가는 디테일이 만들어내는 전체 형태의 차이에 있다. 이와 같은 결구의 관점에서 주변 건축물을 관찰해보라.

결구는 축조가 아니다

젬퍼는 가늘고 긴 막대 모양으로 강한 탄성을 가진 재료가 조합되는 '텍토닉結構'을 세 번째 분류로 들었다. 여기에는 목재나 금속 또는 목재처럼 사용된 석재가 속한다. 결구란 일정한 형태로 얼개를 만드는 것 또는 그렇게 만든 물건이라는 뜻이다. 우리나라 전통건축 기술 중에서 부재들을 조립하는 이음과 맞춤 등을 결구법이라고 한다. 따라서 '텍토닉'은 결구로 번역하는 것이 타당하다.

　　'텍토닉'을 구축이라고 번역하는 것은 잘못이다. 나는 이것과 구별하고자 '텍토닉'을 축조築造라고 번역한 적이 있다. 그런데 건조물建造物은 지어 세운 가옥, 창고, 건물 따위를 통틀어 이르는 말로, 사람이 살거나 주생활에 크게 이용하는 주거용을 주로 이른다. 축조는 쌓아서 만든다는 것이고, 건물이나 제방 등을 견고하게 만드는 경우에 사용되지만 그다지 일반적인 표현은 아니다. 그러나 축조물築造物은 쌓아서 만든 터널, 댐, 다리, 도로와 같은 구조물을 말하며 많이 쓰인다. 그래서 대체로 건조물은 건축적인 구축물이고, 축조물은 토목적인 구축물이다.

건축은 본질적으로 물성에 종속한다. 그렇기 때문에 건축은 땅에 구속된 존재다. 제들마이어는 "땅을 기반으로 인정하는 것이 구축적인 것이다."[63]라고 말한 바 있다. 이처럼 건축은 면, 볼륨, 평면과 같은 추상에 바탕을 둔 코르뷔지에식 논의가 아니라, 땅이라는 구체적 현실에서 시작한다. 건물은 순수예술이 아니다. 그것은 일상의 경험이 전개되는 사물事物이며 결코 창백한 기호記號가 아닌 것이다.

이탈리아 건축가 조르조 그라시Giorgio Grassi의 발렌시아 사군토Sagunto에 있는 로마원형극장 복원 계획은 건축의 구축과 지형 그리고 역사적 형태를 다시 생각하게 하는 좋은 예다. 그는 이 계획에서 부서진 좌석의 일부를 놓아두고 일부만을 새로 고쳤다. 외벽도 마찬가지다. 외벽은 그 이전에 있었던 재료 위에 새로운 재료를 약간 다른 방식으로 덧붙였다. 그 결과 이전의 좌석과 벽면은 새로운 재료에 대한 제2의 지형이 되었다. 구축이 "인간을 둘러싼 장소와 물질에 반응한다."라는 것은 이런 의미에서다. 구축은 땅과 역사와 무관하게 짓는 기술이 아니다. 그것은 장소와 유형과 결구의 결과다.

결구 문화

건축사가 케네스 프램프턴Kenneth Frampton은 『결구 문화 연구Studies in Tectonic Culture』에서 건축을 건축답게 만드는 구축, 구법, 구조의 방식을 다시 음미함으로써 건축의 본질적인 표현을 읽으려 했다. 그는 건축의 구축적이며 구조적인 양식을 다시 생각함으로써 근대 이후의 공간 우선주의를 조정하고자 했다. 근대건축은 기술을 앞세워 무한한 공간을 추구하였으나, 그 결과 장소를 소멸시켰고 유형의 관점을 소홀히 했다. 그러나 건축은 근대 이후의 기술 발전을 그대로 따라가야 할 필요충분한 이유를 가지고 있지 않다.

왜 그런가? 이것은 건물 기호이기 이전에 불가피하게 땅에 묶여 있는 사물이기 때문이다. 이렇게 생각하면 건축에 대한 몇 가지 중요한 조건이 나타난다. 먼저 건물은 땅에 묶여 있음으로써 '장소'에 기반을 둔다. 프램프턴의 비판적 지역주의도 텍토닉스의 개념에 바탕을 둔 것이다. '텍토닉스'는 지형이나 토착적인 소재, 구조 형식과 깊은 관계를 맺고 있으며, 근대건축 이래로 중시되어 온 '공간'을 우선으로 여기는 태도에 대한 반발, 특히 로버트 벤투리Robert Venturi의 "장식된 헛간decorated shed"에 대한 반발이었다.

건축의 '결구 문화tectonic culture'는 기술과 장소, 땅과 토속적 또는 지역적인 문제를 통합한다. 그는 '결구 문화'는 이미 프랭크 로이드 라이트, 오귀스트 페레, 미스 반 데어 로에, 루이스 칸, 카를로 스카르파, 예른 웃손Jørn Utzon의 건축에서 발견할 수 있으며, 결구라는 시점에서 구법과 재료의 특성이 건축 표현을 따로 마련했다고 설명한다. 그리고 결구의 디테일은 전통적인 유형으로 이어지고 있으며, 결구의 진보야말로 장래의 건축 발전에 크게 기여한다고 주장했다.

이렇게 볼 때 프램프턴의 '결구문화'는 시각적인 기호나 양식에서 비롯하는 파사드에 따른 표상이 아니라, 시적인 것의 구조에서 드러나는 현전現前이다. 건물은 땅에 묶여 있으므로 결구적이며 촉각적이고 일상적인 체험으로 나타난다. 또한 건물은 생활 세계에서 물려받은 일정한 형식의 유형을 전제하므로, 장소topos, 유형typos, 결구tectonic라는 세 가지의 수렴하는 힘으로 이루어진다고 보았다.[64] 한국 건축의 전통, 한국성의 발견을 이와 관련시킨다면 종래의 정신적이며 윤리적인 의미를 담아 전통과 한국성을 논하던 것에서 벗어나 한국 건축을 장소와 유형과 결구의 결합으로 폭넓게 논의할 수 있게 될 것이다.

이음매

구축 과정

구축은 결과인 동시에 '과정'이기도 하다. 터키 앙카라의 '게체콘두gecekondu'라는 무허가 주택, 즉 불법거주자 주택을 보면 이 개념이 분명해진다. '게체콘두'의 '게체gece'는 '밤에'라는 뜻이고 '콘두kondu'는 '자리 잡은'이라는 뜻이다. 그래서 게체콘두는 '하룻밤에 지어진 집'을 뜻한다. 이 아주 허름한 주택에는 나무와 돌, 진흙과 슬레이트 등 여기저기서 급한 대로 가지고 온 재료가 별도의 질서 없이 되는 대로 집합해 있다.

그러나 이 초라한 집을 잘 보면 구축의 연속적인 상태가 나타나 있음을 알 수 있다. 이 집은 구축의 결과이며 지어진 과정을 함께 나타낸다. 이 주택에는 재료가 서로 분리되지 않고 통합되어 있으며 구축된 형태에는 이를 만든 도구와 노동이 기록되어 있다.

'게체콘두'와 같이 모든 건물의 형태에는 제작의 과정이 새겨져 있다. 앞에서 본 멕시코 우스말에 있는 지배자 관저의 출입구는 삼각형의 마야 아치가 두드러지고 예각의 균열이 강조된다. 그러나 밑에서 위로 하나하나의 돌을 쌓고 돌을 맞대고 돌출시키며 결을 만들어가는 모습을 보면, 구축의 과정과 노동의 흔적이 나타나 있다. 이것도 역시 구축의 과정이 만들어낸 형태다.

그런데 정작 그 구축의 과정을 기록하는 것은 부재와 부재가 이어지는 이음매joint다. '게체콘두'와 같은 누추한 집이 하룻밤만에 지어졌음 알게 되는 것은 그 많은 재료가 구축되면서 남긴 어설픈 이음매 때문이다. 디테일이란 물질과 요소가 결합하는 것이며 반드시 이음매를 남긴다. 예를 들어 건축이론가 장 롱들레Jean Rondelet의 점잖은 정통의 벽 쌓기 방식 그림에서 보듯이 이음매는 형태가 만들어지는 과정을 기록한다. 건축은 그야말로 다양한 물질과 구축적 요소가 복합적으로 결합해서 만들어지므로 반드시 이음매가 생기게 되어 있다.

이음매는 재료의 결합을 넘어서 구축의 의지를 표현한다.

건축사가 빈센트 스컬리Vincent Scully가 루이스 칸이 설계한 예일 영국미술센터Yale Center for British Art 한가운데에 있는 원형계단 외벽의 이음매를 가리키면서, 신중하고 예리한 구축의 과정이 드러나 있다고 설명하는 비디오를 본 적이 있다. 그러나 그런 이음매는 건축물 어디에나 있다. 창에도 문에도 벽에도 무수히 있다. 이탈리아 오스티아Ostia의 한 유적의 벽면을 보면, 건축을 통해 구축한 구조물은 물질과 결구의 흔적을 남기고, 그 안에 인간의 생활과 역사를 드러낸다는 사실을 알 수 있다.

이음매의 역할
구축과 해석
이탈리아 건축가 마르코 프라스카리Marco Frascari는 「말하는 디테일The Tell-The-Tale Detail」[65]이라는 논문에서 건축의 디테일이 어떻게 의미를 전달하는가를 설명해주었다. 그는 먼저 이성의 기술techne of logos과 기술의 이성logos of techne이 있다고 말한다. 테크네는 기술 자체는 아니지만 한편에는 인간의 이성이 만들어낸 기술이 있고, 다른 한편에는 기술의 표현이나 기술이 의미하는 바가 있다는 뜻이다. 프라스카리는 이것은 각각 건축의 구축construction과 해석construing이라고 구분했다.

이러한 구별은 그대로 건축의 디테일에 해당한다. 디테일은 재료를 결합하는 기술적 과제로 알고 있지만 이는 이성의 기술, 곧 구축에 해당한다. 그리고 디테일은 더 큰 전체를 생각하게 하며 그것에 의미를 전달한다. 이것이 기술의 이성, 곧 해석이다. 앞에서 스컬리가 칸의 예일 영국미술센터의 계단실을 두고 말한 이음매의 작용은 해석에 관한 것이었다.

분절된 요소의 결합
결구는 건설을 넘어선다. 건설은 중력에 대응하지만, 결구는 기둥이나 보 그리고 지붕 등 건축 요소를 구체적인 조형으로 전달한다. 이때 의미를 전달하는 것은 부재와 부재가 만나 전체를 만들어가는 이음매다. 건축설계에서 형태 요소의 이음매는 분절을 어떻게 하는가와 관련된다. 요소가 분절되어 있음은 부분이 자율적이라는 뜻이다.

고전건축의 기둥머리에는 세 가지가 있다. 도리아식은 엔터블레이처를 받치는 단순한 모양의 판인 아바쿠스abacus가 엔터블레이처 돌이 접하는 부분보다 큰 경우가 많아 분절이 명확하다. 그러나 코린트식은 아칸서스 잎 모양을 하고 있어서 부분이 하나로 융합되어 있는 느낌을 강하게 준다. 이 두 개에 비하면 이오니아식은 중간이다. 이오니아식 오더의 기둥머리에서는 아바쿠스보다 훨씬 넓은 소용돌이 모양을 기둥과 엔터블레이처 사이에 두어, 소용돌이의 동적인 모양으로 직선의 엔터블레이처와 구별했다. 이 소용돌이를 위에 얹어야 수평 부재인 엔터블레이처를 기둥 폭 안으로 불러들인다.

고전건축의 정면은 대좌와 원기둥과 엔터블레이처로 분절되어 있다. 분절된 요소는 같은 계열에 속하는 다른 요소로 바뀔 수 있다. 고전건축은 요소의 분절로 구성된 최고의 건축이다. 그래서 그 요소에는 대좌, 원기둥, 주두, 페디먼트, 엔터블레이처 등 모두 이름이 붙어 있다. 이름이 있다는 것은 요소에 그것만의 고유한 역할이 있다는 뜻이다. 고전건축에서 대좌臺座, plinth는 건물과 땅이 만날 때 그 이음매에 놓인다. 대좌는 단순한 기하학적 형태인 건물과 불규칙한 땅이 만나는 곳에 생기는 이음매다. 이 대좌로 건물이 땅에 속하기도 함을 의미한다. 이와 마찬가지로 원기둥의 주두는 기둥과 엔터블레이처가 만나는 곳을 분절하는 요소이며, 따라서 주두는 기둥과 엔터블레이처의 이음매다.

헤릿 릿펠트가 만든 가구나 건축도 수직과 수평의 요소가 분절되어 있다. 고전건축처럼 요소가 있어야 할 자리가 정해진 것은 아니지만, 선과 면, 구조와 충진充塡 등 요소의 자율성이 보장되어 있다. 더 스테일De Stijl의 조형은 언제나 기하학적인 요소를 분절하고 이를 통합하여 이루어져 있다. 그런데 이 요소들이 서로 충돌하는 것도 없으며 혼돈을 주는 것도 없다. 다만 선과 면의 요소들은 서로 만나는 곳을 지나 조금씩 확장하여 완전히 결합되지 않았음을 강조하고 있다.

그러나 분절의 정도가 다를 수 있다. 각 부분의 분절 정도가 아주 명확하게 드러나는 것이 있는가 하면, 그 정도가 낮아져서 분절과는 전혀 반대인 유동적인 것, 연속적인 것이 있다. 같은 분절이라도 이음매가 분절되는 정도에 따라 부분과 전체의 결합 방식은 달라진다.

물질적 이음매와 형태적 이음매

건물은 수많은 요소로 이루어지는 아주 큰 물체다. 한 가지 재료로만 지어지지 못하고 수많은 재료가 모여야 하므로 건축은 어떤 부분이나 많은 요소가 서로 맞닿게 마련이다. 그래서 건축에서 부분과 전체의 문제는 결국 이음매로 귀결된다. 물질과 물질이 만나는 이음매는 구축되면서 무언가 모순이 일어나는 곳이다. 일반적으로 이음매가 생기는 부분은 디테일이 된다. 재료와 재료가 만나는 디테일이란 구축되는 재료의 모순을 해결하는 최소의 단위라고 할 수 있다. 디테일이라는 최소의 단위도 이음매지만, 공간적인 단위나 구성의 요소가 이어지는 곳, 몽타주, 치수, 꽉 찬 것 solid과 비어 있는 것void이 이어지는 것도 이음매다. 이런 이음매가 뚜렷하면 분절이 되고, 반대로 이음매가 사라지면 연속이 된다.

프라스카리는 건축의 이음매에는 물질이나 공간의 형태적 이음매와 실제적 이음매가 있으며, 그것에서 나오는 의미도 제각기 다르다고 지적했다. 기둥은 주초柱礎, 주신柱身, 기둥머리柱頭로 나뉘는데, 이런 부분이 이어지는 이음매가 '물질적 이음매material joints'다. 그런데 포치처럼 내부 공간과 외부 공간을 잇는 '형태적 이음매formal joints'도 있다.[66] '물질적 이음매'는 디테일이면서 구조를 표현하고, '형태적 이음매'는 건물의 사용을 표현한다. 따라서 이음매는 구조와 용도를 직접 표현한다.

분절을 아주 크게 강조하려면 부분과 부분 사이에 중단하는 요소를 삽입한다. 이때 포치처럼 내부와 외부 공간을 연결하는 것이 형태적 이음매라면, 주두와 샤프트가 연결되듯이 좁은 홈을 따라 나무판이 짜 맞추어 있는 모습은 실제적 이음매actual joint가 된다. 소크생물학연구소Salk Institute for Biological Studies에서 연구실과 실험실 사이의 브리지 공간이나, 연구실과 연구실 사이의 빈 공간이 형태적 이음매라면, 벽체를 이루는 이음매는 실제적 이음매다. 킴벨 미술관Kimbell Art Museum에서는 볼트와 볼트 사이의 공간이 형태적 이음매가 되고, 여러 재료가 결합하여 벽면에 생긴 이음매는 실제적 이음매가 된다. 카스텔베키오 미술관에 있는 중세의 칸그란데 기마상과 그것을 받치고 있는 구조체, 발코니, 다리, 그 밑에 있는 중정도 형태적 이음매다.

연필이 멈추는 곳

이미 지어진 어떤 건물의 벽면을 도면으로 그린다고 하자. 그러면 벽돌과 돌이 쌓이게 되는 위치와 크기에 선을 긋는다. 이렇게 선을 그리는 연필은 실제로는 이음매를 그리는 것이다. 이음매는 물질이 합쳐져서 생기는 접합이 아니다. 연필이 멈추는 곳은 건물이 구축되는 이음매며 이 이음매가 장식이 된다.

문체stilus와 철필stylus은 어원이 같다. 내가 이 건물을 이렇게 지어야겠다는 생각과 의지가 문체라면, 도면에 디테일을 그린 연필은 철필이 된다. 문체와 철필의 어원이 같다는 것은 건축가가 도면을 그리는 것과 구축의 과정이 서로 통합되어 있다는 뜻이다.

앞에서 살펴본 오시오스 루카스 수도원°을 다시 보면, 건물의 벽면은 크게 네 개로 구분된다. 제일 아래에는 두툼한 돌을 놓고 그 무게를 강조한다. 땅에 닿아 있기 때문이다. 그 위에는 이보다는 작은 돌을 쌓았다. 그러나 돌과 돌 사이에는 가느다란 붉은 판을 끼워 넣었는데 밑에는 대략 세 장쯤 되다가 위로 올라오면서 붉은 판이 다섯 장으로 늘어난다. 돌에서 벽돌로 이행하는 중간 단계를 준비하고 있는 것이다.

창문 아치가 시작하는 지점부터는 붉은 벽돌이 강세를 보인다. 그 대신 이 부분의 돌은 밑에서 쓰였던 돌보다 작다. 돌과 돌

사이에 45도로 비스듬하게 쌓은 벽돌 면에는 빛과 그림자가 번갈아 나타나서, 이음매가 마치 실로 옷감을 꿰맨 듯이 보인다. 이런 이음매 덕분에 상부는 아랫부분에 비해 아주 가볍게 보인다. 다시 그 위에는 밀도 있게 쌓은 붉은 판이 주조를 이루며 밑에 있는 돌의 역할을 대신해주고 있다. 또 다시 그 위에는 돌을 연달아 두 켜를 두지 않고 띠처럼 한 켜만 두었다. 이 부분에서는 돌이 아랫부분의 붉은 판을 대신하고 있다.

창문에서도 이와 같은 것이 되풀이된다. 이 건물이 땅에 접하듯이 창은 두꺼운 돌에서 시작한다. 가운데 벽면의 창은 세 부분으로 나뉘어 있고, 그 사이는 하얀 대리석 원기둥이 가르고 있다. 그래서 창 아랫단의 큰 돌과 하얀 두 원기둥이 하나로 읽혀서 창문을 하나의 면으로 크게 묶어준다. 원기둥 위에는 기둥머리가 두 개 얹혀 있다. 이 기둥머리는 기둥에만 있지 않고 벽면 전체를 지나가는 돌출된 수평선의 한 부분이 된다. 그리고 이 수평선 윗부분은 모두 벽돌이 주조를 이룬다. 아치는 세 겹인데 모두 다른 모양이 생기도록 아치의 돌을 달리 쌓았다. 벽돌을 45도로 올린 아치 모양의 띠는 창문 좌우를 벽면 전체의 폭으로 확대해주는 역할을 하고 있다.

이것은 다 지어진 건물을 보고 분석한 것이다. 짓기 전에 이러한 형상을 먼저 생각한 이 수도원의 건축가가 도면을 그렸다면 위와 같은 형태의 질서를 그렸을 것이다. 구축은 시공하는 단계를 나타내는 개념이 아니다. 설계는 구축의 과정을 실제로 그리는 작업이다.

반이음매
중단의 이음매
전라북도 익산의 미륵사지 두 탑은 구축의 두 모습을 잘 설명해준다. 서쪽에는 풍상을 겪으며 서 있는 탑이 있고, 동쪽에는 이것을 복원하여 새로 만든 탑이 있다. 여기에서 두 탑은 형태적으로는 같을지라도, '구축'이라는 측면에서는 전혀 다르다. 본래의 서탑은 시간이 지나면서 돌의 형체가 변한 것이지만, 결과적으로는 떨어지려고 한 이음매로 이루어졌다. 이 탑은 멀리서 볼 때와 가까이서 볼 때 전혀 다른 다양한 모습을 보여준다. 그러나 이와는 달리 새로 지어진 동탑은 이음매를 붙이려고 만들어졌다. 그래서 이 탑은 멀리서 볼 때나 가까이서 볼 때나 지어진 모습이 똑같다. 이 동탑은 잘라낸 종이를 붙이듯이 돌을 붙여서 물질의 깊이가 없고 만들어진 과정이 이음매에 나타나 있지 않다.

사람은 구축하여 이음매를 만들지만, 자연의 현상은 그 이음매를 느슨하게 하고 틈을 벌려놓는다. 우리가 자연스럽다거나 엉성하게 만들어졌다고 여기는 오래된 사찰 건물을 잘 관찰해보면 자연은 완전한 구축을 벌려놓으려고 한다. 다솔사多率寺 누각의 벽면을 보면 시간이 지나 전체는 휘어질 듯이 짜 맞추어져 있다. 전체적으로는 어떤 부분이 어떤 부분 위에 놓이고 걸쳐 있는지 뚜렷하다. 그러나 같은 초석 위에 다른 기둥을 끼워서 기둥을 세우기도 하고, 아예 다른 곳에서 쓰던 기둥의 일부를 잘라 갈아 끼우기도 했다. 이 벽면은 부재를 짜 맞추고 덧댄 과정을 나타낸다. 다솔사 누각의 벽면은 붙이려고 한 이음매와, 떨어지고 어긋나려고 하는 또 다른 종류의 이음매가 함께 있다.

자투리를 활용해서 만든 조선 시대의 조각보에도 구축의 이음매가 있다. 조각보는 이음매 자체가 장식이다. 그러나 부분과 부분의 관계가 전체적으로 느슨하다. 정렬된 조각보가 이음매를 잇고자 구축하고 있다면, 어떤 한 부분은 갑자기 멈추고 다른 부분에 양보하는 지점이 나타나 있다.

반이음매

이음매에는 이으려고 해서 생긴 이음매와 잇지 않으려고 해서 생긴 이음매가 있다. 이러한 두 이음매에는 각각 다른 결구 방식이 작용한다. 예를 들어 여러 개의 서랍이 쌓여 있는 한 물체를 보자. 이 서랍은 좌우에 넓은 판을 대었으나, 앞뒤의 작은 판은 형태적으로 떨어져 있다. 쌓여 있는 여러 개의 서랍 자체도 형태적으로는 완성되지 않은 채 분리되어 있으며, 이제 맞추어지고 있는 듯이 보인다. 이처럼 요소를 결합할 의지를 가지고 물체를 만들 때 생기는 '이음매'가 있다. 이것은 고전건축의 본질이 그러하듯이 전체에서 어떤 한 부분도 뺄 수 없는 긴밀한 관계를 이루는 이음매를 말한다. 바닥과 기둥과 돔 등 구조 요소가 긴밀하게 위계적으로 결합되어 있는 파치가家 예배당Cappella Pazzi에 잘 나타나 있다.

닫혀 있던 여러 서랍을 열어두면 이제 곧 완성될 과정의 일부처럼 보일 때가 있다. 이때의 이음매는 긴밀하게 붙어 있지 않고 마치 몽타주처럼 느슨하게 떨어져 있다. 프램프턴은 이러한 이음매를 "하나의 시스템, 표면 또는 물질이 갑자기 멈추고 다른 시스템, 표면 또는 물질에 양보하는 지점"이며, 이를 '반이음매dis-joint'라 불렀다.[67] 그는 이런 결구를 "접합junction하면서도 동시에 이접離接, disjunction하는" 것이며, "보여주면서도 가리기도 하는", 그렇기 때문에 "기술의 변용 속에서도 전통이 재해석될 수 있게" 조정하는 것이라고 말했다.[68] 물질의 형태와 구축과 전통이 새롭게 공존하는 또 다른 양상을 나타내는 중요한 대목이다.

'반이음매'로 결구된 가장 좋은 건축적 사례는 역시 카를로 스카르파의 건축이다. 그가 설계한 쾌리니 스탐팔리아 재단의 다리에는 어디에서 어디까지인지는 정확하게 표현할 수 없지만, 분명히 중력에 대응하는 데만 필요한 것 이상의 것이 존재하고 있다. 중력에 대응하는 데 필요한 것이 구조라면, 그 이상의 것은 표현을 위한 것이다. 따라서 이 구조와 표현 사이에는 무언가 '공백'이 있다. 결구란 구조와 건설의 과정 속에서 이와 같은 '공백'을 만들어내는 일이다. 그러나 이 '공백'은 구조와 표현이 대등하게 동시에 드러나는 '공백'이지, 마크 위글리가 주장하듯이 표현이 구조를 가림으로써 생기는 '공백'은 아니다.

공간적인 이음매가 점점 커져서 아예 작은 디테일이 직접 환경에 대면하면 어떻게 될까? 스카르파는 사물과 사물이 접합해 있는 모습을 시각적으로 표현하는 데 아주 탁월하다. 그가 설계한 브리온가(家) 묘지에 있는 상자 모양 파빌리온의 철제 기둥은 바닥에 있는 기둥에서 한번 끊긴 곳에서 다시 이어져 있다. 불안정하고 공중에 떠 있는 듯이 보인다. 왜 이렇게 넓게 잘 보이는 곳에 있는 파빌리온의 기둥을 일부러 한 번 더 접합해 만들었을까? 그것은 이 작은 접합부가 접합부 옆의 다른 요소를 뛰어넘어 환경에 직접 접속되기 위함이었다.

카스텔베키오 미술관의 '사첼로Sacello' 외벽에 만들어진 모자이크 타일의 패턴 디테일은 전체적으로는 정사각형의 격자로 분할되어 있다. 그러나 그 분할된 단위마다 단위의 4분의 1 크기의 매끈한 작은 돌이 끼어 있다. 그렇지만 이 작은 돌은 단위 안에서 비교적 자유롭게 자리 잡고 있어서, 멀리서 보면 이 작은 돌이 배열된 모습이 먼저 보이고, 그다음에는 정사각형 격자를 이루는 이음매가, 그리고 나머지 거친 면이 마지막으로 지각된다. 그만큼 이 벽면에서는 정사각형의 격자라는 이음매가 느슨한 관계로 변환되어 있다.

그가 설계한 올리베티 쇼룸Olivetti Showroom의 뒤쪽 외관은 부분이 이탈하려는 듯이 결합되어 있다. 먼저 '올리베티'라는 글자가 새겨진 돌의 거친 텍스처가 전체에서 이탈해 있으며, 인접해 있는 유리창의 투명한 면과 극명한 대비를 이룬다. 더욱이 이 거친 돌판 자체도 글자가 새겨진 부분과 'i' 자의 위아래로 다시 분할되어 있다. 이 돌판과 크기가 같은 유리창틀은 다른 돌판의 테두리와 폭이 같지만, 창을 에워싼다는 느낌은 더욱 강하다.

창문 밑의 넓고 긴 두 장의 돌판 이음매는 글자가 새겨진 돌판과 같은 텍스처를 사용함으로써, 이어져 있으면서도 분리되어 있다. 그리고 그 이음매는 유리판의 중심을 지난다. 창문틀의 모퉁이는 대각선으로 잘려 있는데, 이것은 유리창의 중심성을 강조하여 주변에서 창문을 분리하기 위함이다. 지면에 닿은 돌판의 이음매와 창의 중심선은 상부 아치의 중심을 지나지 않는다. 오히려 위에 있는 아치의 중심은 좌우 문 사이에 있는 벽면 전체의 중심이다. 글자가 새겨진 판의 중심, 유리창이 만드는 중심, 아치가 만드는 중심이 서로 어긋나 있다.

더욱이 엔터블레이처 모양을 한 몰딩 위에 있는 부분은 아랫부분과 수평으로 단절되어 있다. 아치가 올라가는 부분은 주두 모양을 하고 있지만, 실제로 그 주두를 받치는 기둥은 없다. 그 결과 상반부와 하반부가 명확하게 분리된다. 그러나 아치 아래에 있는 엔터블레이처는 생략되어 있어서 엔터블레이처 전체도 분단되어 있다. 이에 엔터블레이처 밑에 있는 목재가 파사드의 위아래를 분할해주고 있다.

아치 좌우에는 사각형 틀이 있는데, 이는 그 아래에 있는 문의 높이를 확장해 보이기 위한 것이다. 이에 대해 엔터블레이처의 일부가 사각형 틀의 밑부분을 강조하기 위해 분절되어 있다. 그 좌우 사각형 틀의 아래에 있는 두 문은 거친 돌판과 창문의 관계처럼 왼쪽은 돌문, 오른쪽은 유리창으로 되어 있다. 돌문은 상부 중앙에 있는 힌지hinge로 열고 닫힌다. 문의 상단과 그 위 돌판이 만나는 곳에는 띠 모양의 문양이 그려져 있는데, 이 문양은 닫혀 있을 때는 위아래의 돌이 한 장의 돌처럼 보이게 하고, 반대로 열릴 때는 다른 부재임을 강조하는 역할을 한다. 이렇게 하여 파사드 전체는 부분이 산재하고 있는 듯이 보인다.

그러나 그렇게 산재된 것은 전체를 잃고 있지 않다. 오히려 전체의 힘을 빌어 부분의 이탈을 강조하고 있다. 또한 구조와 표현 사이에는 뚜렷한 '공백'이 있으나, 이는 '반이음매'로 섬세하게 구축된 결과로 얻어진 것이다. 스카르파의 건축은 완전하게 실현된 형태가 아니다. 그것은 설계 과정과 구축의 과정을 동시에 표현한 것이다. 따라서 그의 건축은 결코 단편적인 것이 아니다. 오히려 그의 건축은 계속 이어질 접합의 시스템을 가졌다는 점에서 불완전할 뿐이다.

루이스 칸의 이음매
장식의 시작

루이스 칸은 이렇게도 말했다. "이음매가 장식의 시작이다The joint is the beginning of ornament." 그러나 재료와 재료의 이음매만이 아니라 볼륨과 볼륨 사이도 이음매다. "나는 구조재와 구조재가 아닌 부재 사이에 유리를 끼웠다. 이음매가 장식의 시작이기 때문이다. 그리고 그것은 단순히 덧붙인 데코레이션과 구별되어야 한다. 장식은 이음매에 대한 경의다."[69]

칸은 1953년 '형태에 대한 빛의 관계'라는 강의에서 이렇게 주장한다. "오늘 우리가 만드는 건축에서 꾸밈embellishment이 필요하다고 느끼는 것은 이음매가 존재하지 않는 것처럼 다듬거나, 부분이 어떻게 결합해 있는가를 감추려는 데서 비롯한다. 바닥에서 위를 향하여 부어 넣고 세워서 생기는 이음매에서 집을 짓듯이 연필을 멈추고 그리는 데 숙련되어 있으면, 장식은 구축의 완벽함에 대한 우리의 사랑에서 나오게 될 것이고, 새로운 구축 방식을 발전시키게 될 것이다."[70]

칸은 스카르파의 건축에 대해서도 이렇게 썼다. "카를로 스카르파의 작품에는 최초의 감각인 '아름다움'이 있다. …… 요소에는 이음매가 장식을 만들게 마음을 이끌어주고 장식을 기리게 한다. 디테일이란 본성을 찬미하는 것이다."[71] 이 짧은 문장에서 칸이 쓴 것의 4분의 3은 이미 다른 곳에서도 많이 말한 바 있다. 다만 마지막 이음매에 대한 것은 오직 스카르파의 건축을 위해 쓴 것이다. 이음매는 그저 작은 부분이 만나는 기술적인 해결책이 아니라 본성에 접근하는 아주 중요한 것이며, 그것은 아름다움으로 치장한다는 뜻이 아닌, 훨씬 더 큰 의미의 장식으로 바뀌기도 한다. 그래서 미스 반 데어 로에가 즐겨 말했던 "신은 디테일 안에 있다."도 이와 결코 다르지 않다.

만들어진 기록

칸의 소크생물학연구소의 벽면은 '결합하기 위해 만들어진 이음매'와 그 결구 방식을 전형적으로 나타내고 있다. 이 연구소는 사람들이 있는 실험실과 그 주변을 둘러싸는 뚫린 발코니 공간, 그리고 '파이프 실험실'이라 불리는 높이 1.7미터의 배관층이 각각 분리되어 있다. 그리고 실험실에는 계단실과 브리지로 개인 연구실이 붙어 있다. 단면 투시도는 명확하게 구분된 공간의 단위가 어떻게 입체적으로 구축되어 전체를 만들고 있는가를 잘 보여준다. 특히 전체적으로 사용된 노출 콘크리트 벽면은 "장식이란 건물이 만들어진 과정을 그대로 흔적을 통해 나타냄으로써 자연스럽게 생기는 것이다."라는 그의 말을 물질로 나타낸다.

또한 개인 연구실의 슬래브 윗면은 그 옆에 선 벽면의 이음매와 일치한다. 연구실 입면에서는 콘크리트 옹벽 위에 슬래브가 쳐지고, 위아래 슬래브 사이에 오크 판재가 짜여 있다. 이때 각종 이음매는 이 구조물이 만들어진 구축의 과정을 그대로 드러내고 있다. 콘크리트 거푸집을 묶는 격리재separator를 덮는 부분도 이렇게 콘크리트가 타설되었음을 표시하는 것이며, 거푸집이 만나는 부분을 V자로 잘라낸 것은 거푸집의 크기를 나타내기 위함이다. 또한 콘크리트를 이어 친 부분은 그대로 남겨두었는데, 그 결과 이 벽면은 마치 돌로 만들어진 고전건축의 부재가 연결되듯이 시공된 과정을 낱낱이 기록하고 있다.

이 벽면은 퀘리니 스탐팔리아 재단의 다리에서 본 것과 같같이 재료가 다양하지 않지만, 단일한 재료의 이음매만으로 이루어져 있어서 엄격한 구축적 질서를 한층 분명하게 나타내고 있다. 천의 이음매가 보를 만드는 과정을 나타내듯이, 킴벨 미술관의 벽면에서는 거푸집을 한 장 한 장 대고 떼어낸 정연한 자취가 만들어진 과정을 나타낸다. 그러나 퀘리니 스탐팔리아 재단의 다리에 나타난 구조와 표현의 느슨한 '공백'과는 달리, 소크생물학연구소의 벽면은 긴밀하며 팽팽한 최소한의 공백을 나타내고 있다.

칸은 건축 공간이 어떻게 만들어졌는지 나타내야만 하며,

어떤 것도 그 진술을 방해해서는 안 된다고 여러 곳에서 강조했다. 다음은 스코틀랜드 성의 평면을 예로 들면서 '만들어진 기록'이라는 표현을 쓴 대표적인 발언이다. "나는 감히 이런 건물을 생각하고 있다. 이 건물은 …… 성城과 그리스 사원의 질서를 잊지 않고 바로 인접한 내부 공간이나 통로에 빛을 주면서, 단 하나뿐인 장려한 중심 공간으로 이끈다. 그리고 벽과 그 각각의 면에 남겨진 빛과 그것이 만들어진 기록을 담은 형상은 위에서 떨어지는 빛과 정적과 섞여 있다."[72] 공간의 질서는 구축의 질서와 통합되어야 한다.

빛의 이음매

칸은 건축이란 기둥이라는 요소가 무언가의 질서 속에서 구축되는 데서 시작한다고 보았다. "파이스툼Paestum이 내게 한없이 아름답다고 생각되는 것은 그것이 건축의 시작을 표현하기 때문이다. 그것은 벽이 나뉘어 기둥이 나타났을 때이며, 음악이 건축 안에 도입되었을 때이다."[73] 여기에서 '기둥'이란 건축 전체를 지배하는 구축의 요소이며, '음악'이란 구축의 질서와 같은 의미다.

재료와 재료가 만나서 생기는 이음매는 그림자가 생겨서 만들어지므로 이를 '그림자의 이음매shadow joint'라고 한다. 파이스툼이 벽이 갈라져서 기둥이 생겼을 때 또는 스톤헨지처럼 기둥이 세워지고 그 사이에 빛이 들어왔을 때, 그 떨어진 틈에는 비로소 빛이 들어온다. 칸의 동료이자 두 번째 부인이었던 앤 팅Anne Tyng은 이것을 '빛의 이음매light joint'라고 불렀다.[74] 트렌턴에 있는 유대인 커뮤니티센터Jewish Community Center 목욕탕에서는 지붕과 기둥 사이에 공간이 생겼는데 이곳으로 들어와 생긴 빛을 팅은 빛의 이음매라고 말했다. 이 '빛의 이음매'는 예일대학교 아트갤러리Yale University Art Gallery 원통형의 계단 안 삼각형 계단 위의 지붕에도 생겼고, 킴벨 미술관에도 생겼다. 오히려 킴벨 미술관에서는 사이클로이드 볼트 사이의 빛처럼, 그리고 미술관 안의 중정까지도 커다란 '빛의 이음매'였다고 말한다. 이음매의 의미와 역할은 이렇게 건축 안에서 재해석된다.

구축과 탈구축

자크 데리다의 탈구축
이항대립의 탈구축

탈구축脫構築은 철학자 자크 데리다Jacques Derrida의 용어다. 서양철학은 선이냐 악이냐, 진眞이냐 위僞냐, 주관이냐 객관이냐, 오리지널이냐 카피냐, 안이냐 밖이냐 하듯이 사고를 둘로 나누고, 악보다는 선이, 위僞보다는 진眞이, 객관보다는 주관이, 카피보다는 오리지널이, 밖보다는 안이 우월하다고 생각했다. 서양철학은 이러한 이항대립二項對立으로 '구축'되어 있었다. 이러한 이항대립은 늘 대립의 축을 두고 생각한다. 탈구축의 철학은 근거가 없는 이항대립으로 '구축'된 철학과 사상을 비판하고 이항대립을 해체하는 것이다.

이러한 이항대립은 서양 사람 특유의 논리적인 것, 이해하기 쉬운 것을 우선으로 여기며 차이를 배제하는 사고에 기인한다. 이것은 눈앞에 나타나는 것을 바른 존재라고 여기는 태도, 문자보다는 음성을 우선으로 여기는 태도에서 비롯한다. 또 이것은 남성적인 것을 여성적인 것보다 우위에 두는 태도를 낳고, 유럽의 힘을 다른 지역보다 우위에 두는 태도를 낳아 식민지 지배나 전쟁을 일으키기도 한다. 이항대립은 항상 이질적인 것이나 약한 것의 배제로 이어진다.

그렇다면 이항대립을 만드는 대립의 축이 어떤 근거에서 나왔을까? 예를 들어 옷을 보고 참 예쁘다고 말했다고 하자. 이때 '예쁘다'는 감상이 있고 그 안에 무언가의 사고가 있다. '그것'을 예쁘다고 말한 것이다. 곧 말은 감상과 사고를 카피한다. 그러니 오리지널인 감상과 사고는 그것을 카피한 말보다 우위에 있게 된다.

그러나 데리다는 감상은 오리지널하지 않다고 생각한다. 실제로 인간은 기존의 언어로 사고하고 있기 때문이다. 언어는 자기가 만든 것이 아니다. 감상도 어딘가에서 보거나 들은 말을 카피한 것이다. 이렇게 보면 오리지널과 카피의 관계가 역전된다. 탈구축이란 이렇게 오리지널과 카피에 우열이 어디에 있는가, 결국 이 항대립은 존재하지 않는다고 생각하는 사고다.

이것을 면역免疫으로 말해보자. 면역은 몸에 손상을 입히는 것들이 몸에 침입할 때 이에 대응하는 체계를 말한다. 바이러스가 침입하면 우리 몸은 바이러스에 대응하는 무언가를 만들어낸다. 면역은 자신self와 자신이 아닌 것non-self를 구분하는 메커니즘이다.[75] 면역계가 작동하는 방식은 군대가 적을 맞아 싸우는 것과 아주 비슷하다. 면역도 자신과 자신이 아닌 것이라는 이항대립의 일종이다. 흥미로운 것은 이런 면역이 근대주의 건축과 아주 비슷하게 20세기에 크게 발달했다는 사실이다.

여기에서 이항대립의 한쪽을 내부, 다른 한쪽을 외부라고 하자. 면역은 세포가 자기自己와 비자기非自己를 구별해내서 비자기 세포를 파괴하는 과정을 말한다. 남성적인 것을 우월하다고 여기는 내부는 여성을 중시해야 한다는 주장을 외부에서 받을 때, 그래도 남성이 우월하다는 입장을 계속 주장할 수 있도록 항체와 같은 것을 내부에서 계속 만들어간다. 이렇게 자기의 고유한 생각만 고수하고 세포가 항체를 만들어 외부를 계속 배제하려고 한다.

그런데 문제는 자가면역自家免疫이다. 자신의 기관이나 조직을 외부에서 온 항원으로 인식하고 면역반응을 일으키는 증상을 말한다. 밖에서 투입된 무엇으로 항체를 만들어야 하는데, 자기 몸 안에 있는 조직이나 기관을 자기가 아닌 것으로 착각하여 질병을 일으킨다. 암세포는 자기와 자기가 아닌 것을 구분하지 못하고 자기 것을 공격하게 된 세포를 말한다.

이항대립도 마찬가지다. 배제를 계속하면 내부가 교란된다. 어떤 텍스트가 있다고 하자. 그 텍스트가 통상적으로 가지고 있는 텍스트 고유의 의미를 가지고 오면 이것이 자기인지 자기가 아닌지 구별을 못하는 것과 같다. 이때 그 의미와 대립하는 또 다른 의미를 가지고 들어와 그 고유의 의미를 뒤바꾸어 놓아야 한다는 것이 탈구축이다. 탈구축은 면역 체계와 비슷하다.

건축, 구축의 은유

그런데 왜 건축의 중심 개념이자 행위인 '구축'이라는 말로 이항대립의 사고를 설명하는 것일까? 답을 짐작하는 데 가장 적절한 책은 가라타니 고진柄谷行人의 『은유로서의 건축Architecture as Metaphor』[76]이다. 이 책은 철학이 건축에서 갖추고자 한 지식이나 이론이 완결된 형식성 또는 체계성을 본받았다고 ·보았다. 수학의 확실성 등은 사고가 견고한 건물의 토대를 갖추는 것이었고, 건축의 구축은 위계적인 철학의 본성을 눈에 보이도록 가장 잘 나타냈다고 말한다.

플라톤이나 아리스토텔레스는 철학자를 건축가로 빗대어 말했다. 그들은 건축물이 질서를 만들고 구조를 세우듯이, 철학자도 앎에 질서를 주고 사고의 구조를 세워야 한다고 본 것이다. 그래서 철학을 앎의 건축으로 보았다. 그리스 말로 건축을 '원리를 아는 장인의 기술'이라고 했는데, 이때 기술은 테크네였다. 앞에서도 말했듯이 테크네는 오늘날의 기술이 아니라 제작製作, poesis 일반을 의미했다. 곧 모든 생성生成을 제작으로 보는 건축가의 시점으로, 앎을 건축하듯이 쌓아올리는 것이 철학이었다. 그래서 근대의 르네 데카르트René Descartes에서 하이데거에 이르기까지 서양철학은 특별히 건축을 논의에 자주 동원했다. 그렇다고 그들이 건축가가 짓고 있는 실제 건축물에 관심을 기울였다는 뜻은 아니다.

이렇게 철학은 오랫동안 건축을 사고의 바탕으로 여겨왔다. 오늘날 건축하는 사람들이 인문학적 건축을 하려면 철학을 알아야 한다고 가르치지만, 이 또한 시대에 뒤떨어진 잘못된 판단이다. 이와는 반대로 플라톤이나 아리스토텔레스와 그 이후의 철학자들은 앎을 건축가가 건축하듯이 쌓아올려야 한다고 가르쳤다.

다시 구축

건축으로 은유한 철학의 구축에 의문을 제기하자, 탈구축의 철학이 등장했다. 탈구축이란 기존 사물의 존재 방식을 해체하고 처음부터 새로운 형태로 다시 구축함을 뜻한다. 구축이 바탕인 건축은 이와 같은 탈구축의 영향을 받아 물질의 구축을 의심하고, 과연 그것이 옳은지를 달리 생각하게 되었다. 이런 생각은 탈구축주의 건축, 해체주의 건축으로 응용되었다.

1988년 뉴욕 현대미술관에서 〈해체주의 건축Deconstructivist Architecture〉전이 개최되었는데, 그 이후 이런 건축을 '해체건축'이라고 불렀다. 이 이름은 데리다가 제창한 '해체Deconstruction'에서 나왔다. 해체주의 건축은 공간, 기능, 계획 등 근대건축의 개념을 비판적으로 해석하고, 종래에 흔히 있었던 건축의 상식을 뒤집는 듯한 형태와 개념을 주장했다. 어긋나고 파괴된 단편과 같은 형상을 찾고, 건축물의 표피나 표층을 중시하며, 비유클리드 기하학을 응용하여 구조 등을 어긋나게 한 건축물을 추구했다. 이들의 작품에서는 제1차 세계대전 뒤의 혁명 러시아에서 실험된 절대주의와 구성주의 등의 영향이 강하게 나타났다.

베르나르 추미의 '맨해튼 트랜스크립트Manhattan Transcripts'는 영화감독 세르게이 에이젠스테인Sergei Eisenstein의 영화 이론을 참조하여 도시 공간에서 일어난 살인 등의 사건 흔적을 기술하고 공간이 발생하는 순간을 도상적으로 표현하고 있다. 이것은 근대건축이 기능의 관계에서 정의해온 정지된 공간이라는 개념을 상대하고, 이를 운동하고 계속 움직이는 공간과 사건의 관계로 다시 해석한 것이다.

렘 콜하스는 저서 『정신착란의 뉴욕Delirious New York』에서 계획의 대상이 아니라 욕망이 투기되는 장場인 도시를 그리고, 유토피아로 나타날 것이라 굳게 믿는 근대도시의 모습을 반전시켰다. 다니엘 리베스킨트Daniel Libeskind는 『건축의 세 가지 교훈Three Lessons in Architecture』에서 중세, 르네상스, 근대라는 시대를 각각 '읽는 기계' '기억하는 기계' '쓰는 기계'로 표상하여 건축이라는 개념의 역사적인 틀을 우의적으로 나타냈다. 또한 피터 아이젠먼Peter Eisenman의 라 빌레트 공원Parc de la Villette 설계는 데리다와의 공동작업으로 이루어진 것이기도 하다.

오늘날의 건축을 해체주의 건축이라고 부르지는 않지만 해체주의 건축의 영향의 연장에 있는 것은 사실이다. 해체주의 건축은 건축 안에 있던 많은 형태와 내용, 구조와 장식, 추상과 실체, 허와 실, 형태와 기능, 자연과 문화, 본질과 우연, 정신과 육체, 이론과 실체, 내부와 외부 등 이항대립에 의문을 가지게 했다. 또 이러한 이항대립에서 배제된 것에 대한 새로운 가치를 찾게 해주었다.

　　해체주의 건축이라는 이름으로 소개된 건축은 신기하고 기이한 형태의 건축, 단순한 형태의 파괴 행위나 복잡한 형태로 조합된 건축이라고 평가하는 것이 대부분이나, 이것은 탈구축주의 건축, 해체주의 건축의 본래 의의는 아니다. 데리다의 탈구축이 구조물을 해체하고 다시 구축하려는 것이듯, 탈구축의 건축도 조화와 안정을 위해 구분된 것, 그것으로 배제된 것을 다시 발견하여 또 다른 건축의 잠재력을 발견하기 위한 것으로 보아야 한다.

3장

건축과 기하학

기하학은 건축을 필요로 하지 않지만,
건축은 반드시 기하학에 근거해야 한다.
그런데도 오늘날 건축하는 이들은
기하학을 쉽게 거절한다.

건물은 산, 기하학은 땅

사라지는 기하학
땅을 재는 것

학교에서 건축을 배울 때 반드시 기하학을 접한다. 깊이 의식하지 않아서 그렇지 평면도와 단면도 등을 그리거나 대지의 경계를 측량하고 구적도를 그리는 행위가 기하학적인 행위다. 기하학은 도형에 관해서 고찰하는 수학의 한 분야다. 기하학은 '기하학적'으로 정연한 도형을 포함한 모든 도형을 다룬다. 기하학은 삼각형, 정사각형, 원과 같은 단순 도형을 구사하거나, 비례로 추상적인 아름다움을 만드는 수단이다. 마찬가지로 건축에서 기하학은 점, 선, 면, 볼륨 등으로 공간의 기본 요소를 구하거나, 평면도나 투시도를 그리는 도학圖學, descriptive geometry, 단순한 형상을 규칙적으로 연결하고 분할하는 수단이 된다. 그러나 건축에서 기하학은 이것이 다가 아니다.

기하학은 본래 삼각자나 컴퍼스를 가지고 땅 위에 직각이나 원의 형태를 그려 땅을 재는 학문이었다. '땅을 측정하기 위한' 기하학은 이집트에서 시작되었다. 해마다 범람하는 나일강은 질서 있게 구분되었던 땅과 농장을 다 지워버렸다. 물이 다 빠져나가면 땅을 측정하는 기하학으로 땅의 경계를 다시 설정했다. 그래서 기하학을 뜻하는 영어 '지오메트리geometry'는 그리스어로 '땅'을 뜻하는 '지오geo'와 '측정한다'는 뜻을 가진 '메트론metron'이라는 두 단어가 합쳐진 말이다. 이런 기하학이 혼돈 속에서 형태를 측정하고, 형태와 관계를 맺음으로써 땅 위에 질서를 실현하는 학문이 되었다. 그리고 우주의 법칙을 찾는 학문이기도 했다.

과거에 기하학은 대단한 학문이었다. 플라톤은 아테네 근교의 아카데모스Akademos 숲에 플라톤 철학의 중심지인 아카데미아를 세웠다. 기하학이 얼마나 중요한 학문의 바탕인지 학교 정문에 "기하학을 모르는 자는 이곳에 들어올 수 없다."라고 적어놓았다. 기하학은 우주의 진리와 이어진 것이었고, 기하학을 말하는 것은 문화적인 엘리트가 되는 바탕이었다. 건축에서 기하학이 모든 사람이 알 수 있는 형식을 만들어주는 수단이 된 것은 이 때문이었다. 고전건축이나 건축의 형식주의formalism는 모두 기하학적인 건축이며, 미니멀리즘 건축도 기하학을 떠날 수 없다. 그리고 마을을 구조주의적 관점에서 파악할 때도 기하학은 매우 좋은 해석의 도구가 된다.

기하학 연구자도 기하학은 변하지 않는 완전함을 대표한다고 여겼다. 예를 들어 과학자 헤르만 바일Hermann Weyl은 기하학이란 "공간적 형상 사이에서 일치하는 관계를 다루는 과학"이라고 정의했다. 또한 그는 "기하학은 변환의 군群으로 정의되며, 이 주어진 군의 변환에서도 변화하지 않는 모든 것을 탐구하는 것이다."라는 독일 수학자 펠릭스 클라인Felix Klein의 말을 인용한다. 이처럼 기하학은 불변의 관계로 이해한 대표적인 학문이다.[77] 그래서 건축에서는 일반적으로 기하학을 형이상학적인 사고의 대명사이며, 고전적인 것, 완벽한 형식과 관련되는 것으로 여긴다.

멀어지는 기하학

땅과 우주를 연결하고 측정하던 기하학은 현대에 학문의 중심에서 크게 벗어나 있다. 해럴드 스콧 맥도널드 콕서터Harold Scott MacDonald Coxeter 교수는 세계적 명저 『기하학 입문Introduction to Geometry』[78] 서문에서 이렇게 말했다. "과거 30-40년 이래로 대부분의 미국 사람들은 기하학에 상당히 흥미를 잃었다. 이 책은 잊어버린 이 슬픈 학문에 숨을 불어넣기 위해 쓰였다." 물론 이 책은 건축 책이 아니라 기하학 전문 입문서이지만, 건축에 대해서도 비슷하게 말할 수 있다. 건축에서 기하학의 중요성을 다시 강조하는 것은 콕서터 교수의 말처럼 "이미 잊어버린 이 슬픈 학문에 숨을 불어넣기 위한 것"일까?

이런 흐름에 영향을 받았기 때문일까? 건축 교육은 개념적으로는 기하학을 가장 많이 사용하면서도 관념적으로는 기하학을 멀리하고 있다. 철학이나 과학에서는 기하학이 형식의 본질인지 아니면 설명하기 위한 수단인지 결코 결론에 이를 수 없는 질문을 하고 있다. 그러나 건축가에게 기하학은 주어진 과제이고 과제 해결의 직접적인 수단이다.

　역사적으로 기하학은 구축된 형태를 기술하고, 설계하고, 생산하고, 조립하는 과정에서 의사소통을 위한 공통의 기초였다. 고전주의 건축에서 축axis, 심메트리symmetry, 비례proportion는 모든 사람들의 동의를 얻기 위함이었다. 기하학은 비례나 조화의 이론은 지키고, 설계와 시공을 정확하게 같은 시스템으로 조정하는 방식이었다. 또한 기하학은 기본적으로 손으로 만드는 기술로도 발전되었다. 건축가가 기하학을 구사하지 못했더라면 당시의 사회가 지지해주던 대예술인 고딕 대성당은 만들 수 없었다.

　건축은 기하학을 필요로 하며 기하학은 건축에 필수적이다. 기하학에 대한 건축가 개인의 견해뿐 아니라, 기하학적인 설명이나 기하학적인 해결에 흥미를 느끼지 못한다면, 그는 건축가나 건축사가 되기 어렵다. 프랑클은 1914년에 펴낸 『건축 형태의 원리 Die Entwicklungsphasen der neueren Baukunst』[79] 서문에서 "기하학적인 기술이 지루하고 따분하다고 느끼는 사람은 근본적으로 건축사 연구에 어울리지 않는다. 그런 사람은 1장을 뺀 나머지 장만 읽어야 할 것이다."라고 힘주어 말한 적이 있다. 이것은 건축사 연구가 아니라 건축설계에 그대로 적용된다. 따라서 이것은 "기하학적인 기술이 지루하고 따분하다고 느끼는 사람은 근본적으로 건축설계에 어울리지 않는다."로 바꾸어 읽어야 한다.

　그런데 『건축 형태의 원리』의 반 이상이 1장이다. 그러니 지은이가 상세하게 기하학적으로 분석하여 기술하고 있는 바가 지루하다거나 재미없다거나 읽어서 무엇 하나 하는 생각이 드는 사람은 아예 자기 책을 읽지 말라는 것이다. 마찬가지로 건축을 공부하면서 기하학적인 기술을 대하며 같은 생각이 드는 사람은 건축설계에 적합하지 않다고 말할 수 있다.

　기하학은 건축을 필요로 하지 않지만, 건축은 반드시 기하학에 근거해야 한다. 그런데도 오늘날 건축하는 이들은 기하학을 쉽게 거절한다. 고대 그리스나 르네상스 시대의 소수 엘리트가 구사하던 건축과 기하학의 관계는 확실히 사라졌다. 벤투리는 건축의 순수함, 초월성, 일원성을 중시하여 건축이 본래 갖추어야 할 모호함, 다양함, 대립성을 크게 희생시켰다고 보았다. 1988년 전시 〈탈구축주의 건축〉에서도 "건축은 단순한 기하학적 형태인 육면체, 원통, 구, 원뿔, 사각뿔 등을 사용하여 그것들이 서로 싸우지 않는 구성 수법을 따르면서, 안정된 조화가 생기도록 통합됨으로써 만들어져왔다."[80]라며, 순수 형태를 꿈꾸고 불안정하거나 무질서함을 배제한 오브제를 만든 근대건축을 크게 비판했다.

과거에 많이 논의된 비례나 황금비, 대칭성에 대한 반감에서 시작하여 기하학 전반을 부정하는 경우가 많다. 그러나 비례나 황금비, 대칭성은 좁은 의미의 기하학이다. 넓은 의미에서 기하학이란 시각 중심의 논리다. 때문에 주변으로부터 독립된 시각 중심의 근대건축이 크게 비판을 받자 시각 중심의 기하학도 함께 비판을 받았다.

순수기하학은 지나치게 완결되어 있어서 주변에서 고립되는 결함이 있다. 이런 비판이 있을 때마다 프랑스 건축가 에티엔루이 불레Étienne-Louis Boullée의 뉴턴 기념당Newton's Cenotaph과 같은 거대하고 기념비적인 구球를 예로 든다. 그러나 이것은 순수기하학적 형태의 문제라기보다는 스케일의 문제다. 순수기하학적 형태가 아닌 '불순不純'기하학적 형태라 해도, 어떤 형태든 어떤 스케일을 넘으면 주변과 괴리를 가져오게 되어 있다.

기하학의 보편성 때문에 건축은 기하학을 중요하게 여겼다. 20세기 건축은 코르뷔지에나 미스의 순수기하학의 건축을 가장 아름답다고 보았다. 그러나 순수기하학이 과연 누구에게나 보편적인 사고와 감정을 주는 것은 아니다. 철학자 에드문트 후설Edmund Husserl은 『기하학의 기원L'origine de la géométrie』에서 "기하학 및 그 모든 진리가 모든 인간, 모든 시대, 모든 민족에게 …… 아무런 제약이 없는 보편성으로 타당하다는 것은 누구나 널리 확신하고 있다."라고 지적하며 기하학의 보편성에 의문을 제기했다. 그러나 벤투리가 코르뷔지에나 미스의 순수기하학의 건축을 비판했다고 해서 그의 건축이 기하학을 떠날 수 없듯이, 고전주의 건축이나 근대건축의 보편성이 비판을 받았다고 해서 건축에 대한 기하학의 관계 전체가 무의미해진 것은 결코 아니다.

건축가는 기하학의 소비자

건축에서 기하학에 대한 의문은 순수기하학에 대한 의문이었다. 순수기하학은 요소와 요소를 연결하는 데 취약하다. 기하학에 속하는 위상기하학topology이나 프랙털기하학fractal geometry은 오늘날의 건축에서 크게 응용되고 있다. 이에 반해 위상기하학은 형상의 뚜렷한 윤곽이나 치수와는 무관하며 공간의 연결만을 다룬다. 프랙털기하학도 무한한 스케일에서 자기상사성自己相似性을 다룬다. 이론적으로 매우 흥미가 있으며 앞으로의 건축의 미래를 예견할 수 있는 기하학임에는 틀림이 없다. 디지털 시대에 들어와 유기적으로 보이는 자유 형태의 건물을 얻기 위해 디지털 기술을 이용한 높은 수준의 기하학이 요구되고 있다.

그런데도 현실적으로는 윤곽이 강하고 구심적인 순수기하학이 건축에서 평면이나 볼륨을 결정하는 데 가장 많이 사용되고 있다. 컴퓨터를 사용한 새로운 건축설계에서도 기하학은 훨씬 더 많이 사용된다. 그래픽 소프트웨어가 없는 건축 실무란 상상할 수 없게 된 1990년 중반부터 디지털 설계 기술은 건축 실무의 보편적 수단이 되었다. CAD의 지원을 받아 윤곽이 분명한 형태가 아닌 자유로운 모양의 곡면이 손쉽게 그려졌다. 또한 더 크고 복잡한 형태를 만들기 위해 수집된 정보 자료를 이용하는 블롭 아키텍처Blob architecture, Binary Large OBject라는 건축설계도 등장했다.

건축은 기하학과 깊은 관계가 있지만, 기하학이 건축을 위해 발전해오지는 않았다. 기하학은 본래 건축과 무관했다. 기하학은 땅을 측정하는 학문에서 시작했지만, 건축을 비롯한 다른 예술은 기하학을 표면이나 공간에서 위치와 비례를 정하는 수단이라 여겼다. 피타고라스의 유클리드기하학Euclidean geometry에서 논증기하학이 체계화되었고, 다시 해석기하학analytic geometry, 비非유클리드 기하학, 프랙털기하학 등 다양하게 전개되었다. 그러나 건축이 기하학의 발전에 기여한 바는 없다.

건축사가이자 이론가인 로빈 에반스Robin Evans는 "기하학은 하나의 주제이고 건축도 또 하나의 다른 주제다. 그러나 건축 안에는 기하학이 있다. …… 기하학은 건축을 구성하는 한 부분이며 없어서는 안 되는 한 부분으로 이해되지만, 기하학은 건축에 의존하지 않는다. 기하학의 요소는 믿을 만한 다른 곳에서 만들어져서 현장에 운반되어 집을 짓는 벽돌과 같은 것으로 여겨진다. 건축가는 기하학을 생산하는 사람이 아니다. 건축가는 기하학을 소비하는 이들이다."[81]

현대건축의 관심은 순수기하학의 정적인 윤곽에서 동적으로 바뀌는 기하학으로 이동하고 있다. 그러나 순수기하학에서 벗어나려는 사이버 건축은 대부분 표현주의적인 형식주의에 머물러 있다. 오늘의 기하학은 이전과는 달리 변화가 너무나도 급격하여 주의 깊게 보지 않으면 "기하학 이후의 건축Architecture after Geometry"[82]이라고 부를 정도로 오늘의 건축은 아예 기하학을 다루지 않는 것처럼 잘못 알게 된다. 그러나 이것은 건축가 그레그 린Greg Lynn의 건축처럼 컴퓨터를 사용하여 설계된 자유로운 형태의 건축을 가리킨 정도였다.

그러나 후설이 『기하학의 기원』에서 말했듯이 "예전에 기하학이 그 가운데에서 탄생하고 그 이후 수천 년의 전통으로 현존한 다음, 지금도 우리에게 존재하고 생생하게 계속 작용하고 있는 가장 근원적인 의미"[83]를 가졌기 때문에 기하학은 오늘날에도 그 힘을 발휘한다. 건축에 대한 기하학도 이와 마찬가지다.

나타나는 기하학

형태가 아닌 기능의 기하학

스페인 건축가 비센테 구아이야르Vicente Guallart는 "건축이 풍경이라면 건물은 산이다. 건물이 산이라면 기하학은 지리학이다."[84]라고 흥미롭게 표현했다. 건축은 구체적인 물질로 결정된 형태가 아니다. 구체화되지는 않았으나 그것을 있게 만드는 바탕이다. 그런 관계 속에서 물질로 구체화한 것이 건물이다. 지리에는 산도 있고 강도 있고 나무와 마을도 있다. 즉, 환경 전체다. 그 안에 산이 제모습을 하고 우뚝 서 있다. 그게 건축의 기하학이다.

기하학은 공간과 형태를 결정하지만, 현대건축에서는 의미의 형태보다는 기능의 형태를 결정하는 방식으로 이해되고 있다. 시공 과정이 복잡해지고 시공 기술의 정밀도가 비약적으로 향상되면서 오늘날의 건축가가 어떤 형태를 그려도 그것을 실현해줄 수 있게 되었다. 그리고 어떤 건물 형태에 대해서도 그것이 어떤 의미를 지니는가가 아니라 어떤 기능을 어떻게 해석했기 때문인가를 묻는 시대가 되었다.

자연 속에는 순수기하학의 형태가 직각으로 되어 있는 것이 하나도 없다. 그렇다면 자연에는 아름다운 것이 없다는 말인가. 그렇지 않다. 그런데도 고대 그리스 시대에서 시작된 순수기하학의 형태를 아름답다고 여겼다. 그 형태 자체가 아름답다기보다는 형태를 만들어낸 이성이 아름답다고 여겼고, 단순한 기하학밖에 생각할 줄 몰랐기 때문이었다. 여기에 건축이란 예부터 대부분 직각으로 구성되었다. 딱딱하고 견고한 재료를 사용하여 중력을 버텨야 할 건축은 그래서 순수기하학에 의지했고, 그런 형태를 통한 구조물을 아름답다고 말해야 했다.

건축을 직각이 아닌 형태로 짓고 3차원의 곡면을 만들려면 상당히 복잡한 구조 해석을 해야 한다. 100년 전에 살았던 안토니 가우디는 형태가 유기적인 건축물을 만드는 데 10년이나 걸렸다고 한다. 그러나 오늘날에는 컴퓨터로 불과 한두 주면 그의 건축물을 그릴 수 있다. 다만 움직이는 물체나 생명체에 가까운 건축을 만들려면 이를 동적으로 해석해야 한다. 그러나 이때 사용하는 기하학은 유클리드의 단순기하학이 아닐 뿐이지 복잡한 기하학은 여전히 사용된다.

한편 기하학은 프로그램에 대한 해석과 연동한다. 헤르초크와 드 뫼롱의 도쿄 프라다 부티크 아오야마Tokyo Prada Boutique Aoyama의 평면은 대지에 대해 불규칙한 다각형이며, 대지 안 공지의 지면 차이를 삼각형의 조합으로 풀었다. 이것은 사선제한을 이용하여 도시에 서 있는 수정처럼 보여야 했기에 이웃하는 대지 사이에 경사진 오픈 스페이스를 두었다. 렘 콜하스의 시애틀 시립도서관Seattle Public Library의 평면 또한 정사각형과 직사각형을 겹쳐서 강한 공간의 형식 안에서 필요한 부분을 바닥으로 통합하고 이들을 입체적으로 잇는 새로운 공간을 만들어냈다.

스위스 건축가 페터 춤토어의 성 베네딕트 경당Saint Benedict Chapel 평면은 타원의 한쪽을 곡선이 교차하게 했다. 얇은 한 장의 나무껍질로 둘러싸여 있는 기하학적 공간을 위해 평면의 형상이나 구법, 디테일, 마감 등 모든 것이 결정되어 있었다. 세지마 가즈요妹島和世가 설계한 가나자와의 21세기 미술관Twenty-First Century Art Museum은 원형 안에 크고 작은 사각형을 서로 떨어뜨려 배치하고 그 사이에 많은 통로를 두었다. 또한 어디서든지 미술관으로 들어와 어떤 부분도 똑같이 가로지를 수 있도록 프로그램을 반영하고, 평면의 윤곽을 완벽한 원으로 만들었다.

이상은 불과 몇 개의 건물이 기하학을 어떻게 사용하고 있는가를 간략하게 적은 것이다. 이 기하학은 스케일이나 용도, 문맥과 함께 기능적인 레벨에서 프로그램을 어떻게 해석하는가와 관련되어 있다는 공통점이 있다. 따라서 이 기하학은 형태를 위한 형태를 만든다든지, 형태의 표상적인 의미를 이끌어내는 기하학이 아니다.

순수기하학 이외에도 많다

기하학이라고 단순기하학만 있는 것이 아니다. 이와 관련하여 화가 페르난도 포라스Fernando Porras의 질문이 돌발적이다. "무엇이 물고기의 형태form인가?" 이 질문은 어떤 대상을 입방체, 원, 십이각형이라는 단순기하학으로 나타낼 수 없음을 말한다. 그러나 단순기하학으로 나타낼 수 없다고 물고기의 기하학이 없는 것이 아니다. 그는 단순기하학으로 나타낼 수 없지만 세상에 있는 형태를 어떻게 다른 기하학으로 표현할 수 있을까를 '구름 형태cloud form' '바위 형태rock form' '빈 형태empty form' '펜싱 형태fencing form'라는 말로 묻는다. 물론 이 세상에 이런 네 가지 형태만 있다는 뜻도 아니다.

'구름 형태'는 실제 구름 형태가 아니고, 안에서 진행하고 있는 것과 그것을 둘러싸고 있는 것이 평형을 이루어 일정하지 않고 반투명한 상태다. '바위 형태'는 실제 바위 형태가 아니고, 사람이 임신하여 아이를 갖게 되듯이 내적인 과정을 통하여 외부의 영향을 받지 않고 오직 안의 영향만으로 변형되고, 그 결과 조밀한 작은 형태가 되는 상태다. '빈 형태'는 표면으로만 한정되고, 그 의미가 다른 곳에 있는 어떤 모델 공간에 있지 않고 일시 정지할 때, 방해를 받을 때 의미를 갖는 경우다. 그리고 '펜싱 형태'는 사물이 움직이며 남긴 자취가 자신의 구조를 한정할 때 생기는 형태다.

이 네 개의 형태를 설명하는 방식이 아주 흥미롭다. 이런 형태는 입방체, 원, 십이각형이라는 단순기하학으로 나타낼 수 없으므로, 이렇게 어려운 걸 어떻게 표현할까 의아하게 된다. 그러나 이것은 모두 어떤 상태를 나타내고 있다. 이것은 이처럼 물체의 양상이 다르니, 이런 형태를 생각하고 그것에 맞는 기하학이 따로 있어야 함을 말하고 있다. 쉽게 말해서 이럴 때에 어떤 기하학이 있어야 할까 하고 묻는 것이 중요하다.

'구름 형태'라고 부른, "안에서 진행하고 있는 것과 그것을 둘러싸고 있는 것이 평형을 이루어 일정하지 않고 반투명한 상태"란 어떤 경우일까? 숲속에 집을 지어야 할 때 내부가 숲을 향하고 있고, 숲의 나무 그림자가 이 집을 비추는 경우를 상상해볼 수 있다. 또는 이 집의 중정 한 부분을 터서 숲이 집 속까지 들어가야 하는 집을 설계해야 하는 경우일 수도 있다. 이럴 때에 어떤 기하학이 있어야 할까?

'바위 형태'라고 부른, "임신하여 아이를 갖게 되듯이 내적인 과정을 통하여 외부의 영향을 받지 않고 오직 안의 영향만으로 변형되고 그 결과 조밀한 작은 형태가 되는 상태"란 무엇일까?

설명이 조금 어렵고 복잡하게 들리지만, 이는 결국 친근한 방으로 가족들이 둘러싸여 있고 행동이 이 방에 수렴하게 되는 집을 설계해야 하는 경우라고 할 수 있다. 그렇다면 마찬가지로 이런 상황을 설계해야 할 때 과연 어떤 기하학이 있어야 할까?

기하학이 건축에서 중요하다고 해서 모든 것의 종점은 아니다. 설계를 시작할 때 어설프게 그려지지만, 그래도 개념의 핵심이 그려진 다이어그램은 이러한 기하학에 속한다. 설계를 해가다보면, 기하학이 어렴풋한 사고를 크기와 길이와 높이를 가진 것으로 바꾸어놓는 것을 경험하게 된다.

앞에서 건물이 산이라면 기하학은 지리학이라고 했는데, 이것은 건물이 산이라면 기하학은 땅이라는 표현일 것이다. 건물은 산이 되는 것이 목표이며 땅으로만 남아 있는 것이 목표가 아니다. 그러나 땅의 무한한 형상이 이러저러한 산을 만들 듯이 기하학의 여러 가능성이 일정한 건물을 만들어준다.

현대건축을 푸는 기하학

스티븐 홀은 한 켜 한 켜 쌓이는 벽돌은 내향적인 힘을 지니고 있고, 꽃의 잎은 외향적인 힘을 가지고 있다고 말했다.[85] 당연히 건축은 중력에 구속을 받으므로 이에 저항하고 버티려면 안으로 웅크려야 한다. 그러나 꽃과 같은 자연은 이와 반대다. 밖을 향해 움직이고 퍼지고 나아가야 한다. 그래서 건축의 기하학과 자연의 기하학이 서로 다르다. 그렇지만 현상은 언제나 이 두 가지 힘이 뒤얽혀서 나타난다. 따라서 현상에는 서로 다른 힘, 서로 다른 기하학이 교차한다.

이렇게 보아도 건축의 기하학은 하나로 고정되지 않는다. 어떤 기하학도 다른 기하학보다 우월하거나 열등하지 않다. 건축에서는 유클리드 기하학, 위상기하학 등이 구분되지 않고 서로 적절한 위치에서 결합될 수 있다는 점에서 여러 기하학geometies이 무수히 결합된다고 말할 수 있다. 그러나 기하학적인 가능성이 아무리 크다고 해도 건물로 지으려면 선택되고 한정되어야 하고 다른 관

넘으로 수렴하게 된다. 그래서 홀은 "건축은 기하학을 초월한다."
라고 말했다.

　　오래전에는 탑을 세우듯이 자기를 드러내는 거대한 건축물
로 주변을 지배했다. 20세기 건축도 순수기하학의 건축을 아름다
운 건축이라고 여겼으나 이런 건축은 지나치게 완결되어 있었다.
그러나 그런 거대한 건축물은 막대한 에너지를 소비하며 환경을
저해한다. 이제는 이와는 반대로 환경에 유연하고 잠재적인 것을
발견하는 새로운 기하학이 요구된다. 때문에 21세기 건축은 부분
이 통합되지 않는 건축을 지향하지는 않는다. 오늘의 건축은 본래
위에서 아래를 향해 위계적으로 지어지는 것처럼 보이지만 실제
로는 이와 정반대로 아래에서 위로 통합된다는 사실을 인식하고
있다. 이를 테면 알고리즘 프로세스를 계속하면 질서가 뒤로 숨어
버리듯이, 랜덤하고 복잡한 부분도 또 다른 새로운 규칙과 질서를
가진 건축물로 완성하고자 한다.

　　컴퓨터는 시뮬레이션을 하기 위한 것이다. 컴퓨터가 없던 시
대에 가장 빠른 자동차를 만든다고 하면 해당 자동차의 모델을
정하고 이에 도달하는 차를 연역적으로 개발했을 것이다. 그러나
지금은 그렇게 하지 않는다. 가장 빠를 것으로 예상되는 자동차
를 여러 개 만들어놓고 그 가운데에서 가장 빠른 것을 선택하는
귀납적인 방식을 취한다. 가장 빠른 자동차를 구한다는 점에서 이
두 가지 방식은 방향이 같지만 방식은 다르다. 기술이 주도하는
시대에 기하학은 건축을 선험적으로 통제한다고 여기지 않으며,
반대로 작은 부분에서 발전시켜가는 설계 방식을 택한다는 뜻이다.

　　과거에는 기하학이 대부분 건물의 형태를 의미했다. 그러나
이제는 기하학이 사물의 형태를 기술하는 것을 넘어, 사물과 장場
의 관계를 만들어내는 질서에 훨씬 많은 관심을 갖고 있다. 비유
적으로 말해보자. 말뚝 하나가 물의 흐름 안에 있을 때 말뚝 옆에
소용돌이가 생긴다. 이전에는 말뚝의 형태가 훨씬 중요했으나 현
대건축은 말뚝의 형태가 아니라 말뚝 옆에서 소용돌이가 일어나
는 건축을 만들어보겠다고 생각한다.

건축의 기하학

만드는 이의 기하학

건축설계의 기하학

조금 오래되었지만 『환경의 기하학The Geometry of Environment』이라는 책이 있다. 부제는 "설계의 공간 조직 입문An Introduction to Spatial Organization in Design"이다. 이 책은 기하학이 건축에서 얼마나 유용하게 잘 쓰이고 있는가를 이해하는 데 유익하다. 기하학은 고대 그리스에서 시작된 옛것이고 신인동형설神人同形說을 주장하는 인간중심주의의 산물이었다. 그러나 실무에서는 여전히 기하학으로 평면도, 입면도, 단면도와 같은 도면을 그리고 스페이스 프레임이나 다면체를 구상한다. 이 책은 실제 건물과 환경을 만들어내는 데 기하학이 어떻게 사용되는가에 관해 건축적 실례를 수학적으로 해석했다.

이 책이 소개해주듯이 건축가가 그리는 도면은 매핑mapping의 일종이다. 라이트가 설계한 세 주택을 이루는 방의 배치[86]에는 이상하게도 공통점이 있다. 세 방들은 점과 선으로 위상기하학적인 연결관계를 나타내기 때문이다. 그러나 당연히 라이트가 위상기하학을 알고 그린 것이 아니다. 이 분석은 라이트가 이런 연결관계를 가장 바람직하다고 늘 생각하고 있었음을 뜻한다.

건축 전반과 관련하여 언급되는 기하학은 늘 거창하게 들린다. 그러나 건축을 실제로 설계할 때 기하학을 먼저 생각하는 것이 훨씬 유익하다. 그런데 건축설계에서 기하학은 그림을 그리기 위한 수단이 아니다. 그것은 먼저 바깥 세계를 파악하는 방식이다. 기하학에 대해 땅을 재기 위한 학문이라고 말하는 이유는 바깥 세계를 양으로 파악한다는 뜻이 있기 때문이다. 바깥 세계를 파악한다는 것은 크기와 양을 재기만 하는 것이 아니라, 살고 팔고 배우고 사귀는 사람의 행위가 기하학 안에서 전개되고 있다는 뜻이다. 그러므로 사람들의 행위에 대한 논리를 시각적으로 나타내는 것으로 기하학을 확장하여 생각할 필요가 있다. 건축가가 설계한다 함은 기하학으로 외부 세계와 사람의 행위에 대한 논리를 세우는 것이다.

생성 과정의 기하학

이탈리아 철학자 잠바티스타 비코Giambattista Vico는 1710년에 "진실한 것은 만들어진다.verum esse ipsum factum, true itself is made."라고 했다. 이것을 '베룸 팍툼verum factum'의 원리라고 하는데, 진실은 관찰로 입증되지 않고, 창조와 발명으로 입증된다는 것이다. 건축설계의 과정은 비코의 말과 닮아 있다. 건축설계에서 그리는 논리는 형태 자체의 논리와 다르다. 설계에서 결정되는 안은 처음에 착안했던 안이 변형되기도 하고 도중에 전혀 다른 안을 불러내기도 하면서 완성되어간다. 그래서 설계는 어둑하여 앞이 잘 안 보이는 길을 찾아가는 것과 같다.

그리스 말로 '에이도스eidos'란 '이데아idea'와 관계하여 분명하게 눈에 보이는 완전한 형상을 뜻한다. 그러나 이와는 달리 모르페morphé는 만질 수 있는 형상을 암시한다. 모르페는 내적인 본질과 완전한 조화를 이루며 구체화된 물질이 밖으로 표현되는 형태를 말한다. 에이도스는 이데아나 개념 등 어딘가에 있는 완벽한 것에 이어지는 형상이지만, 모르페는 어둠 속에서 모습을 나타내는 생명의 형태를 가리킨다. 괴테가 생물학적인 형태를 다루는 '모르포로기Morphologie'를 제창한 것은 정적인 에이도스의 학學에 대해서 동적인 모르페의 학을 다루기 위함이었다. 그러니까 모르페는 생명, 생성의 변화를 뜻한다. 건축설계에서 형태, 형상은 어떻게 만들어질까? 에이도스로서 만들어지는가, 아니면 모르페로 만들어지는가? 건축설계는 모르페로 만들어진다.

건축이론가 로빈 에반스Robin Evans는 기하학을 이상적인 것을 투영하여 형이상학의 기반을 만들어주는 것이 아니라, 기하학이 건축 속에서 얼마나 다양하게 전개되는지를 치밀하게 논증했다. 그는 『투영적 시선The Projective Cast』에서 기하학이란 건축을 안정하게 만들어주는 것만이 아니며, 여러 단계에서 건축에 영향을 준다고 설명한다.[87] 또한 그는 기하학을 건물의 형상에 관한 기하학과, 건물의 도면을 그리는 기하학으로 구분한다.

에반스는 기하학은 다시 상상과 사고의 레벨에까지 영향을 미친다며 이렇게 설명한다. "그러나 기하학은 사이 공간과 그 공간 어느 한쪽에서 능동적인 역할을 했다. 사고를 상상력에 이어주고, 상상력을 도면에 이어주며, 도면은 건물에 이어주고, 건물은 우리의 눈에 이어주는 것이 투영projection이다. 달리 말하자면 우리가 투영에 모델을 선택하는 과정인 것이다. 사고니 상상력이니 하는 것은 모두 불안정한 부분이다. 나는 기하학과 건축의 관계에 대한 의문은 여기서 일어난다고 주장하고 싶다."[88] 이것은 건축가가 건축물을 생각하고, 그 공간과 형태를 상상하며, 그 건축물의 도면을 그리고, 그것으로 구체적인 건물을 현실에 만들어 사람들이 보고 생활한다고 하는 건축물의 생성 과정 전체에 기하학이 관여한다는 뜻이다.

이와 같은 그의 설명은 건축과 기하학의 관계를 다시 생각하는 데 아주 중요한 단서가 된다. 기하학은 사고 → 상상력 → 도면 → 건물 → 눈이라는 단계로 넘어가는 부분마다 달리 관여한다. 사고와 인식에는 기하학의 인식적 층위가 관여하고, 상상력에는 기하학의 감성적 층위가 관여한다. 도면과 건물에는 측정의 기하학metrical geometry, 눈에는 투영의 기하학projective geometry, 사영기하학射影幾何學이 다양하게 건축에 관여한다. 건축의 기하학은 단지 유클리드기하학에만 한정되지 않는다.

기하학은 공간의 과학이고 건축을 만드는 토대다. 기하학에는 인식의 변화와 그에 따른 이상과 상상의 변화가 있었다. 기하학은 객관적으로 확실한 것만이 아니라 미적인 감각에도 의존한다. 그래서 기하학은 건축을 추상화하는 배경도 되고, 건축을 물질로 구체화하는 도구, 상상과 감정을 불러일으키는 도구가 된다. 기하학이 건축에 해주는 역할은 이 두 가지다. 이렇게 볼 때 건축의 역사는 기하학에 대한 인식과 상상이 변화하는 역사이기도 했다. 건축the art of building은 기하학으로 이 땅에 공간을 구체적으로 만들고building, 세계에 대한 인식을 표명하는 방식art이라고 다시 말할 수 있다.

수용 태도의 기하학

르 코르뷔지에는 『건축을 향하여Vers une Architecture』에서 기하학이 생기게 된 경위를 개인적으로 해석하고 있는데, 기하학에 대한 다양한 의미에 주목하며 다음 문장을 읽어보자. "이 평면에는 원초적인 수학이 결정 인자임에 주목하기 바란다. 그것에는 치수가 있다. 구조적으로도 잘 되어 있어서, 힘의 배분도 좋으며 강도強度도 있고 편리해서 완성된 모든 것은 '치수'로 정해진다. 이 건설자는 가장 쉽고 변화가 없으며 확실한 도구인 발, 다리, 어깨, 손가락을 척도로 사용했다. ······ 그는 치수를 잼으로써 질서를 가져왔다. 그는 자신의 보폭과 어깨와 손가락으로 쟀다. ······ 그러나 에워싸인 형태나 오두막집 형태, 성당의 위치와 부속물을 결정하는 데는 본능적으로 직각이나 축선軸線이나 정사각형이나 원에 의존했다. ······ 축선이나 원이나 정사각형은 기하학의 진수이며, 우리의 눈이 재는 사상事象이며, 인식하는 것이다. 만일 그렇지 않다면 우연한 것, 이상한 것, 멋대로 된 것이다. 기하학은 인간의 언어다."[89]

"기하학은 인간의 언어다."를 바꾸어 말하면 "기하학은 인간이 만드는 건축의 언어다."가 된다. 건축은 감동을 불러일으키는 장치라고 생각한 그에게 이 장치의 부품은 육면체이고 원통이라는 순수기하학 형태였다. 그렇기 때문에 인간은 건축과 기하학을 통해 안쪽에 있는 정신을 외부에 구체적인 것으로 드러내려 했다고 보았다.

코르뷔지에의 설명은 에반스가 말하는 기하학의 다양한 층위와 일치한다. 먼저 그는 기하학을 치수, 인체의 손가락이나 다리로 재는 행위로 설명한다. 그가 이 설명을 위해 인용한 '원시 사원' 도판은 신체에 근거한 모듈이 반복된 것이며, 중요한 오브제는 이러한 기하학적 질서 위에 놓여 있다. 이때 사물을 재는 데는 눈이 작용한다. 에반스의 말대로 눈을 통해 사물을 재는 행위며, 원시 사원이라는 완성된 건물에 대한 감각적 기록이다. 그리고 눈이나 다리로 측정한 것은 '원시 사원'의 평면처럼 일정한 단위를 반복하여 만들어진 도면이다.

그렇지만 이 도면은 단순한 치수만이 아니라, "본능적으로 직각이나 축선이나 정사각형이나 원"이라는 기하학의 정수라 할 정도로 우월한 가치를 가진 기하학에 의해 결정된 것이다. 그 결과, 기하학은 상상력과 인식에 관한 문제로 확장된다. 이런 의미에서 코르뷔지에는 기하학이야말로 인간의 언어이자 '정신'을 구현하는 것이라 강조한다.

건축은 물질로 사람과 외부의 자연 세계를 조정하는 장소를 만들고 그 안에서 생활할 수 있는 구조체를 만드는 것이다. 이런 건축을 지배하는 방식으로 볼 것인가, 수용하는 방식으로 볼 것인가에 따라 기하학은 이상적인 질서의 수단인가, 아니면 수용하는 태도인가가 정해진다. 건축에는 이상을 추구하는 완벽한 기하학이 있는가 하면, 사람의 몸이 만드는 기하학도 있다. 건축에는 '사람의 기하학'이 있고, 자연에 주어진 땅에 근거한 '땅의 기하학'이 있어야 한다. 그리고 '생활의 기하학'이 있고 '장소의 기하학'이 있으며 물질로 만들어진 '구축의 기하학'도 있어야 한다.

사람의 기하학
신체가 재는 기하학

기하학은 크기를 재는 학문이다. 그러나 잰다는 것measuring이 반드시 자로 재는 것만을 뜻하지 않는다. 건축은 공간 안에 사는 사람이나 물건, 펼쳐지는 풍경, 변해가는 수많은 현상에 질서를 준다. 그래서 건축물은 눈으로도 재고 몸으로도 잰다. 자기 주변 세계를 몸으로 잰다는 것은 여기에서 저기까지 몇 걸음인가를 잰다는 뜻이 아니다. 몸으로 잰다는 것은 우리가 살아가는 삶의 근본에 관한 것이다. 그런데 하이데거는 「시적詩的으로 인간은 거주한다.Poetically Man Dwells」라는 에세이에서 "시란 재는 것이다.Poetry is measuring."[90]라고 말했다. 시란 말로 만들어지는 작품이지만 말을 훌쩍 넘어서 사물과의 어떤 거리 속에서 나타난다. 거리를 두지 않고는 자유도 없고 상상도 감동도 기억도 없다. 그래서 시란 재는 것이다.

신체는 움직이면서 공간을 측정한다. 일상생활에서는 거리를 '자'라는 도구로 재기도 하지만 눈으로도 재고 발로도 잰다. 인체는 길을 걸음으로써 눈과 보폭으로 이쪽에서 저쪽까지의 거리를 잰다. 사람이 지나가보아야 폭을 알 수 있고 높이나 방의 크기를 알 수 있다. 몸은 감각으로도 공간을 잰다. 자신의 신체를 기준으로 방의 크기를 비교하거나, 여러 감각으로 공간의 스케일을 측정하기도 한다. 방 안의 소리를 듣고도 그 크기를 잴 수 있다.

방의 크기는 눈으로 보며 재기도 하지만 몸으로 벽의 높이를 재고 그것을 앉을 자리로 사용할 수 있는지를 판단하며, 내가 누울 때 내 몸의 길이를 알고 누울 수 있는지를 판단한다. 사람이 창을 내다볼 때도 내 몸으로 문틀과 눈의 높이를 잰다. 사람은 자기가 사용하는 건물의 크기를 재지만, 반대로 건물로 그들이 사는 생활을 재기도 한다. 그러므로 신체와 그것의 움직임 자체가 기하학이다.

기하학은 평면 위에 도형을 그릴 뿐만 아니라, 인간이 자신의 신체와 눈으로 크기를 측정하여 건축에 통일성을 주는 것이었다. 코르뷔지에는 어느 누구보다도 건축이란 '측정하는 것', 곧 기하학의 토대 위에서 만들어지는 것임을 강조했다. 그는 이렇게 말한다. "건축은 단지 정연하게 배치하거나 빛 아래에 놓인 아름다운 각기둥이 아니다. 우리를 기쁘게 하는 또 하나가 있는데, 그것은 치수요, 재는 것이다." "건축은 조형하는 것이다. 조형이란 눈에 보이는 것, 눈으로 측정하는 것이다."[91]

사람이 만든 기하학

사람이나 사물은 그곳에 있는 것으로, 세계에 기하학을 도입한다. 원이란 컴퍼스를 돌려 만드는 원만 있는 것이 아니다. 사이먼 언윈 Simon Unwin은 사람과 사물은 단지 존재하는 것만으로 기하학을 세상에 가져온다고 말한다. 그리고 그는 건축에는 확대되는 것을 눈으로 볼 수 있는 원, 친숙함을 손으로 만질 수 있는 원, 사람이 그 안에 내가 존재하고 있다고 느끼는 원 등 세 가지의 원이 있다고 말한다. "모든 신체가 사물이나 어떤 사람을 둘러싸며 '존재의 원'이라 부를 만한 것을 갖는다. 이 '존재의 원형圓形'은 그 신체가 장소를 자신과 동일한 것으로 여기는 것에 도움을 준다."[92]

모닥불 주위로 둘러앉는 행위는 원형으로 구체화될 수 있고, 다른 한편으로는 벽난로 앞면 주위의 장식 전체와 난롯가처럼 직사각형의 공간에 마주앉기도 한다. 이러한 현상이 건축의 시작이기는 하나 그렇다고 건축의 완성은 아니다. 어둠 속의 불빛이 벽에 부딪치면, 뚜렷하게 구분되지는 않으나 가운데는 밝고 그보다는 덜 밝은 무수한 원들이 주변으로 퍼져나간다. 그런데 이 현상은 신체에 그대로 반응한다. 무수한 불빛의 원이 방으로 퍼져나가면 내 신체도 방으로 퍼져나감을 느끼게 된다. 원이라는 기하학적 도형은 현상 속에서도 나타난다. 그러나 이러한 현상의 기하학은 지속되지 않는다. 춤추던 사람이 사라지거나 공부하던 학생이 사라지면 현상의 기하학도 장소도 사라지고 만다.

성당의 중심은 제대다. 제대는 거룩한 신비를 공간에 침투시키며, 제대 위의 촛불은 살아 있는 빛을 방사한다. 성당에서 사람은 이런 제대를 중심으로 하여 겹을 이룬 동심원으로 둘러싼다. 제대를 결속하는 사람들의 관계가 기하학적으로는 동심원으로 표현된다. 독일 건축가 루돌프 슈바르츠Rudolf Schwarz는 이를 이렇게 설명했다. "제대는 어떤 한 사람을 다른 사람과 진정으로 이어주는 중심이다. 이 중심 속으로 동심원을 이루며 변형된다. 그곳에서 두 번째 고리가 나타난다. 이 고리는 다시 그 내향성 속으로 변형된다."[93] 둘러싸며 모이는 사람들이 중심을 통해 연결되고, 이 연결이 결속의 동심원을 이루며, 이 동심원이 안쪽을 향하게 하는 사람의 기하학을 가지고 있다는 뜻이다.

이처럼 건축에는 사회적 기하학social geometry이 중요하다. 기하학이란 인간의 사회적인 관계를 만들어주는 것이다. 어느 누구도 가장 앞이나 맨 뒤에 서지도 않으면서 끊임없이 원을 이루며 토속의 춤을 춘다고 하자. 이때 원형은 추상적인 원이 아니며, 인간이 사회를 이루기 위한 공동의 감각으로 만들어낸다. 들판에 모닥불을 피우고 사람들이 대화에 동참하기 위해 원을 그리며 둘러앉는다. 학교 교실에서 책상이 강단을 향해 평행으로 배열되는 것은 한 사람의 교사를 향해 귀를 기울이는 학생들이 만드는 인간의 기하학이다.

인간이 만나고 접촉하는 시설에는 고유의 기하학이 있다. 예를 들어 코르뷔지에의 찬디가르 의사당Chandigarh Capitol Complex 평면은 외관을 둘러싸는 좁고 긴 사무실 블록, 기둥의 숲으로 이루어진 넓은 로비, 그리고 많은 사람이 모여 정사를 논의하는 회의장, 정면을 가로막는 입구 홀 등 네 가지 요소로 이루어져 있다. 회의장의 의원석은 여야가 마주보게 되어 있으며, 이 두 구역의 중심축상 높은 곳에 의장석이 놓여 있다. 의장석 좌우에는 주지사석과 정부관료석이 배치되어 있다. 그리고 이들을 둘러싸며 기자석이 원의 뒤편에 배치된다. 여기에서 중요한 것은 코르뷔지에의 찬디가르 의사당만이 아니라, 고대 그리스의 불레우테리온 buleuterion에서 시작하여 오늘에 이르기까지 정사를 논의하는 시설에는 고유한 기하학이 존재한다는 것이다.

건축이론가 크리스티안 노베르그슐츠Christian Norberg-Schulz는 『실존·건축·공간Existence, Space & Architecture』에서 '실존적 공간'과 '건축적 공간'이라는 이름으로 공간을 두 단계로 구분했다.[94] 그런데 '실존적 공간'이란 비교적 안정된 환경의 이미지를 가진 공간이며, 인간 신체에서 비롯하는 기하학적 공간이다. '건축적 공간'이란 이들 물질을 기하학적으로 구체화한 공간이다. '실존적 공간'에서는 인간 세계가 무한정으로 펼쳐진 공간이 아니라 주체를 축으로 중심화한다. 그런데 "축으로 중심화한다."라는 자체가 이미 기하학적이다. 그는 '실존적 공간'에서는 요소가 위상기하학적으로 관계를 갖는다고 보았다. 그래서 '실존적 공간'은 일정한 모양과 크기 없이 근접·분리·연속·폐합閉合·연속이라는 관계로 규정된다.

생활의 기하학

클러스터의 기하학

주거 형태는 인간 생활에 깊숙이 관여하고 있는 기하학, 곧 '생활을 만들어내는 기하학'을 확인하는 데 적절하다. 건축에서는 기하학적 형태가 반복하여 특별한 정경을 만들어내는 토속적인 주거에서 보듯이 단순한 기하학적 형태는 반복될 때 주변 환경에 대한 독특한 풍경을 만들어낸다.

클러스터cluster는 서로 근접해 있다는 조건으로 개체가 포도알처럼 연결된 집합체를 말한다. 화학에서도 클러스터란 원자나 분자가 몇 개에서 수천 개가 모인 것을 가리킨다. 개체의 윤곽이나 크기, 재료 등 무언가로 비슷한 것이 모여 있으면 클러스터가 성립한다. 기하학적인 형태를 가진 군보다는 개체의 형태가 비교적 자유롭다. 바꾸어 말하면 차이가 있으면서 비슷할 때 클러스터가 생기기 쉽다. 클러스터는 전체 골격에도 강제성이 적고 자유로이 참여하는 인상을 준다.

그러나 이런 클러스터의 기하학은 계획적으로 만들어내기가 불가능하다. 긴 시간 속에서 제각기 자기 조건과 모양을 그대로 유지하면서 전체에 끼어들 때 클러스터는 비로소 가능해진다. 도시에서도 건물·도로·빈터 등이 서로 관련되어 하나의 집합체로 느슨하게 파악하고 배치될 때 이 개념을 사용한다.

그런데 푸에블로 인디언이나 아프리카 사람들의 주거에서 보듯이 클러스터는 오랜 주거지에서 많이 나타난다. 푸에블로 주거는 흙이라는 공통의 재료로 만들어진 크고 작은 다양한 볼륨이 가까이 모여 있으면서 주민 전체의 생활을 공간적으로 표현하고 있다. 특히 여러 가족이 함께 거주하는 주거지에서는 독립된 방이 실생활의 다양한 요구에 따라 위상기하학적 관계로 결합되고 분리되는 클러스터형이 많이 발견된다.

크리스토퍼 알렉산더는 근대 이전에는 재료와 공법에 제한이 있어서 아무리 독창적으로 건축물을 만들어도 주위와 크게 차별되는 건물을 만들기가 어려웠다고 지적한 적이 있다. 이런 이유에서 클러스터는 무명의 건축주가 각자의 생활 방식을 공간적으로 표현한 것으로 이해된다. 1957년 네덜란드 건축가 야콥 바케마 Jacob Bakema는 "일상생활에서 건축적인 질서가 어떻게 다시 기능할 수 있을 것인가? 또 지배자가 불특정의 건축주를 위해 건축한다고 하는 사회에서 어떻게 하면 도시계획이나 건축을 추구할 수 있을 것인가?"라고 물었다. 오늘날 주목해야 할 중요한 지적이다. "일상생활에 대한 건축적인 질서"를 가능하게 해주는 것은 클러스터의 기하학이다.

주거의 기하학

인도의 군라베디에리Gunlavedhieri 마을의 한 주택 평면을 보면, 직사각형에 한쪽으로 치우친 통로를 두고 방들이 평행하게 배치되어 있다. 균일한 기하학의 관점에서 보면 벽은 일정한 간격으로 평행하게 배열되어 있지만, 분할된 각 부분은 균일하지 않다. 이 주거는 밖에서 안을 향하여 점차 방의 중요성이 높아진다. 단순기하학의 관점에서 보면 균일한 분할이지만 실제로는 서로 다른 장력을 지니고 있다.

이런 마을에는 참으로 다양한 형태가 혼재한다. 형태가 조금씩 다른데도 벽이면 벽, 지붕이면 지붕, 창문이면 창문의 형태가 조금씩 다르다. 이런 기하학적인 형태에서는 삼각형과 사각형과 원을 같다고 보는 위상기하학적인 동형同型이 존재하지 않는다. 벽, 창문, 지붕, 천장 등 같은 계열에 속하는 것도 그 형태와 위치는 모두 다르다. 이들이 사용하는 평면은 사각형이지만, 순수기하학으로는 판단할 없는 수많은 차이가 그 안에 있다. 고도의 다양한 기하학 또는 아직 분명하지 않은 기하학이다.

마찬가지로 도곤족 주거지를 위에서 보면 모든 주거는 사각형이 반복된 것이다. 그러나 그 어느 것도 같지 않으며, 그 어떤 것도 다르지 않다. 이 마을의 주택은 직사각형의 탑 위에 원추형 지붕을 올려놓았다. 직사각형은 진흙을 사용해서이고, 원추형은 가장 단순한 초가지붕 때문에 생긴 것이다. 생활 속에서 구할 수 있는 재료로 고안된 이런 주택의 기하학적 형태는 생활의 지혜까지 나타낸다. 이 마을의 집은 유클리드기하학과 비유클리드기하학의 구별을 넘어서 있으며, 순수기하학이 반복되어 만들어내는 정경은 건축가에게 커다란 자극이 되었다.

알도 반 에이크는 도곤족의 마을을 답사하고 이에 영감을 받아 '어린이의 집'을 설계했다. 가정이면서 작은 도시를 만드는 것을 목표로 하여, 상호작용할 수 있는 지점을 두고 위계적이지 않은 분산된 결절점을 만들었다. 이 건물에서는 프로그램의 단위가 정방형의 격자 안에 놓여 있지만, 단위마다 두 방향으로 열린 대각선의 통로가 있어서 여러 가지 외부 파사드를 가질 수 있다. 그리고 바로 앞에 외부 공간이 있어서 단위마다 서로 이웃할 수 있다. '어린이의 집'에 적용된 기하학적 구성은 당시로서는 공간적인 연속성을 강조하면서 공간과 공간 사이의 분절, 외부와 내부 사이의 분절을 부정한 근대건축을 넘어서기 위한 것이었다.

구축의 기하학

물질로 만들어진 '구축의 기하학'에는 어떤 것이 있을까? 물레를 돌려 진흙으로 토기를 만들면 그릇은 원형이 되고, 나무로 테이블을 만들면 사각형이 된다. 벽돌의 영식 쌓기, 네덜란드식 쌓기, 프랑스식 쌓기, 미식 쌓기로 쌓으면 각각의 기하학적인 특성이 달리 나타난다. 기와나 슬레이트와 같은 재료의 기하학적인 형태가 지붕에 표현된다. 벽을 세우고 있는 재료, 지붕을 덮고 있는 재료 등은 쓰이는 요소의 기하학적인 크기와 잇는 방법 등에 따라 구법이나 형상에 큰 영향을 미친다. 기하학은 공간이나 형태 구성에만 적용되는 것이 아니다. 이처럼 시공 과정만 보아도 단순기하학이 무수히 작용되고 있음을 알 수 있다.

아메리카인디언이 사용하는 티피tepee는 통나무를 바닥에서 원이 되도록 서로 기대서 구조가 원형인 평면을 만드는 초간단 구조물이다. 작은 돌을 사용하여 지으면 두 장의 긴 벽을 구조체로 하고 그 위에 나무로 만든 지붕 트러스를 올려 명쾌한 사각형 평면에 삼각형 지붕을 이룬다. 이런 간단한 구조의 집이 불안하여 크럭cruck이라는 중세 목조 건물의 뼈대에 쓰였던 한 쌍의 휜 각재를 두어도 기하학적인 성질은 변하지 않는다.

돌이나 벽돌로 만든 기하학적 구조 시스템인 아치는 창이나 출입구 등 벽이 뚫린 부분에 쓰였다. 같은 원리로 아치를 평행 이동한 볼트와, 아치를 회전해서 생기는 돔도 만들었다. 모두 재료의 구법이 요구하는 기하학적 형태다. 고대 로마 사람들이 원형을 좋아한 이유도 있지만, 돌로 집을 지으려면 원형이 가장 안정적이었다. 이런 아치는 로마의 콜로세움, 개선문, 판테온 그리고 스페인의 세고비아 수도교Segovia Aqueduct에서 보듯이, 구조가 기하학적인 표현을 요구했다. 이어서 로마네스크나 고딕 성당의 전체도 돌로 구축된 기하학적인 형상이 결정했다. 근대의 철근 콘크리트 구조가 직육면체의 볼륨이라는 일반적인 구조체의 기하학을 만들어냈다.

기하학과 구조를 어떻게 묻는가에 따라 건축의 양상이 달라진다. 미스와 가우디는 모두 구조적인 측면에서 기하학을 조정한 것으로 유명하다. 미스는 표준화된 치수와 이상적인 비례와 직육면체로 정의된 건축을 고대 그리스에서 내려온 기둥과 보 시스템으로 해결했으나, 가우디는 후니쿨라 체인funicular chains으로 사그라다 파밀리아 대성당La Sagrada Familia의 구조를 풀듯이 기하학을 물질의 거동에서 나온 것으로 보았다. 가우디는 이를 위해 고딕의 볼트를 변형했다. 두 사람의 전략은 서로 반대다.

철근 콘크리트 구조는 나름대로 고유한 규칙성을 만들었다. '국제주의 양식International Style'에서 두 번째 원리는 규칙성이었다. 멋대로 된 장식을 벗어나 힘의 균등한 분포에 따라 등간격으로 배치되게 되었고, 규칙적인 구조, 같은 부재를 반복 사용 것에서 규칙적인 리듬이 생긴다고 보았다. 그래서 20세기 건축은 격자 시스템을 주로 사용했다.

이토 도요는 이런 근대건축의 격자 기하학을 3차원의 곡면만으로 구성되는 위상기하학적이며 자유로운 격자로 응용하고 '생성하는 격자emerging grid'라고 이름 지었다. 계속해서 연속하고 균질하기만 한 20세기의 격자가 튜브 모양으로 불균질하게 연속적으로 분산하면 사람들에게 자유로움을 주는 공간을 만들게 된다고 보았다. 이처럼 기하학은 과거의 것이라고 무시될 것이 아니라 반대로 응용하고 발전해야 할 건축의 중요한 주제다.

이에 디자이너 세실 발몬드Cecil Balmond*는 기하학을 움직이는 점의 궤적이라고 정의함으로써 기하학의 개념을 넓혀 구조를 해석하고 있다. 건축의 기하학이 유클리드기하학만이 아니라, 비선형의 기하학으로 성립할 수 있음을 명확하게 말한 것이다. 그렇게 하여 실제로 불안정하고 복잡한 운동 과정을 규칙으로 하여 형태로 바꾸어놓는다는 의미에서 순수기하학으로 전개된 20세기와는 전혀 다른 새로운 건축의 시작을 알렸다. 다만 그렇다고 해서 이런 새로운 기하학에 따른 구조가 건축에 그대로 실천되는 것은 아니다. 아무리 기하학과 구조가 발전해도 건물에서 바닥은 언제나 평평할 수밖에 없다. 또한 건축은 사회 시스템 안에 있고, 생활과 생명을 다루어야 하는 책임 또한 있다. 기하학은 형식을 넓혀줄 수는 있으나 프로그램을 직접 모두 해결해주는 것이 아니기 때문이다.

현대건축의 기하학은 구조의 내적인 성질을 가진 것이며, 기하학을 매개로 공학과 구조가 관계를 맺고 있다. 건축의 형식에는 언제나 한계가 따르지만 오늘날에는 패턴을 넓게 확장하여 생각하고 있기 때문에, 확장된 패턴과 기하학과 구조의 새로운 관계를 묻고 있다. 이것은 이전의 이상적이고 정적인 형태를 추구하던 개념화된 유클리드기하학과는 전혀 다르다. 이와는 반대로 오늘의 건축은 새로운 기하학으로 이동하는 것, 유체와 같은 것을 모델로 하여 물질을 집약적으로 다루고 있다. 그리고 건축 자체만이 아니라 환경과 생태적 측면을 고려한 건축을 새로운 기하학으로 풀고자 한다.

본성의 기하학

가능성을 찾는 기하학

기하학은 건축가의 개념을 실현시켜주는 수단이다. 건물 유형을 설계할 때 홀형, 편복도형, 중복도형, 핑거 플랜 등 잘 정리된 기하학적인 패턴을 계획의 요점으로 제시하는 경우가 많다. 이것 또한 기하학적인 패턴이다. 그러나 이런 유형은 결국 복도를 어떤 모양으로 만들까로 정한 평면의 이름일 따름이다. 이것을 비판 없이 사용하면 지어야 할 공간의 본질과는 무관한 것을 조작하게 될 우려가 커진다. 또 원, 정사각형, 다각형 등의 기하학적인 형상을 먼저 정하고 이것으로 모든 것을 간편하게 해결하려는 경우도 많이 본다. 그러나 이것은 규칙적인 기하학적 형태를 조작하는 일이다.

지금 설계하고 있는 건물이 정신병원이라고 하자. 그러면 이 건물에 입원하게 될 환자들에게 무엇을 해줄 것인가에서 물음이 시작될 것이다. 병원동이 독립해 있어야 한다든지, 자기 집에 있어야 할 사람이 질환으로 이곳에 왔을 뿐이니 입원실을 주택처럼 지어야겠다는 생각이 그것이다. 또 서로 모르는 사람들이지만 입원해 있는 동안은 하나의 공동체라고 본다면, 병원의 복도는 길고 생활공간이 될 수 있지 않을까 하는 생각도 가능하다.

이런 개념 안에는 이미 어느 정도 흐릿한 기하학이 숨어 있다. 방들을 떨어뜨릴 것인가 이어줄 것인가, 활기 있게 만나게 할 것인가 조용하게 구분할 것인가? 실제 설계에서는 이런 여러 가능성에 대한 판단이 요구된다. 이때 이 여러 가능성은 복수의 기하학으로 해결할 수 있다. 그리고 이것이 최종적으로 현실의 건물로 완성되려면 또 다른 기하학이 이 여러 기하학을 통합해주어야 한다.

여기에는 정해진 패턴을 쫓아가든지, 아니면 단순기하학의 형태를 조합하든지, 또는 건물의 내적인 성질을 기하학으로 구체화하는 태도가 있다. 폴앨런 존슨Paul-Alan Johnson은 이런 두 가지 태도를 각각 '방식modus'의 기하학과 '몸체corpus'의 기하학으로 나누고 있다.[95] 그는 '방식'인 기하학은 "형태가 어떤 건물의 프로그램에 꼭 잘 맞는가"를 다루고, '몸체'인 기하학은 "형태가 특정한 건물 프로그램에 가장 잘 맞는가"를 다룬다고 했다. 물론 여기서는 방식이니 몸체니 하는 용어가 중요하지 않다. 두 기하학의 차이는 '어떤 건물의 프로그램'인가, '특정한 건물 프로그램'인가에 있다. '어떤 건물'이란 일반적으로 많이 알고 있는 패턴으로 파악한 프로그램이고, '특정한 건물 프로그램'은 다른 것이 아닌 바로 그 건물의 본성에 해당하는 프로그램이라는 뜻이다.

'방'을 찾는 기하학

가능성을 찾는 기하학은 루이스 칸의 다음과 같은 말과 어느 정도 일치한다. "훌륭한 건물은 잴 수 없는 것the unmeasurable에서 시작하여, 디자인 과정 안에서 잴 수 있는 것the measurable을 거쳐야 한다. 그러나 최종적으로는 다시 잴 수 없는 것이어야unmeasurable 한다고 생각한다. 디자인이란 사물을 만드는 것이며, 잴 수 있는 measurable 행위다."[96]

칸은 잴 수 없는 것을 '폼Form'이라고 불렀는데, 이는 '공간의 본성'과 같은 말이다. 이 잴 수 없는 것은 어느 정도는 희미하게나마 기하학적인 형상을 가지고 있다. 칸은 잴 수 없는 공간의 본성을 잴 수 있는 것으로 만드는 것을 '디자인'이라 불렀는데, 이렇게 '잴 수 있는 것'으로 만드는 것도 역시 기하학이다.

그는 르 코르뷔지에처럼 기하학을 인간 정신의 대명사로 여기지 않고, 기하학적인 구성을 제작의 과정으로 보았다. 그는 코르뷔지에나 미스의 영향을 받았으나, 예일대학교 아트갤러리 이후에는 공간 단위와 구조 단위를 분명하게 일치하도록 설계했다. 그의 피셔 주택Fisher House은 격자상의 기둥 배열을 따르지 않고 공간 단위와 구조 단위가 일치하는 두 개의 사각형을 꼭짓점에서 연결하였다.

그러나 이 주택의 설계를 시작할 때부터 이런 기하학이 나타난 것은 아니다. 이 주택은 오른쪽은 주택, 왼쪽은 의원으로 함께 사용하기 위한 것이었다. 초기에는 사각형 두 개가 H자로 이어지고 각각 그 앞에 다른 사각형이 덧붙여졌다. 대각선 배치가 나타난 것은 어느 정도 설계가 진행된 다음이었다. 그는 "문제가 어떻게 되든 나는 언제나 정각각형에서 시작한다."라고 말했다.

오늘날 건축을 배우는 사람은 왜 그가 이렇게 정사각형을 좋아했는지 동감하기 어려울 것이다. 그는 그 이유를 이렇게 설명했다. "정사각형을 사용하면 보통은 모든 것을 해결할 수 있다. 보통, 사각형의 네 면 중 두 면의 방향은 적절하지 않게 된다. 그런데 정사각형을 대각선으로 배치하면 의외의 형태가 만들어진다. 원한다면 그 안에서 답을 찾을 수 있고 정사각형이라는 기하학을 넘어설 수 있다. 건축가는 건물의 방향을 끈질기게 찾아야 한다. 방향은 사람들에게 주는 아주 중요한 무엇이다."[97] 그는 이렇게 단언할 정도로 정사각형에 대한 신뢰감이 대단했다.

건축가 클라우스피터 가스트Klaus-Peter Gast는『루이스 칸: 질서의 관념Louis I. Kahn: The Idea of Order』[98]에서 그의 건축 질서가 어떤 기하학적 배열과 조절을 통해 얻어졌는가를 정밀하게 분석했다. 이 분석은 피셔 주택이 단순기하학을 인위적으로 조작하여 설계한 것으로 지나치기 쉬우나, 이는 자연을 바라보고 있는 이 주택에서 "방 만들기making of a room"가 어떤 기하학으로 추구해갔는지 증명해주고 있다.

먼저 바깥쪽에서 보면 독립된 두 개의 입체가 충돌하는 듯이 보인다. 간단한 두 입체로 진입하는 계단에서 입구에 이르는 공간을 동적으로 마련했다. 이 주택은 자연을 바라보는 대지 안에서 정사각형 두 개의 독립된 입체로 거실과 침실 구역을 명확히 분리했다. 크기가 비슷한 두 개의 정사각형을 45도로 꼭짓점에서 만나게 하여 두 입체를 독립시키되 복도와 같은 제3의 요소를 두지 않고, 침실 쪽 정사각형은 남북 방향으로 거실 쪽 사각형은 남동 방향으로 놓았다. 또 북동쪽으로 거실과 식당의 커다란 창을 두어 주변의 풍부한 숲을 충분히 즐길 수 있게 했다.

거실이 있는 사각형①은 두께를 가진 창가를 만들기 위해 X만큼의 폭을 늘렸다. 이 폭은 침실이 있는 사각형②에도 적용되었고, 사각형①의 부엌과 식당을 두 배2x의 폭으로 늘이는 기준이 되었다. 의자가 붙어 있는 거실 창가의 좌우에는 위아래로 높은 창과 낮은 창이 있다. 또한 빛을 위해 마련된 X의 폭을 가진 공간은 사각형①에 속한 부속 공간의 크기를 결정하는 기준도 되었다. 그 결과 주요 내부는 여전히 정사각형의 공간을 유지하게 되었다. 그리고 이 두 정사각형에서 각각 폭 A만큼 잘라내어, 거실주공간-부엌부공간, 침실주공간-입구 홀부공간을 만들었다. 그리고 커다란 집합적 공간과 작은 개별적 공간을 다시 위계적으로 조직했다.

엔트런스 홀은 좁고 길게 분할되어 있다. 앞으로는 외부를 향한 전면 창을 두어 기하학적으로 명확한 공간이 되게 했다. 조금 안으로 들어와 두 사각형이 만나 거실로 들어서는 입구에서는 시선의 방향이 손가락처럼 여러 각도로 펼쳐진다. 오른쪽에서부터 앞에서 말한 외부를 향한 전면 창 쪽, 의자가 붙어 있는 창가 쪽, 벽난로 쪽, 벽난로 뒤로 보이는 식당 쪽 등 두 개의 정사각형을 꼭짓점에서 만나게 한 평면을 보면 단순하고 경직된 구성처럼 보인다. 그러나 이 예상은 여기에서 완전히 뒤바뀌고 만다. 오른쪽에서부터 커다란 창 세 개가 차례로 등장하는데, 이 세 개의 창은 차례대로 조금씩 뒤로 물러나, 펼쳐지는 공간에 깊이를 더해 준다.

피셔 주택의 거실 벽난로는 매우 중요한 요소다. 벽난로는 반원형이고 창에 가까운 정확한 자리는 그 주변 다른 요소의 관계에서 결정되었다. 벽난로의 중심은 거실의 내부를 분할하는 또 다른 작은 정사각형의 꼭짓점이며, 난로의 비스듬한 각도는 정사각형①을 3등분하는 점과 2등분하는 점을 연결하는 사선으로 결정되었다.

명확한 성격을 지닌 '방'을 만들기 위해서 주어진 공간을 1/2 또는 $\sqrt{2}$ 사각형이 되도록 분할했다. 사각형①에서는 거실, 정사각형의 부엌이 독립적인 볼륨으로 분할되어 성격이 분명한 '방'이 되었다. 거실은 사각형①의 반, 사각형①에서 거실과 부엌 옆의 계단을 제외한 면적의 반은 각각 부엌과 식당으로 만들었다. 부엌과 식당 옆에 붙은 2X의 폭은 부엌의 통로 겸 부부가 같이 앉아 차를 마시며 밖을 내다보게 한 창가의 작은 테이블에 주어졌다. 사각형②도 큰 방과 부속하는 방을 정확하게 반으로 분할하여 부부 침실과 2층의 작은 침실 두 개로 구성했다.

대지는 남쪽에 면하면서 좁고 길다. 그리고 주변에는 나무가 많고 북쪽으로 집 바로 앞에는 개천이 흐르고 있다. 조금 더 넓은 시각에서 주변의 다른 주택들과 함께 보면 두 정사각형을 대각선에서 연결하여 만든 이 주택이 정적으로 보이기는커녕 얼마나 동적인 자세를 취하고 있는지 알 수 있다. 그리고 이 주택의 주변을 돌아보면 주택의 각 변이 대하고 있는 주변 환경과 아주 잘 어울린다. 주택의 현관을 향해 접근하며 정돈된 모습으로 공간을 절묘하게 조절하고 있음에 놀라게 된다. 오히려 인간이 구축하여 만들어낸 단순한 기하학이 자연이나 지형을 더욱 아름답게 만드는 경우를 많이 보게 된다.

건축물의 본성이라고 해서 그것이 미리 정해진 것은 아니다. 건물의 본성은 찾는 것이고 발견하는 것이다. 칸이 도미니코 수녀회 본원Dominican Motherhouse을 계획할 때 제일 처음에 그린 스케치를 보면 무슨 생각이 들어서 이렇게 길게 여러 건물을 잇고자 했을까 의문이 든다. 이처럼 설계는 희미한 기하학에서 시작한다. 실제 현장에 겹쳐 보기도 하고 투시도로 검토하면서 설계가 진행되면 크기와 위치와 연결 관계가 딱딱한 선으로 명확해지기도 하고 다시 흐릿한 기하학으로 돌아가기도 한다.

건축에서 형태 요소의 위치와 크기는 기하학을 통해 구체적으로 결정되며 전체로 통합된다. 그리고 인간에 근거한 기하학, 자연에 근거한 기하학, 장소를 만들어내는 신체의 기하학 등을 거쳐 인간 행위의 근본을 묻고 독자적인 성격의 공간을 구체화한다.

순수기하학

추상과 요소의 기하학
추상화를 위한 기하학

회화나 조각은 자연을 모방하지만 건축은 자연을 모방해서 만들지 않는다. 건축은 자연 속에 짓는 것이므로 자연을 모방할 수 없다. 건축은 기둥을 세워 보를 걸고 그 위에 지붕을 얹는데 이는 중력, 재료의 물성이라는 추상적인 관계로 정해진다. 건축에는 추상화抽象化가 내재해 있다.

건축은 '원'이라는 개념과 비슷한 데가 있다. 우리는 어렸을 때 "달, 달, 무슨 달, 쟁반 같이 둥근 달"이라는 노래를 불렀다. 여기에서 "쟁반 같이 둥근 달"이라는 말은 '원 같이 생긴 달'이라는 뜻이다. '원'은 한 점을 중심으로 같은 길이와 같은 점의 궤적이라는 추상적 개념이다. 그러나 타이어나 달이나 쟁반은 원의 개념을 통해서 만들어진 구체적인 사물이다. 원은 기하학적 개념이지만, 타이어나 달이나 쟁반은 모두 둥글게 생겼어도 원은 아니다. 타이어나 쟁반은 경험 속에서 많이 보는 구체적인 사물이지만, 원은 사물의 공통적인 특성을 추상적으로 함축한 것이어서 눈에 보이거나 손으로 만질 수 없다. 심지어는 컴퍼스를 돌려 그린 도형조차도 원을 생각하게 하는 도형이지 도형 자체가 원은 아니다. 이렇게 생각할 때 '건축'은 '원'과 같은 것이고, '건물'은 '쟁반'과 같은 것이다.

추상과 비슷한 말이 개념concept이고, 이에 상대하는 개념이 구상具象, representation이다. 건축에서 추상적이라고 하면 흔히 현실감이 없고 재료의 감각을 지워버린 도형과 같은 것으로 이해하는 경우가 많다. 예를 들어 화이트 큐브white cube 미술관처럼 새하얀 공간, 릿펠트의 주택, 코르뷔지에의 주택을 먼저 머리에 떠올린다. 빛의 효과로 재료가 비물질적으로 보이면 추상성이 높아진다.

고대로부터 건축은 순수기하학의 형태로 완벽했고 홀로 서 있었다. 그리고 이런 건축은 늘 주변을 지배하고 있었다. 내부 공간이 완벽한 구로 된 건축은 판테온이었고, 시각적으로는 삼각형인 사각뿔의 불가사의한 구조물은 피라미드였다. 사각형의 육면체는 그리스 신전으로 표현되었으며, 원통형은 위대한 황제의 영묘靈廟에 쓰였다. 모두 영원, 불멸, 완벽한 기하학적 형태가 땅과 빛 아래에 놓여 있었다. 그렇지만 이러한 순수기하학이 비판받는 이유는 단지 완벽한 형태 때문이 아니다. 순수기하학을 입은 건축이 자기중심적이며 위압적으로 독특한 존재감을 드러내며 주변과 단절되기 때문이다.

순수입체와 비례

역사적으로 건축에서는 순수기하학의 형태를 참 많이 사용해왔다. 순수기하학적 입체를 '플라톤 입체'라고 달리 말한다. 플라톤은 모든 입체를 말하지 않고 정사면체, 정육면체, 정팔면체, 정십이면체, 정이십면체 등 정다면체 다섯 개만 언급했다. 정다면체란 모든 면이 서로 합동인 정다각형이고, 각 꼭짓점에 모인 면의 수가 똑같은 볼록 다면체를 말한다.

플라톤은 저서 『티마이오스Timaios』에서 자신의 우주론cosmology과 함께 이와 같은 정다면체를 말했다. 플라톤은 물질의 궁극적 4원소를 불, 흙, 공기, 물로 보았다. 가장 눈에 잘 보이는 것은 불, 가장 만지기 쉬운 것은 흙, 그리고 그 사이에 공기와 물이 있다는 것이다. 그런데 이 네 개의 요소에는 친화하는 비례관계가 성립한다. 불 : 공기=공기 : 물=물 : 흙이 된다. 그는 4요소의 출발점을 삼각형으로 이해했고, 이등변 직각삼각형과 두 각이 30도와 60도로 된 부등변직각삼각형 등 두 개의 삼각형으로 제시했다. 오래전 건축설계를 할 때 사용하던 두 개의 삼각자가 이러했다.

이를 바탕으로 4원소 가운데 불, 공기, 물의 요소는 부등변삼각형으로 구성되고, 흙의 요소는 이등변삼각형으로 구성된다. 불에는 가장 단순하고 날카로운 정사면체, 공기에는 바람개비처럼 생긴 정팔면체, 물에는 가장 둥근 모양인 정이십면체가 할당되었고, 흙에는 안정적인 모양인 정육면체가 할당되었다. 이렇게 논리적인 학문이 입체가 주는 느낌으로 정해졌다. 기하학에 대한 이런 사고는 르네상스의 알베르티와 팔라디오 등의 건축가에게 이어졌다. 알베르티는 원형이 가장 좋은 것이라 보고 원에서 나온 정사각형, 육각형, 팔각형, 십각형 등이 탁월한 도형이라고 보았다.

그러나 르네상스에서 투시도법이 출현하자 황금비로 대표되는 기하학적 비례법은 단순한 산술적 비례법으로 바뀌었다. 본래 형태 안에 내재해 있던 기하학은 기능과 같은 외재적 의미와 함께 해석되거나 지적으로 조작되는 대상이 되었다. 바로크 건축에서 프란체스코 보로미니Francesco Borromini나 로렌초 베르니니Gian Lorenzo Bernini 등에 의해 타원형과 복잡하게 조작된 기하학이 등장한 것이 그러하다. 이렇게 기하학적인 형태의 상징성보다는 형태의 기하학적 관계로 논점이 옮겨지게 되었다.

요소와 정신의 기하학

근대건축에서도 기하학은 여전히 보편적 가치를 대표했다. 근대 기술은 명확하고 이성적인 요소적 형태로 보편성과 동시대성을 표현했다. 그러기 위해서 근대예술은 기하학과 수학의 추상적 성질에 의존했다. 곧 기하학은 명확하고 이성적이며 요소적이고, 그렇기 때문에 보편적인 형태의 근간이 되었다. 근대 건축가는 기하학적 순수 형태 안에서 한편으로는 본질적인 형태를 찾았고, 다른 한편으로는 근대 기술이 생산하는 익명성을 표현하고자 했다. 이 정도로 근대건축에서 기하학의 의미는 광범위했다.

특히 20세기 러시아 구성주의, 절대주의, 더 스테일 등은 모두 추상성이 높은 순수기하학의 형태를 우선으로 여겼다. 예를 들어 테오 판 두스뷔르흐Theo Van Doesburg에게 직선은 관념을 표현하고 진실과 사랑으로 결정된 아름다움의 순수한 형태, 정신적이고 산업적이며 생물학적인 성질을 함축한 것, 나아가서는 새로운 문화 전체를 표현하는 것이었다.[99] 또한 이들에게 순수기하학은 자유의 상태, 정신에서 생긴 예술의 순수성을 말해주는 것이었다.

코르뷔지에는 건축을 "감동을 불러일으키는 기계"라고 표현했다. 그런데 이 '기계'란 직육면체와 원통과 원추라는 단순기하학적 형태로 이루어진 것이다. 그는 이런 단순기하학은 표준이 되기도 하고, 정형定型을 만들며, 정신의 질서를 대변해주므로 모든 이에게 감동을 주는 형태의 보편성을 가지고 있다고 보았다. "정신은 기하학으로 표현된다고 나는 확신한다."[100]라고 말했다. 그가 원시 사원을 예로 든 이유는 기하학의 '기원' 때문이었다. 이 기원은 기하학이 언제 시작되었는가가 아니라, 언제 누구에게나 객관적일 수 있는 기하학의 근원성을 뜻했다.

그래서 코르뷔지에는 건축을 이렇게 정의했다. "건축이란 빛 아래에 집합된 여러 입체의 교묘하고 정확하며 장려한 조합이다. 우리의 눈은 빛 아래에서 형태를 보게 되어 있다. 명암으로 형태가 떠오른다. 육면체, 원뿔, 구, 원통 또는 각뿔 등은 초원적인 형태이며, 빛은 이것들을 분명히 떠오르게 한다. 이 상은 명확하고 파악하기 쉬우며 모호함이 없다."[101] 그리고 로마가 콜로세움, 나보나 광장Plazza Navona, 산탄젤로 성Castel Sant'Angelo 등 순수기하학적 형태로 된 기념비적인 건축물이 모여서 이루어진 도시임을 알려주는 스케치를 남겼다. 한때 이 정의는 날카로운 이성의 눈으로 파악한 것이라고 모두 칭찬했다.

그러나 오늘날의 건축가는 도시를 건축물의 순수기하학적 형태의 집합으로 보는 이러한 태도를 크게 비판한다. 코르뷔지에의 이러한 주장 탓에 순수기하학도 의미를 크게 잃어버렸고 이에 대해 많은 건축가는 냉소적이다. 그리고 기하학적 형태를 조작의 대상으로 여기게 되었다. 미국 건축가 존 헤이덕John Hejduk이 계획한 '1/4 시리즈 주택' '1/2 시리즈 주택' '3/4 시리즈 주택' 등이 있는데, 이는 건축가가 이미 분석자에게 답을 주듯이 계획된 것이다. 사각형, 삼각형, 원이라는 세 가지 기하학적 요소를 건축 형태로 받아들이고, 각 요소의 1/4, 1/2, 3/4만을 사용하고 있다. 사용되는 요소는 모두 하나의 독자적인 방이다. 난로의 모양은 단위 형태를 되풀이하고 있으며, 단위를 분할하는 방식도 모두 같다.

언어의 기하학

한때 많은 사람이 관심도 갖고 연구의 대상이 된 적도 있지만 지금은 코르뷔지에의 건축을 비판할 때 꼭 등장하는 도판이 하나 있다. 이 도판의 제목은 "모든 것은 구와 원통이다."[102]이다. 순수기하학은 그가 세계를 읽기 위해 필요한 수단이었다. 그는 건축을 원통, 육면체, 사각뿔, 구로 분해하고, 이것을 건축의 언어를 만드는 단어처럼 생각했다. "고대 이집트, 그리스나 로마의 건축은 각기둥, 육면체와 원통인 건축, 세모뿔과 구의 건축이다. 피라미드도, 룩소르의 신전도, 파르테논도, 콜로세움도, 빌라 아드리아나도 그렇다."[103] 왜 그는 순수기하학을 건축이라는 언어의 단어처럼 인식했을까?

18세기 후반을 이끈 사고는 환원주의였다. 초원初元의 때 묻지 않은 자연 상태를 그린 인물이 장 자크 루소였다면, 건축이론에서는 로지에가 모든 건축의 원형이 되는 '원시적 오두막집'을 보여주었다. 순수기하학은 다시 신고전주의 건축가 클로드 니콜라스 르두Claude Nicolas Ledoux에게 이어졌다. 조반니 바티스타 피라네시Giovanni Battista Piranesi, 불레, 르두와 같은 계몽기의 건축가에게 기하학은 이미 신이 자신을 드러내는 르네상스적인 기하학이 아니라, 관계 개념으로 성립하는 자족적인 기하학이었다.[104] 바로크처럼 주관적인 효과를 찾지 않고, 하나의 보편적인 질서를 건축으로 실현해 보이고자 할 때, 그래서 모든 것을 처음부터 다시 묻고 다시 세워야 했을 때 기하학은 새로운 언어로 등장했다.

그러나 이들이 순수기하학적인 형태를 편애한 것은 이전에 수단으로 기하학을 응용한 것과는 달랐다. 이전에는 기하학이 선험적으로 생각된 규범에 대한 희구였다. 기하학을 건축에 적용할 때는 수에 의한 비례관계를 묻거나, 건물의 치수를 묻거나, 정사각형이나 원형이라는 도형을 물었다. 그러나 불레의 뉴턴 기념당 Monument to Isaac Newton이나 르두의 하천관리인의 집에 나타난 완전한 구球라는 건축 전체가 하나의 순수기하학적 형태로 환원되었다고 말해야 할 정도로 기하학적 형태는 건물 전체를 압도했다.

제들마이어는 이를 두고 "건축은 기하학과 동렬에 놓여 있어야 했기 때문이다."[105]라고 말했다.

이전 시대에서 기하학은 투명한 시스템이었고 특히 중세에는 신이 주시는 새로운 보편성이었으나, 신고전주의 시대에는 기하학이 기하학만으로는 설명이 안 되는 광대한 자연이라는 외부가 등장하고 있었다. 아름다운 것은 기하학 내부에 있지만, 기하학 외부에는 자연의 숭고함이 있었다. 그래서 등장한 것이 기하학과 동렬인 건축이었다. 불레의 뉴턴 기념당의 지름은 135미터나 되었는데, 그 자체가 순수한 구이며 단순하고 장대한 숭고를 표현했다. 이것은 이전에는 전혀 없던 혁명적 발상이었으나, 그 안에 둥근 공간은 인공적인 무한이며 완전히 공허한 공동空洞이었다.

이런 상황에서 기하학적 형태는 언어에서 말의 단어처럼 명료하여 식별할 수 있는 것이며, 자기를 규정하는 것이었다. 건축에 나타난 침묵의 이미지는 기하학적 형태에 내재해 있는 영원성을 표현한 것이다. 오늘날의 눈으로 보면 왜 그렇게 지어야 했을까 의심이 갈 수 있으나, 불레가 보이고 싶었던 것은 부동성, 영원성을 기념비적으로 '나타내는' 것이었다.

르두는 당시에 새로 등장하기 시작한 여러 용도에 적합한 건물을 어떻게 '나타내는가'를 강조했다. 하천관리인의 집은 어떻게 나타내며, 청소년을 위한 성교육시설의 평면을 남근 모양으로 만든 '오이케마Oikema'를 어떻게 나타내는가, 어떤 문인의 집은 어떻게 나타내며, '기억의 신전'이라고 해야 할 건물은 어떻게 나타내는가에 대한 답을 제시하고자 했다. 이들은 예전에 없던 시설이었기 때문이다.

르두의 건축을 "말하는 건축architecture parlante"이라고 할 정도로 그는 기하학과 의미 표현의 새로운 관계를 보여주었다. "원과 정사각형, 이것이야말로 작가가 가장 좋은 작품의 텍스처에서 사용하는 알파벳 문자다."[106] 새로운 시대에 새로운 시설은 계속 나타나는데 언제까지나 신전 모양으로 이들을 표현할 수는 없었다. 기하학은 다양한 기능에 대해 형태가 말하는 일종의 기호였다.

그래서 그들은 건축을 기하학적 형태를 혁명적으로 도입한 건축이라고 평가한다.

지금 본다면 건물 이름도 이상하고 뭘 하려고 이렇게 거대한 것을 만들어야 했는지 의아한 시선으로 바라볼지도 모른다. 그러나 이것은 건축 역사상 처음으로 환상, 이상, 유토피아, 자연, 궁극적 상태를 순수기하학적 형태를 통해 언어로 말하고 상상하고자 한 것이다.

균질의 기하학
좌표계의 기하학

길게 늘어선 계단실형 아파트의 동과 호수를 정할 때 7동의 102호와 103호 윗집은 202호와 203호이고, 그 윗집은 302호와 303호가 된다. 수평 방향은 x축이 되어 1, 2, 3 ……이 붙고 수직 방향은 y축이 되어 1, 2, 3 ……이 붙는다. 만일 이 아파트가 타원형이면 x축, Y축, z축으로 번호를 붙이게 되어 111호, 211호가 되고 그한 칸 위부터는 위로 121호, 221호, 321호가 된다. 이것은 수학 문제가 아니다. 실제로 아파트의 동과 호수를 이렇게 붙인다. 121호, 221호, 321라고 부르는 것은 좌표를 부르는 것이다.

이렇게 공간적인 위치를 수치로 나타낸 것을 두고 데카르트는 대수학과 기하학을 합하여 특정한 형태와 양을 넘어 무한히 확장하는 공간을 설정했다고 말한다. 고대로부터 데카르트까지는 삼각자와 컴퍼스에 의한 작도에 의존했으나, 데카르트 이후에는 위치를 수의 짝coordinates인 좌표로 정했다. 이 짝으로 점의 위치가 정해지는 것을 좌표계coordinate system라고 한다. 코디네이트coordinate란 '함께 정연하게 만드는 것' '같은 규칙의'라는 뜻인데, 독립하여 대등한 x축과 y축의 두 수로 정해진다. 서로 직교하는 좌표축으로 정해진 직교좌표계를 데카르트 좌표계라고 한다.

데카르트 이전에는 무한한 실체가 신이었으나, 그 이후에는 이를 대신하여 물질을 무한히 확장연장, extension하는 존재로 보았다. 실체를 물체와 정신으로 나눈 것이다. 그리고 실체는 다른 어떤 것을 필요로 하지 않고 존재한다. 이렇게 되자 기하학이나 공간을 말하는데 신이나 우주나 자연이 전혀 개입될 필요가 없게 되었다. 물질은 기하학의 대상이며 길이와 폭과 깊이에서 무한한 것, 분할할 수 있고 가변적이며 움직이는 것이 되었다. 공간은 무한히 확장되고 어디서나 나뉠 수 있으며 따라서 균질하게 여기게 된 것은 바로 기하학에 대한 이런 해석에서 비롯한다. 건축도 이런 기하학과 공간의 이해에서 예외가 될 수 없었다.

도학이 된 기하학

근대과학이 건축에 미친 영향 중에서 빼놓을 수 없는 것은 프랑스 수학자 제라르 데자르그Gérard Desargue의 사영기하학射影幾何學이다. 사영射影이란 어떤 한 점으로부터 발사되어 대상물에 집중하는 빛의 다발을 말하는데, 사영기하학이란 하나의 사영을 두 가지로 절단하였을 때 도형 사이에 생기는 공통되는 수학적 성질을 연구하는 기하학을 말한다. 이 기하학은 실용성을 위해 물체를 객관적으로 묘사하는 데 목적이 있었다. 그런데 이 사영기하학은 원근법에서 발견된 '무한원점無限遠點'에서 영향을 받았으며, 또한 13세기에 유클리드기하학에 속해 있던 광학이 엄격한 기하학으로 독립한 것이었다.

사영기하학은 프랑스 수학자 가스파르 몽주Gaspard Monge의 도학圖學, descriptive geometry으로 이어져서 사물을 2차원의 평면으로 분해하고, 그 사물들의 위치를 수학적 관계로만 기술했다. 이로써 기하학은 공학의 도구가 되어 19세기 산업의 발전과 깊은 관계를 맺게 되었다.[107] 당시의 권위 있는 교육기관이었던 에콜 폴리테크니크École Polytechnique를 졸업한 기술자와 건축가들이 사용한 기하학은 몽주의 도학이었다.

도학은 그림을 그리는 것과 그림을 읽는 기술이며, 3차원의 형태나 공간을 2차원으로 표현하고, 2차원으로 그려진 정보로부터 3차원의 형태와 공간을 이미지로 사고할 수 있게 해주는 학문 분야다. 건축 도면의 기본인 평면도, 입면도, 단면도, 투시도 등이 도학에 속한다. 3차원의 공간을 정확하게 파악하고, 예전과 같지는 않지만 공간을 도학으로 정확하게 파악하고 표현하는 것이 건축을 배우는 데 매우 중요한 기초 능력이 되기 때문에, 지금까지 오랫동안 건축에서 제3자에게 전달할 수 있도록 도면을 그리고 읽고 표현할 수 있도록 학교에서 가르치고 있다.

현재 컴퓨터가 제도의 도구가 되어 있으나 머릿속 이미지를 컴퓨터가 자동으로 그려주지는 못하므로, 그림으로 2차원과 3차원을 잇는 도학적 상상력은 변함 없이 건축을 생각하기 위한 필수 개념이다. 기하학은 도학으로 건축설계에 가장 가까이 와 있다.

조합 시스템의 균질 기하학

에콜 폴리테크니크의 건축 담당 교수였던 장 니콜라 루이 뒤랑 Jean Nicolas Louis Durand은 건축 형태의 구성을 경제성과 편의성으로 집약하고 경제적인 목적을 위한 건축이론을 강의했다. 그 영향은 대단하여 1800년경부터 약 50년간 유럽 전체에 영향을 미쳤다. 그는 구성 요소를 정사각형의 격자 패턴 위에서 축으로 구성하는 좌우 대칭의 단순 형태가 경제적이라고 역설했다. 그리고 도면도 반만 그렸다. 그의 책 『건축선집Recueil et parallele des edifices en tout genre』에서는 고대에서 시작된 92개의 사례를 모방할 수 있도록 용도가 같은 역사적 건물을 등가로 분석했으며, 이를 인체 치수가 아닌 미터법으로 비교한다. 위생과 건강, 행정과 사법, 교육과 정치 같은 근대적인 요구도 다룬다.

원통형이나 정사면체 또는 구형과 같은 순수기하학은 단독으로 쓰일 때는 공간의 초점이 되어 건축물이 기념비의 성격을 갖기도 한다. 그러나 순수기하학은 공간을 넓힐 때 사용되는데, 그중에서 가장 단순한 것은 정사각형의 격자 패턴이다. 기둥과 보로 된 라멘 구조로 홀을 만들 때 많이 사용하는데, 고대 이집트 신전 건축의 다주실이 가장 오래된 예다. 정사각형 격자는 따로 독립시켜보면 자기 주장을 하지만, 이것을 모아 격자로 만들면 시스템의 기하학이 된다.

19세기 초 이성의 시대를 상징하듯이 뒤랑의 다른 책 『건축 강의 개요Précis des leçons d'architecture』는 모눈종이처럼 정사각형 격자를 잔뜩 그리고, 교차하는 축과 모듈에 맞추어 구성하는 방법을 보여주었다. 그리고 기둥이나 아치, 돔이라는 명확한 구조 단위를 구성의 법칙과 기하학적인 대칭에 따라 배열했다. 이 책은 평면만이 아니라 입면에서도 격자 패턴을 응용하는 방법을 보여주었다. 뒤랑의 건축 방법에 그다지 흥미를 못 느끼거나 대수롭지 않게 여길지 모르지만, 이것은 근대건축에 이르는 과정에서 대단한 영향을 미쳤다. 정사각형의 격자와 축 구성이라는 아주 단순한 기하학적 방법이 영향의 핵심이었다.

뒤랑의 구성 방법에 따라 건축은 모방으로 즐거움을 주는 것이 아니며, 자연이나 인체는 더 이상 건축의 모델이 아니게 되었다. 그는 비례는 재료의 성질과 용도로 정해지며, 사람이 보는 위치에 따라 모두 다르다고 보았다. 건축은 객체와 주체 사이의 어떤 관계에 있지 않다. 그의 건축이론에 따르면 설계는 조합의 형식적인 게임이므로 초월적이며 상징적인 의미가 필요하지 않았다.

이렇게 하여 기하학은 균질한 공간을 구성하는 수단이 되었다. 슈퍼스튜디오Superstudio가 그린 드로잉 〈A에서 B로의 여행A Journey from A to B〉은 장소를 잃고 확장하는 도시 공간을 배회하는 도시의 유목민을 묘사할 때 곧잘 인용된다. 이 드로잉에는 뒤랑이 보여준 것 같은 정사각형의 격자만이 무한히 확장한다. 멀리 확장하는 격자 공간에서 방해가 되는 것은 지형일 뿐, 그 안에는 대상이 없고 비어 있으며 그저 확장하는 표면만 있다. 그리고 사람들은 알 수 없는 방향으로 움직인다. 당연히 이 공간은 대칭축으로 구성될 리도 없다.

〈A에서 B로의 여행〉에는 도시도 성도 필요 없고 길이나 광장이 없다. 모든 지점이 동일하기 때문이다. "지도 위에서 임의의 한 점을 선택하면서 우리는 말할 수 있을 것이다. 나의 집은 3일, 두 달, 혹은 10년 동안 이곳에 있을 거라고 말이다."[108] 이러한 표면은 건축의 바닥이나 외벽과 같은 표면이 아니다. 그것은 에너지와 정보의 격자를 통해서 균질한 상태가 된 '거대표면supersurface'이다. "우리가 모든 지역에 에너지와 정보 전달을 위한 격자망을 설치했다고 생각해보자. 이 격자망은 어느 점이나 두 개의 직선이 교차하는 지점으로 설명되는 '전체장total field'이라는 상황을 강조한다."[109] 뒤랑에서 시작한 오직 정사각형의 격자 구성에서는 기하학이 균일 공간을 무한히 확장하는 도구가 되었다. 그러나 슈퍼스튜디오의 '거대표면' 속 격자는 눈에 보이지 않는 균질 공간의 성질을 눈에 보이도록 그린 것에 지나지 않는다.

장場의 기하학

자기중심적인 순수기하학은 위압적이지만은 않다. 반대로 사람을 응집해주는 순수기하학을 바꾸어 생각해볼 수 있는 예술의 흐름이 나타났다. 순수기하학적인 형태에 대해 이렇게 사고를 변화시킨 계기는 1960년대 후반부터 나타난 미니멀리즘Minimalism이었다. 미니멀리즘은 미국을 중심으로 한 환원주의적 미술 작품을 나타내는 이름인데, 육면체나 기하학적 형태를 반복하는 구조로 물체의 직접적인 현전現前을 나타내고자 했다.[110] 또한 작품이 주위의 공간에 질적으로 개입하고 설치된 장場과 적극적으로 관계하려는 자세가 강하며, 전시장 안에서 다양하게 변하는 현상학적인 지각을 중시했다.

도널드 저드Donald Judd의 〈제목이 없는 제분소의 100개의 알루미늄 작품100 Untitled Works in Mill Aluminum〉처럼 최소한의 순수기하학적 표면은 변화하는 자연광에 따라 재료가 달리 지각된다. 이렇게 되면 상자인 조각은 장소와 무관하게 존재하는 오브제가 아니라 주변의 빛과 풍경에 일치하는 모습을 보여주게 된다.

미니멀리즘 예술은 순수기하학적 입체로 돌아가 하나밖에 없는 자율적인 형식과 완결성을 즉물적即物的 사물로 제시했다. 즉물적이란 관념이나 추상적 사고를 앞세우지 않고 실제 사물에 바로 붙어 있는 상태나 조건을 말한다. 즉 물적인 작품에는 작가를 배제한 공업 생산물이나 레디메이드ready-made 재료가 사용된다.

그 결과 미니멀리즘의 작품은 주체인 보는 사람과 객체인 작품이 현실 안에서 어떤 장場이라는 상황에 의존하게 된다. 이것은 근대주의가 순수기하학적 형태에 대해 보여준 것과는 달리 현실의 지속적인 시간을 필요로 한다.

현대의 새로운 건축은 기하학의 엄밀함과 완벽함을 추구하기보다 '상태'와 같은 것, 확정되지 않은 것, '건축'보다는 '건축이 되려고 하는 바'에서 시작하고자 한다. 그런데 이런 태도는 복잡하고 임의적인 형태가 아닌 순수기하학적 형태, 재료의 중성적인 물성, 변화하는 빛에 반사하는 순수한 표면 등에 의하는 바가 크다. 중국계 미국 건축가 I. M. 페이Ieoh Ming Pei가 설계한 루브르 박물관 중정의 유리 피라미드Louvre Pyramid는 주변에 있는 프랑스 르네상스와 바로크 건축을 대표하는 건물군과 대비를 이룬다. 그리고 어떤 때는 건물과 하늘을 투과해 보이면서 주변에 용해되기도 하고, 물에 반사하기도 하며, 어떤 때는 모든 공간 안에서 독립하여 다양한 모습을 드러내기도 한다. 이것은 유리로 만든 4면체의 피라미드가 아니면 만들어낼 수 없는 풍경이다.

장 누벨이 설계한 베를린 갈레리스 라파예트Galeries Lafayette는 공간 한가운데에 아래를 향하여 좁아지는 원뿔형이 들어가 있다. 그러나 이 원뿔형은 형태가 아니라 볼륨으로 느껴지고, 투명과 반투명의 유리를 통해 보이는 상과 반사하는 상이 겹쳐 나타난다. 흔히 원뿔형은 그 형태 자체가 자기중심적이지만, 위에서 내려다보는 원뿔형의 볼륨은 무수한 상들이 소용돌이를 일으키며 주변 공간이 더 넓게 확장된 느낌을 자아낸다.

헤르초크와 드 뫼롱이 설계한 바젤에 있는 시그널 박스 Signal Box도 마찬가지다. 무표정한 철로 한가운데 놓여야 하는 이 철도 신호소는 자칫 소홀히 여기기 쉬우면서도 안에서 일하는 사람들이 노출되기 쉬운 건물 유형이다. 이 때문에 이 건물은 단순한 기하학적 형태로 존재를 드러내지만, 구리로 칭칭 동여맨 듯한 무기적인 표면으로 표정을 없애고 아침과 저녁의 빛에 따라 다른 반사를 일으켜 오히려 주변과 일체가 되면서 다른 표정을 나타낼 수 있었다. 모두 기하학적인 형태가 아니면 이러한 현상의 건축을 만들어낼 수 없는데, 기하학적인 형태는 주변을 장악한다는 견해와는 반대가 된다.

미니멀 건축의 의도는 스페인 건축가 알베르토 캄포 바에자 Alberto Campo Baeza의 다음과 같은 말에 잘 표현되어 있다. "중력과 빛은 나의 건축의 영원한 주제이며 기본적인 도구다. 중력은 공간을 만들고 빛은 시간을 만든다. 물과 물을 담는 그릇의 관계처럼 중력은 주조casting이며 빛은 거기에 담기는 살아 있는 물질이다."[111] 중력이란 물질로 지어진 건축물이고 빛은 변화하는 시간이다. 중력이라는 가장 근본적인 힘을 전달하려고 지면에 놓이는 구조물인 건축은 내부의 퍼지는 빛으로 완성된다고 주장한다. 그는 절제하는 미니멀리즘과는 달리 중력과 빛이라는 더 이상 환원할 수 없는 두 가지를 가지고 정확하고 완결된 공간으로 건축을 표현하고자 한다. 그의 무한의 집House of the Infinite에서는 평탄한 트래버틴travertine이 수평선과 만나는 지붕의 끝부분을 무한으로 강조하여 주택의 끝인지 하늘이 시작하는 곳인지 구별할 수 없게 했다. 지붕은 바다를 향한 사각형의 극장이 되고 바다는 주택까지 차고 올라온 수영장처럼 된다.

질서와 기하학

모상과 기하학

예부터 건축 공간은 사람이 살게 되는 장소에 질서를 주는 것이었다. 인간의 주거는 신이 만든 코스모스가 지상으로 옮겨진 공간이었다. 이때 신의 세계가 사람의 눈에 보이려면 그것을 닮은 모습 곧 모상模像을 이 땅에 재현해야 했다. 이와는 다른 또 하나는 신이 만든 우주에 내재하는 질서와 똑같은 논리, 똑같은 구조, 똑같은 시스템을 공유하여 질서를 확립하는 것이다. 따라서 건축 공간을 구조화하는 두 방법으로는 이 땅에 원상原像을 모방해 모상模像

을 만들거나, 질서의 논리인 기하학적 법칙성을 실현하는 것이다. 예술에서는 이것이 각각 내용을 다루는 재현예술과 형식을 다루는 추상예술이 된다.

플라톤과 피타고라스와 같은 고대 철학자는 우주의 조화가 단순한 수와 기하학으로 성립한다고 보았다. 곧 '1'은 점이며 입방체와 같은 것이며, 모든 수와 형태가 이것에서 비롯한다고 생각했다. 이때 인간이 만든 것과 신이 만든 대우주가 같은 구조를 갖게 해주는 것이 기하학이었다. 신이 창조한 세계가 수와 기하학의 지배를 받는 것이라면, 인간이 만든 건축도 마땅히 수와 기하학으로 결정되어야 했다.

고대 그리스나 로마의 건축가들도 우주는 기하학적인 원리로 구성되며, 이 질서가 결여되면 우주는 코스모스가 될 수 없다고 보았다. 기하학적인 질서에 따라 조화로운 형태를 갖추는 것은 작품을 통하여 우주를 지배하는 질서에 참여하는 것이었다. 르네상스 시대의 만능인이었던 건축가 알베르티가 우주를 질서 있게 만드는 수와 건축의 수의 법칙과 질서를 믿은 것도 이러한 이유에서였다.

그리스도교 성당도 마찬가지다. 천상 교회는 지상 교회의 원상이었다. 요한묵시록에 나오는 천상의 예루살렘과 지상에 세운는 성당은 형태적으로나 의미적으로 닮아 있다. 원상과 모상의 관계에서 건축은 재현예술이 되었다. 그런데 독일 예술사가 오토 폰 짐손Otto von Simson은 이런 해석을 부정하고 수와 빛이 지상의 성당과 천상의 원형을 잇는다고 보았다.[112] 성당의 수와 빛은 하느님의 기하학이고 하느님의 빛과 같은 것이었다.

기하학을 통해 우주의 법칙과 일치하면 건축이 감동을 불러일으키는 장치가 되고 기하학은 건축의 기원이 된다. 따라서 건축을 역사적인 양식의 원점으로 참조해서는 안 된다. 르 코르뷔지에는 건축이 감동적인 비례 감각으로 조화로운 지각이 이루어지는 상태에 도달하는 예술이므로, 건축은 기하학이라는 스스로의 기원을 목표로 삼아야 한다고 생각했다. 기하학은 기하학적인 단순한 형태가 아니라 기원에 관한 것이다.

코르뷔지에는 플라톤적 이데아를 건축으로 바꾸고자 한 근대 건축가였다. 그는 기하학은 우주의 법칙을 실현하는 것이고 건축과 우주를 이어주는 것이라 생각했다. 이쯤 되면 코르뷔지에는 근대라는 시기에 신이 만든 코스모스가 지상에 옮겨진다고는 말하지 않았지만, 단어만 달리했지 거의 이와 비슷한 것을 말했다고 할 수 있다. 그러나 이러한 태도는 근대주의자로서는 할 수 없는 건축 사고였다. 그래서 코르뷔지에는 가장 유명한 근대 건축가이지만 가장 근본적인 근대주의자는 아니라고 말하는 것이다. 기하학과 질서라는 신념이 아주 오랫동안 지속되어 근대건축에까지 이어져온 것은 기하학과 질서를 쉽게 부정할 수 없었기 때문이다.

기하학적 질서가 곧 우주 또는 신의 질서라거나, 기하학을 통하여 인간의 정신을 구현한다는 것은 오늘날 건축에서 긍정하기 어렵다. 그러나 기하학은 공간을 연구하는 것이며 그것으로 세계를 인식한다는 점에는 변함이 없다. 다만 오늘날 세계를 인식하는 방법이 옛날과 다를 뿐이다.

고대 이집트의 피라미드는 기하학의 정신 자체이자 건설을 위한 실제 수단이었다. 마찬가지로 판테온을 만든 기하학은 기하학에 내재된 인간의 정신이자 그것을 세운 수단이었다. 이 사실은 변함이 없으나, 오늘날에는 건축과 기하학의 관계를 그렇게 생각하게 한 정신이 결여되어 있을 뿐이다. 피라미드와 판테온이 그러했듯이, 건축은 그것을 세운 시대의 고유한 기하학을 통하여 그들만의 질서 감각과 상상력을 전해준다.

확장의 기하학

파치가家 경당이나 빌라 아드리아나처럼 공간이 기하학에 종속되어 있는 경우가 많다. 건축가가 자와 컴퍼스로 그린 기하학으로 자유로운 공간을 창조할 뿐만 아니라, 기하학의 질서와 강도를 유지하는 것은 참으로 어려운 일이다. 그런데 바로크 건축의 타원은 그렇지 않았다. 바로크 건축의 타원은 머리에 이미지로 떠올린 공간을 만들어내고자 기하학을 최상의 수단으로 활용했다. 파치가 경당은 공간이 기하학에 종속되어 있으나, 바로크의 타원은 기하학이 공간에 적용되었다.

타원은 평면 위의 두 정점에서 거리의 합이 일정한 점들의 집합으로 만들어지는 곡선이다. 타원의 기준은 타원의 초점이다. 그러나 바로크 건축에서는 타원이라도 초점을 어디에 두는가에 따라 도형을 다루는 방법이 많았으므로 바로 그 건축이 최적이었다고 말하기 어렵다. 바로크의 타원은 대체로 땅은 좁고 제약이 많은 곳에서 중심이 두 개나 세 개인 원으로 주 공간을 최대한 확보하고자 한 것이었다.

원이나 타원은 모두 순수기하학 도형이다. 같은 순수기하학의 형태인데도 원은 조화, 균제, 비례라는 개념으로 이어지고, 타원은 왜곡, 움직임, 불명확, 생성, 역동성, 환상적, 감각적이라는 개념으로 이어진다. 원은 정적이며 자기 완결성이 강하다. 원은 중심에 선 사람의 시점을 우선으로 한 기하학적 형태이며, 우주적인 조화, 균제, 비례, 명쾌한 질서 등의 개념을 함께 보여준다. 판테온에서 보듯이 빛이 중심에서 들어오고, 반구半球의 격자천장에 생기는 음영도 중심의 시점에 대해 완벽한 비례를 보여준다.

두 개의 원을 조합한 타원은 기하학적 질서 위에 성립한다. 타원은 초점이 두 개가 있으므로 축이 형성되고 방향성이 생긴다. 주축과 부축은 모두 축선과 초점을 가지고 있어서 공간 전체가 모호하고 확실하지 않은 느낌을 준다. 바로크의 타원은 공간과 빛의 역동성에 압도되기도 하고 어둡고 무거운 그림자에 감싸이기도 한다. 또 원둘레의 어떤 점을 취해도 곡률이 다른 원주 운동을 표현한다. 이런 이유에서 타원이 원보다도 더 원답다고 말하기도 한다.

한편 바로크의 축선은 건물을 꿰뚫고 정원이나 가로 등 외부 공간으로 나가 공간에 강력한 질서를 준다. 고립해 있는 르네상스의 중심형 교회와는 달리 바로크의 축선은 내부를 외부로 연장하고 외부를 내부로, 내부를 외부로 반전한다. 그렇기 때문에 바로크 건축에서는 물결치듯이 움직이고 사람들을 맞이하도록 면의 요철을 갖는 파사드가 아주 중요한 역할을 한다. 바로크의 파사드는 내부만이 아니라 외부도 감싸고 있다. 또한 내부 공간은 수직으로도 확장하고 상승하며 역동적인 운동의 이미지를 표현한다.

기하학은 부분을 가다듬고 전체의 질서를 준다. 따라서 기하학은 일차적으로 균형와 균제를 지향한다. 그러나 부분의 윤곽이 똑바르다고 기하학이 아니다. 기하학에도 경직된 기하학이 있을 수 있고 부드러운 기하학이 있을 수 있다. 판테온의 원과 바로크의 타원은 같은 기하학인데도 다르다. 따라서 오늘날의 건축에서도 부드럽고 동적이면서도 정해진 패턴을 강요하지 않는 기하학, 그리고 내부로 닫히지 않고 내부를 외부로, 외부를 내부로 바꾸며 확장하는 기하학이 따로 있을 수 있다.

17세기 바로크 시대에는 타원기하학과 함께 극좌표계極座標系의 형태를 가진 도시계획이 등장했다. 빈첸초 스카모치Vincenzo Scamozzi가 설계한 요새 도시 팔마노바Palmanova, 카를스루에 Karlsruhe 그리고 베르사유는 도시의 경계를 넘어 무한히 확장하는 도시의 모습을 보여주었다. 이 도시들은 장대한 건축을 향해 뻗어 가는 큰길과 투시도법적인 조망vista을 만들었으며, 도시 안에서 종교적이나 사회적으로 중요 지점을 초점으로 이어주는 방사상의 가로 패턴을 만들었다. 이 시대의 기하학은 세계를 이해하는 도구였으며, 이런 기하학을 통해 무한, 확대, 연장, 초점이라는 공간 개념이 건축과 도시에서 실현되었다.

르 코르뷔지에의 기하학

1918년에 코르뷔지에가 그린 〈난로La cheminée〉라는 그림은 기하학적 형태에 대한 그의 생각을 가장 잘 함축하고 있다. 난로가 있는 실내의 한구석에 흰 입체와 두 권의 책이 함께 그려져 있다. 특히 흰 입체는 화면 한가운데 선명하게 그려져 있다. 이 그림은 기술이 그러하듯이 예술도 보편적이며 시간과 무관하게 변하지 않는 것을 탐구해야 함을 의미했다. 그러려면 구성에 대한 명쾌한 기하학적 논리가 필요했다. 함께 그려진 책은 구체적인 사물, 나아가서 건축은 기하학적 입체에 근거해야 함을 표현한 것이다.

　코르뷔지에는 건축에서 아름다움은 기능과는 달리 정신적인 만족을 주어야 하는데, 건축에서는 기하학이 구축물을 넘어서 더 높은 차원으로 이끌어준다고 보았다. 그리고 그는 기능을 넘어서는 아름다움의 감동이 생기는 순간을 '결정적인 순간'이라고 말했다. 이 '결정적인 순간'은 구축에서 건축으로 옮겨질 때 온다는 것이다. 기하학은 물질과 정신을 연결하고 '결정적인 순간'의 바탕이 된다. "2000년 전부터 지금까지 파르테논을 본 사람은 여기에 건축의 결정적인 순간이 있었음을 느낀다. 우리는 지금 결정적인 순간을 앞에 두고 있다."[113]

　코르뷔지에는 초기에는 건축의 기하학적 관계를 비례에서 찾았다. 르네상스 건축은 '루스티카rustica'라고 해서 거친 돌을 쌓은 1층이 있고, 2층에 해당한 것은 '피아노 노빌레piano nobille'라고 하는 주층이다. 그리고 그 위에 지붕을 얹는 구성이다. 그런데 사보아 주택의 경우, 1층은 기초를 기둥으로 바꾼 필로티, 2층은 피아노 노빌레에 해당하는 주요 볼륨, 제일 위층은 경사 지붕이 아니라 평탄한 슬래브로 만든 옥외 공간이다. 사보아 주택은 이렇게 르네상스 이래의 '3층 구성'을 도치시켜 바꾼 것이었다.

　그런데 건축사가 콜린 로Colin Rowe는 「이상적 빌라의 수학과 에세이들The Mathematics of the Ideal Villa and Other Essays」[114]이라는 논문에서 팔라디오의 말콘텐타 주택Villa Malcontenta과 가르셰 주택Villa Garche이 입면 구성에서 '3층 구성'으로 동일할 뿐만 아니라, 시대적으로나 지어진 동기로나 전혀 무관한, 아무런 관계가 없는 두 주택 평면의 2:1:2:2:2라는 비례와 1.5:1.5:1.5라는 비례로 기하학적 관계가 유사함을 분석했다.

　여기서 중요한 것은 콜린 로라는 사람이 이 사실을 밝혀냈다는 점이 아니다. 코르뷔지에라는 근대건축을 대표하는 거장이 부정해야 할 이런 고전적인 기하학적 관계를 깊이 의식하고 있었으며, 팔라디오의 고전건축의 연장선에 있었음을 들춘 것이다. 이 논문이 1947년에 쓰여진 것을 감안하면, 이 분석은 그야말로 코르뷔지에에 대한 당시의 평가를 뒤집는 것이었다.

가르셰 주택*을 찍은 한 장의 사진은 대단히 의도적으로 연출한 것이다. 사진의 저 안쪽에는 신축한 가르셰 주택이 보인다. 하얗고 정확한 기하학적인 입체와 수평창이 간명하게 구성되어 있다. 이런 주택 앞에 당시로는 첨단의 기술로 만들어진 자동차 한 대가 화면 가까이에 서 있다. 이렇게 주택과 자동차를 배열한 것은 기하학의 정신으로 만들어진 주택의 '투명한' 입체가 기계를 만든 기하학적 정신 속에 함께 있음을 말하기 위함이었다.

이것만이 아니었다. 자크 바르사크Jacques Barsac가 감독한 영화 〈르 코르뷔지에〉[115]를 보면, 적어도 외관만은 하얀 입체의 세련된 기하학적 건축이 당시로서는 최신인 이 자동차를 압도하고 있다. 이 주택의 파사드는 코르뷔지에가 특별히 '지표선tracé régulateur, regulating lines'이라고 이름 붙인 기하학적 질서로 구성되어 있다. '지표선'이란 어떤 사각형의 대각선과, 그 대각선에 직각을 이루는 또 다른 대각선으로 정해지는 도형을 선택해가는 방식이다. 코르뷔지에는 입체나 도형이 이런 기하학적 관계를 가질 때 그 입체가 '투명하다'고 여겼다.

진실은 관찰로 입증되지 않고 창조와 발명으로 입증된다는 조반니 바티스타 비코Giovanni Battista Vico의 '베룸 팍툼verum factum'의 원리로 보면, 가르셰 주택에서 기하학적 '투명함'이란 상상에만 존재하는 기하학을 건축이 만들어낸 투명함을 통해 기하학의 진리가 기하학적인 구축물로 확증된다. 그리고 가르셰 주택의 기하학적 입체는 투명한 이성verum의 사물이고 이것을 그 주택 앞에 놓인 자동차라는 구체적인 사물factum이 확신시켜 준다. 이것은 무엇을 뜻하는가? 건축은 만들어진 건축물을 통해factum 무수한 상상을 불러일으킴으로써 더 진실한 추상verum을 드러낼 수 있다.

지금의 눈으로 보아도 이 사진의 주택은 오늘날에도 있을 것 같이 '투명하다'. 그러나 자동차는 전혀 그렇지 않다. 만일 그렇게 느낀다면 코르뷔지에가 말한 기하학적 정신이 당시에 얼마나 강력한 메시지를 주었는가를 반증한다. 또 이것은 반대로 자동차는 크게 발전했는데, 그 사이에 건축은 바뀐 것이 그다지 없다는 뜻이기도 하다. 건축은 고전의 기하학적 정신에 계속 바탕을 두고 있던 반면, 자동차는 이런 미학적 수사와는 아무런 관계 없이 변화를 거듭했다는 증거도 된다.

코르뷔지에의 건축은 초기의 순수한 기하학에서 신체로, 그리고 다시 자연으로 확대해갔다. 많은 연구자가 지적하듯이 라 쇼드퐁La Chaux-de-Fonds 시절에는 나뭇잎과 같은 생물을 기하학적인 배열로 바꾸었으나, 중기 이후에는 기하학을 신체 또는 자연과 통합하려 했다. 그는 이렇게 변한 기하학을 1930년대에는 '시적 반응을 일으키는 오브제objets à réaction poétique'라는 개념으로 크게 변화시켰다. '시적 반응을 일으키는 오브제'란 자연이 통합된 오브제이며 화석, 조개껍질, 조약돌, 뼈 등이 이에 해당한다. 기하학적 형태와 생물체가 통합된 것이 바로 대수나선對數螺旋이며, 이에 대한 건축적 해결이 '무한성장의 미술관Museum of Unlimited Growth'과 같은 것이다.

코르뷔지에는 『위르바니즘Urbanisme』에서 이렇게 말한 바 있다. "인간의 제작製作은 창조다. 그 창조는 정신에 가까워지고 신체에서 멀어질수록 자연적 환경과 대조된다. 인간이 만드는 것은 직접 파악되지 않을수록 순수한 기하학을 향해 있다. 신체가 닿는 바이올린이나 의자에는 기하학이 적다. 그러나 도시는 순수한 기하학이다."[116] 여기에서 그는 신체와 자연을 순수한 기하학과 상반되는 것으로 본다. 바이올린이나 의자는 신체의 형태를 보여주는 것이어서 순수기하학에 그다지 의존하지 않는다는 것이다. 그리고 도시는 신체가 닿지 않는 것이기에 기하학적이라는 것이다. 과연 그럴까? 여기에서 정신에 속하는 기하학과 도시는 신체와 자연에 대립하고 있다.

코르뷔지에에게 기하학이란 평면적, 입체적 형태 요소이며 형태를 조절하는 수단이고, 도시를 질서라는 공통의 요소로 연결하는 방법이었다. 그의 기하학은 근원적 이성이고 '질서'이며 인식의 차원으로 확대된 것이었다. 이런 기하학은 기하학의 인식적인 층위의 기하학이다. 그래서 다양한 기하학이 형태 요소에서 도시에 이르기까지, 직각의 기하학에서 자연과 통합된 기하학에 이르기까지 모든 것이 연결되어 있다고 보았다. 한편 모뒬로르Modulor나 지표선은 측정의 기하학이며, '투명한 기하학'이나 '시적 반응을 일으키는 오브제'라는 감성을 불러일으키는 기하학이고, '건축적 산책로'는 눈의 기하학으로 이어진다. 이처럼 코르뷔지에 건축의 중심은 기하학이었다.

미스 반 데어 로에의 기하학

미스의 초기 건축에서는 '눈의 기하학'으로 자립하는 벽면을 보편적 공간 속에 자유롭게 구성했다. 그는 "모든 미학적 사변과 모든 형식주의를 거부한다."라고 선언했고, 그의 대표작 판즈워스 주택Farnsworth House에서도 "이 주택의 비례에는 어떤 기준이 되는 공식도 수학적 관계도 사용하지 않았다."[117]라고 강조한 바 있다. 비례나 수학적 관계란 결국 기하학이다. 그렇다면 가장 근대적인 기하학적 입체의 건축을 완성한 그가 평면을 구성할 때는 그의 말대로 기하학과 전혀 무관했을까?

미스의 벽돌구조 전원주택Brick Country House이나 바르셀로나 파빌리온 등은 테오 판 두스뷔르흐 등의 더 스테일 회화의 영향을 받아 엄밀한 기하학을 타파한 것으로 알려져 있다. 중심은 폐기되어 있고 외부로 확장하는 공간은 도면이 주는 인상만으로도 쉽게 알아차릴 수 있다. 평면도에서 벽과 벽 사이를 보조선으로 연장해보면 이 벽들은 같은 선 위에 놓여 있지 않고 모두 어긋나게 배치되어 있다. 그래서 공간은 이런 다양한 벽을 따라 안에서 밖으로 유동한다.

콜린 로도 벽돌구조 전원주택에는 단정할 만한 것도, 중심도 없이 불규칙하고 자유로이 배치되어 있음에 주목했다. "형태는 엄밀하지만, 공간은 서로 대립하고 있어 명확하지 않다. …… 그의 의도인 나선형의 명쾌함은 기본적으로는 평면의 사적私的인 추상성 속에 나타나 있다."[118] 이는 '세 개의 중정을 가진 코트하우스 계획'에서도 마찬가지다. 이 계획의 평면에서도 벽은 T자로 만나고 있으나, 주요 벽은 무언가 전체를 규칙적으로 분할하거나 전체의 강한 구성의 일부임을 금방 알 수 있다. 그러나 이와 같은 구성에서는 눈은 초점을 얻지 못하고 확산한다. "눈에 직접 쾌락을 주는 것이 아니라, 오히려 교란시킨다는 생각에서 근대건축에 즐거움을 준 요소는 존재하고 있다고 생각한다."[119]

미스의 유리 마천루 계획Glass Skyscraper의 평면은 구불구불한 자유 곡면으로 되어 있다. 이것은 주변의 길이나 자연을 비추고, 내부의 구조와 일체를 이루는 영상적인 효과를 노린 것이며, 볼륨의 곡면이 주의 깊게 결정되어 있다. 이 계획안은 명확한 평면도 갖지 않은 용해된 건축, 투명한 유리로 덮인 채 존재의 두께가 희박한 건축이다. 코르뷔지에의 가르셰 주택이 강한 기하학의 성격에 따라 완벽한 형식을 이끈 것이라면, 미스의 마천루 계획은 엄밀한 기하학을 부정한 듯이 보인다. 그러나 이것은 외관상의 시각적인 비교일 뿐이며, 기하학을 완벽한가 또는 완벽을 부정하는가 하는 인상적인 레벨에서 논의한 것에 지나지 않는다.

그러나 최근의 몇몇 연구는 미스가 어느 누구보다도 정확한 기하학을 바탕으로 설계하였음을 분석해 보이고 있다. 그 한 연구는 미스의 프리드리히 가의 고층 건축물 계획Hochhaus am Bahnhof Friedrichstrae이나 유리 마천루 계획에서의 평면은 자유로운 곡선으로 되어 있는 듯 보이지만, 몇 개의 직선으로 이루어진 다각형에 접하는 형태에서 얻은 곡선임을 알려준다. 유리 마천루 계획의 평면도 이후 미스 건축에 나타나듯이 정확한 정사각형 격자에 근거해 작성되었다는 것, 오각형 대지의 모퉁이에 접하는 곡면은 격자 네 개의 크기를 갖는 원의 원호가 사용된 것이며, 다른 곡면은 모두 지름이 같은 작은 원의 원호로 이루어진 것임을 분석한 바 있다.[120] 건축이 용해되어 있다든가 상태와 같다든가 하는 평가는 기하학의 엄밀성을 비판하는 말이지만, 이것은 어디까지나 은유적 표현에 지나지 않는다. 미스의 '유리 마천루 계획'처럼 '용해되어' 있는 건축조차도 그 배후에는 순수기하학이 숨어 있다.

미스가 설계한 세 개의 중정을 가진 코트하우스의 설계도는 단순 기하학 도형을 바탕으로 삼으면서도, 최종적으로는 그 흔적을 벽면의 시각적인 자유로움과 운동감으로 상쇄해갔다.[121] 이 분석에 따르면, 벽돌 벽으로 둘러싸인 대지 전체ABCD는 정사각형의 격자 수로 24:39=1:1.625 황금비에 가깝다. 이 평면의 초점이라 할 수 있는 난로의 중심선EF은 거실의 기둥과 기둥의 중앙을 지나는 축선이며 평면 구성상 중요한 축이 된다. 이 축선은 대지 전체를 24:24의 정사각형EBCF과 15:24의 직사각형AEFD으로 나눈다. 이 직사각형은 1:1.6으로 황금비에 가깝다. 이 도판의 다른 분할에 대한 설명은 생략하지만 그림처럼 분할된다. 전체는 황금구형의 회전 정사각형whirling squares을 이룬다. 판즈워스 주택도 황금구형으로 계속 분할된다. 또한 바르셀로나 파빌리온 평면은 자유로운 벽의 배치로 유동적인 근대건축 공간의 전형이지만, 지붕이 덮인 부분은 4등분되며, 이렇게 등분된 단위는 정사각형이다.

이렇게 보면 미스는 "모든 미학적 사변과 모든 형식주의를 거부한다."가 아닌, 구성은 강한 기하학적 형식주의의 틀에 구속되어 있으면서도, 현상적으로는 눈을 교란하고 어긋난 벽을 두어 유동하는 공간을 발생시키려고 순수기하학에 의한 분할선의 일부를 삭제했다. 결국 '눈의 기하학'이 평면을 결정한 것이다. 콜린 로가 간파한 "평면의 사적인 추상성"이란 이러한 분석이 보여주는 기하학적 구성을 뜻한다. 그리고 "그의 의도인 나선형의 명쾌함"이란 기하학적 구성 안에서 잠재한 대수나선 또는 T자형으로 벽의 시각적 효과를 변화시키는 것을 뜻한다. 이처럼 미스의 기하학은 벽의 위치를 규정하기보다 인접하는 공간의 크기를 절도 있게 배분하기 위한 바탕이 되고 있다.

『미스의 현존The Presence of Mies』이라는 책 앞부분[122]에는 토론토도미니온센터Toronto-Dominion Center를 아침 6시 30분부터 오후 8시까지 같은 위치에서 찍은 여섯 장의 정면 사진이 실려 있다. 아래에 포디움 부분이 있고 그 뒤로는 더 이상 뺄 것이 없는 순수한 기하학적 입체가 있는데 시간에 따라 외관을 비추는 빛과 세기가 변화하는 것을 볼 수 있다. 아침 6시에는 앞에 있는 어떤 건물이 정면에 비치더니, 8시에는 고층 건물의 왼쪽으로 3분의 1은 어둡고 오른쪽으로 3분의 2는 밝게 양분되는 정면으로 변한다. 10시가 되자 두 시간 전의 외관과는 전혀 다르게 짙고 둔중한 정면 안에 앞에 있는 건물이 비치고 전면의 나머지 부분에는 하늘의 구름이 반사되어 나타난다. 이렇게 변하다가 오후 8시에는 건물 안에 전등이 켜지고 하부의 포디움이 밝게 빛나면서 골조만을 남기고 내부의 모든 공간이 일제히 드러난다.

이렇게 되면 이 건물만 아니라 윤곽이 분명한 기하학적인 형태를 한 주변의 다른 고층 건물도 이렇게 변할 것으로 예상된다. 그러나 이 여섯 장의 사진에서는 이상하게도 시간이 지나고 있는데도 주변의 여러 건물들의 표정에 변화가 없다. 오직 이 토론토도미니온 센터만이 변화한다. 이 여섯 장의 사진은 미스 건축의 기하학이란 과연 무엇을 위한 것인가를 잘 말해주고 있다.

현실의 기하학

요구의 기하학

건축이론가 크리스토퍼 알렉산더Christopher Alexander가 제안한 '패턴 랭귀지Pattern Language'[123]라는 디자인 프로그램은 다음의 생각이 바탕이 되었다. 먼저 설계의 최소 단위는 사물의 관계다. 그런데 이 관계란 건물이 잘 기능할 수 있게 해주는 사물의 기하학적 관계다. 이 관계는 요구needs에서 나온다. 그렇다면 그 요구는 다시 정의되어야 한다. 요구는 사람이 갖는 경향이다. 따라서 설계란 이러한 경향 안에 있는 여러 대립을 해소하는 '기하학적 관계'를 찾아내는 것이다.

사물의 관계가 요구에서 나온다는 것은 건축설계를 시작한 사람이라면 누구나 잘 아는 사실이다. 요구는 기능이나 용도에 관한 것이며 기능과 용도에 요구가 포함된다. 요구가 없으면 설계는 시작하지 못하고 끝나지도 못한다. 그러면 요구는 어디에서 오는가? 건축가는 건축주나 사용자에게 무엇을 원하는지, 무엇을 하고 싶은지를 물어보면 된다고 한다.

스티브 잡스Steve Jobs도 이렇게 말했다. "포커스 그룹에 맞춰 제품을 디자인하는 것은 정말 어려운 일이다. 사람들 대부분은 제품을 보여주기 전까지는 자신들이 원하는 게 뭔지도 정확히 모른다."[124] "고객에게 어떤 걸 원하는지 물어본 다음 그것을 주려고 하면 안 된다. 고객 요구에 맞게 무언가를 만들어내면, 그들은 이미 다른 새로운 걸 원하고 있다."

이처럼 건축주나 사용자도 자기가 정말 무엇을 원하는지 잘 모르고 있다. 그렇다면 요구는 잘 정의되어야 하는데, 알렉산더는 잘 정의된 요구란 "무엇을 바라고 있다"보다 "무엇을 하려고 한다"에서 나온다고 보았다. '오피스에서 일하는 사람은 바깥 경치를 바라고 있다'는 것은 요구가 아니다. '오피스에서 밖을 내다볼 수 있으면 좋다는 것'인지 '오피스에서 바깥 경치를 바라볼 수 있는 직장에서 사람들은 일하고 싶어 한다'인지 알 수 없다. '오피스에서 일하는 사람은 오피스에서 바깥을 내다보려고 한다.' 이것이 제대로 된 요구다.

그런데 이 요구가 한 가지만 있는 게 아니다. 실제 상황에서는 언제나 적어도 두 가지 이상의 요구가 있고, 또 이 요구는 서로 부딪힌다. 밖을 내다보려고 할 때 밖에 있는 다른 사람이 이 안을 들여다볼지도 모르고, 안락한 의자를 만들었는데 처음에는 괜찮다가 오래 앉아 있으면 조금씩 기분이 나빠질지도 모른다. 서로 다른 요구가 갈등하는 것이다. 알렉산더는 이것을 '갈등conflict'이라고 말했다. 설계란 이런 갈등을 해소하는 일이다.

설계자는 갈등을 해소하기 위해서 무엇을 하는가? 무엇인가를 적절하게 설계하는 것이다. 만일 그것이 의자라면 다리, 등받이 등 의자를 구성하는 많은 부분과 그것들의 기하학적 관계에 관한 것이다. 또 그것이 방이라면 방의 크기와 모양, 방 안에 놓이는 가구, 바닥, 천장, 벽, 창 등의 요소들, 그 방을 사용할 사람들이

하게 될 여러 행동과 같은 많은 부분과 그것들의 기하학적 관계에 관한 것이다.

알렉산더는 슈퍼마켓 계산대 주변의 디자인을 예로 들어 기하학적 관계가 어떻게 정해지는지 설명해주었다. 첫째, 계산대는 출구 가까운 곳에 있다. 둘째, 쇼핑 바구니는 입구에서 가장 가까운 곳에 둔다. 셋째, 생선 식품 냉장고는 점포의 가장 안쪽에 있으며 다른 상품은 모두 계산대와 냉장고 사이에 진열되어 있다. 이 관계는 건축계획상 고려해야 할 내용을 적은 것이 아니다. 계산대와 출구, 쇼핑 바구니와 입구, 생선 식품 냉장고와 다른 상품의 관계이며, 그 관계는 기하학적 관계다.

알렉산더의 설명에 따르면 첫 번째로 모든 경영자는 계산대보다 안쪽에 있는 매장에 모든 상품을 배열하고자 한다. 두 번째로 경영자는 상품을 더 많이 팔고자 고객이 바구니를 사용하게 하지만, 고객은 상품이 있는 곳에 더 빨리 다가가기 위해 바구니를 쓰지 않는 경우가 많다. 세 번째로 경영자는 될 수 있으면 고객이 많은 상품 앞을 지나가기를 바라지만, 고객은 생선 식품이 있는 장소에는 반드시 다가간다.

이러한 요구의 갈등을 해소하는 슈퍼마켓의 배치는 설계자가 정하는 것이 아니다. 그러나 기하학적 관계를 찾아내는 것이 설계자의 일이며, 사용과 요구와 행위 등은 그 안에 기하학적 관계를 가지고 있고, 이러한 '요구의 기하학'은 설계자와 사용자가 공동으로 찾아가는 것이다. '요구'는 기하학적 관계와 무관한 것이 아니라, 반대로 그 안에 기하학적 관계를 품고 있다. 그리고 건축의 기하학적 관계는 오랫동안 시행착오를 거치면서 '갈등'이 해소된 결과다. 따라서 건축가가 연필을 들고 종이 위에 그리는 것은 '요구'를 해소한 기하학적 관계를 그리는 것이다. 알렉산더가 '패턴 랭귀지'에서 설명하는 바에 주목해야 하는 이유는 이러한 갈등을 기하학적 관계로 해소하려고 했기 때문이다.

구체의 기하학

순수기하학이 크게 비판받고 위상기하학, 프랙털기하학 등 새로운 기하학이 건축에 응용되고 있다. 《기하학 이후의 건축》이라는 건축 잡지의 특집 이름처럼 순수기하학을 기하학으로 통칭하고, 새로운 건축은 그런 기하학을 따르지 않는 것이라고 여긴 적도 있었다. 그러나 순수기하학은 근대건축의 산물이므로 근대건축과 순수기하학을 함께 부정하는 것은 잘못이다. 프랭크 게리Frank Gehry가 설계한 빌바오의 구겐하임 미술관Guggenheim Museum이 프랙털기하학으로 설계되어 칭찬받았기 때문에 우리 도시 곳곳에도 이런 미술관을 300개쯤 지었다고 하자. 결과는 자명하다. 이런 건물만 있는 도시는 작동하지 못하며 경관을 해치고 혼돈을 초래하게 될 것이다.

도시의 일상생활을 유지하고 있는 다세대주택, 5층 정도의 근린생활시설, 주민센터, 법원 건물 등도 모두 위상기하학이나 프랙털기하학으로 설계한다고 하자. 그러나 이러한 건축물은 이제까지 너무나도 많이 사용하여 진부하다고까지 여겨지는 순수기하학 형태로 짓는 편이 그런 새로운 기하학의 건물보다 훨씬 나을 수 있다. 동네에 하나밖에 없는 경로당 건물은 위상기하학으로 설계할 정도로 많은 사람이 드나들지 않으며, 주민센터는 주민 모두가 그 안에 단순하면서도 풍부한 공간을 요구하는 건물 유형일 수 있다. 이렇게 생각하면 단순한 기하학, 초등기하학, 순수기하학의 가치는 계속 남아 있다.

오래된 마을, 지금도 지구 곳곳에 있는 마을에는 참으로 다양한 단순기하학의 건축 형태가 혼재하고 있다. 아프리카 잠비아의 무코벨라Mukobela 마을을 보면 평평한 땅 위에 둥그렇게 집 자체가 울타리가 되어 있다. 이런 마을의 집들을 말할 때는 기하학적인 배치를 한 집들이라고 하지 않고 기껏해야 여기저기 따로따로 떨어져 있는 집 정도로 표현한다. 그리고 형식으로 분류할 때도 적합한 용어가 없어서 복합형이라고 부를 것이다.

집이라고 하지만 실은 지붕이 있는 방일 뿐이다. 요소마다 형태도 다르고 재료도 다르며 기능도 다르다. 한가운데 또 다른 둥그런 영역을 에워쌌는데, 경계 부분을 보면 또 둥그런 영역이 자기 집들 앞에 있다. 그러나 이 둥그런 영역도 같은 것이 하나도 없다. 이 마을에서도 둥근 집은 침실이고 다른 둥근 집은 창고다. 지붕도 원뿔 모양과 비슷하게 보일 뿐, 컴퍼스로 그려진 단순기하학적 원뿔인 것은 하나도 없다. 그렇다면 이 마을의 모든 공간과 형태는 어디에서 온 기하학일까? 그렇다면 건축의 기하학은 유클리드기하학, 위상기하학, 프랙털기하학으로는 설명할 수 없는 또 다른 기하학이 아닐까.

현대의 대도시는 과거의 그것과는 비교가 안 될 정도로 인간 활동의 흐름과 장場이 복잡하다. 그럼에도 현대의 거대한 도시라고 할지언정 구체적인 건축 형태의 집합으로 이루어진다는 점에서는 현대 도시나 고대와 고전 도시나 크게 다르지 않다. 따라서 도시의 건축 형태에서도 기하학의 논리를 따르게 되어 있다. 현대건축에는 지형적인 형태를 중시하는 흥미로운 경향이 있지만, 이것은 극소수이며 이것으로 오늘 우리가 사는 도시의 현실을 다 해결할 수는 없다. 오히려 기초적인 기하학으로 이루어진 건축물이 훨씬 더 많다.

대부분의 현대인은 신화적, 주술적인 미개인의 사고가 현대적인 과학적 사고보다 못한 것이라 생각한다. 그러나 프랑스 인류학자 클로드 레비스트로스Claude Lévi-Strauss는 『야생의 사고La Pensée Sauvage』에서 신화와 의례는 어떤 타입을 발견하기에 적합한 흔적을 오늘날에도 남기고 있다고 보았다. 그런데 신화적 사고와 과학적 사고는 우리의 사고와는 달리 더 깊은 곳에서는 서로 이어진 아주 논리적인 세계 파악구조화의 형식이라고 한다. 그는 이 두 사고가 대립하지 않고 서로를 지탱해주는 관계에 있다고 보았다.

이런 이유로 레비스트로스는 미개사회의 사고를 근대 이후의 추상적, 수학적 과학에 대한 「구체의 철학」[125]으로 다시 정립했다. 야생의 사고는 논리와 객관성이 결여된 것도 아니며 열등한 사고도 아니다. 그것은 근대과학과는 다른 방식으로 세계를 이해하는 사유 체계일 뿐이다. 따라서 이 둘의 높고 낮음을 가릴 수는 없다. '구체의 철학'은 본질적으로 정밀과학, 자연과학이 가져다준 성과와 다른 것이지만, 근대과학과 마찬가지로 학문적이며 그 결과의 진실성도 틀림없이 가지고 있다.

산토리니 섬에 있는 마을에 대한 찬사는 여전하다. 좁은 집들이 화산재로 구성된 지층을 동굴처럼 파고 들어가 만들어졌으며, 이러한 수많은 집들은 경이로울 정도로 길과 지붕으로 이어져 있다. 그래서 이 네트워크의 도시란 이런 것이지 않겠는가 하고 오늘의 도시에 대한 대안을 구상하게 한다. 현재의 산토리니에는 20개 이상의 마을이 있다. 이 마을 전체를 평면도와 단면도로 살펴보면 무언가 치밀하고 복잡한 기하학이 전체를 지배하고 있다고 말할 수 있다.

그러나 복잡하게 얽혀 있는 집들의 집합체도 실은 주택의 두 장 벽으로 지탱하는 공간 유형으로 정리할 정도로 평면이 단순하다. 그리고 마을 전체는 시간이 지남에 따라 증축되고 변형되고 있다. 그런데도 이 작고 단순한 집들이 모이면 정밀하고 과학적인 방식으로는 설명할 수 없는 복합체를 만든다. 단순기하학으로 분류할 수 없으면 다양함이라고 하고, 무수한 방식으로 맞닿아 있으면 상호관련성이라고 말한다.

한 연구 조사팀이 작성한 산토리니의 한 부분을 액소노메트릭Axonometric으로 그린 도면이 있다.[126] 이 도면을 보고 기하학적인 관계를 설명해보라. 가능하지 않다. 일단 사각형의 집들이 보이므로 어느 정도는 단순기하학의 형태를 하고 있다. 그러나 자세히 보면 집 한 채 한 채 모두 복잡한 기하학을 도입한 것이어서, 한두 채 정도의 관계를 넘으면 분석은 그 이상 진전되지 않는다.

이처럼 건축의 기하학은 수학에서 다루는 기하학과 다르다. 건축의 기하학은 하늘과 땅을 잇는 기하학도 아니고, 천상의 질서가 인체에 숨어 있는 기하학도 아니다. 순수한 형태만을 다루는 기하학도 아니며, 여러 부분을 하나의 원리로 통합하는 기하학도 아니다. 이런 과학이 '구체의 과학'이라면 무코벨라 마을이나 산토리니 마을과 같은 것에서 볼 수 있는 기하학은 '구체의 기하학'이라 할 수 있다. 겉보기로는 여전히 순수기하학의 영역에 속하는 듯이 보이지만 아직 수학적으로 해명되지 못한 새로운 기하학이 건축에 있다.

주석

1   이 책의 첫장에 나오는 엑서터 도서관Exeter Library의 단면도를 응시해보라.

2   Paul Lewis, Marc Tsurumaki, David J. Lewis, *Manual of Section*, Princeton Architectural Press, 2016, pp. 108-109의 도판.

3   レオン・バティスタ・アルベルティ, 建築論, 中央公論美術出版, 1998, p. 10 (Leon Battista Alberti, De re Aedificatoria)

4   Reyner Banham, *Theory and Design in the First Machine Age*, The MIT Press, 1960, p. 20.

5   ガストン・バシュラール, 岩村行雄(訳), 空間の詩学, 思潮社, 1969, p. 39 (가스통 바슐라르 지음, 곽광수 옮김, 『공간의 시학』, 동문선, 2003)

6   Le Corbusier, *Vers une Architecture*, Editions Flammarion, 1995(1923), p. 156.

7   Peter Zumthor, *Works: Buildings and Projects, 1979–1997*, Birkhäuser, 1999.

8   *The Far Game: Constraints Sparking Creativity*, SPACE Books, 2016.

9   Pablo Castro, "The FAR Game, Korean Pavilion 2016, la Biennale di Venezia or Architecture in Times of Modest Ambition", 《건축평단》 2016 가을호.

10   Edward Steichen(ed.), *The Family of Man*, The Museum of Mordern Art, New York, 1983, p. 160.

11   Winy Maas, Jacob van Rijs, Richard Koek(eds.), *Farmax: Excursions on Density*, 010 publishers, 1998, p. 1.

12   Paul Oliver, *Dwellings: The Vernacular House Worldwide*, Phaidon, 2007, p. 182.

13   Le Corbusier, *Vers une Architecture*, Editions Flammarion, 1995(1923), p. 149.

14   David Leatherbarrow, Mohsen Mostafavi, *Surface Architecture*, The MIT Press, 2005(데이빗 레더배로우, 모센 모스타파비 지음, 송하엽·최원준 옮김, 『표면으로 읽는 건축』, 동녘, 2009 참조)

15   Thomas Schumacher, "The Skull and the Mask: The Modern Movement and the Dilemma of the Facade", *The Cornell Journal of Architecture*, 1986.

16   Mario Botta, *Etica del costruire*, Laterza, 1996.

17   ガストン・バシュラール, 岩村行雄(訳), 空間の詩学, 思潮社, 1969, p. 178 (가스통 바슐라르 지음, 곽광수 옮김, 공간의 시학, 동문선, 2003)

18   Ricardo Legorreta, *The Architecture of Ricardo Legorreta*, Univ of Texas, Ernst & Sohn, 1990, p. 61.

19   아폴로 에피큐리우스 신전의 기둥에 대한 상세한 설명은 라파엘 모네오 바에스 지음, 이병기 옮김, 『건축; 형태를 말하다』, 아키트윈스, 2013, 19-26쪽 참조.

20   Paul Valéry, *Collected Works of Paul Valéry*, Volume 1: Poems, "Song of the Columns", Princeton University Press, 2015, p. 123.

21   Rudolf Wittkower, *Architectural Principles in the Age of Humanism*, ALEC TIRANTI, 1970, p. 34.

22   オットー・フリードリッヒ・ボルノウ, 大塚恵一(訳), 人間と空間, せりか書房, 1977, p.146(Otto Friedrich Bollnow, *Mensch und Raum*, Kohlhammer W., GmbH, 1963)

23   ミルチャ・エリアーデ, 聖と俗—宗教的なるものの本質について, 法政大学出版局, 1969, p. 171(Mircea Eliade, *The Sacred and the Profane: The Nature of Religion*(trans. Willard R. Trask), Harper Torchbooks, New York, 1961)

24   마이클 헤이스 지음, 봉일범 옮김, 『1968년 이후의 건축이론』, 「과잉 노출의 도시」, Spacetime, 2003, pp. 725.

25   オットー・フリードリッヒ・ボルノウ, 大塚恵一(訳), 人間と空間, せりか書房, 1977, pp. 150-153(Otto Friedrich Bollnow, *Mensch und Raum*, Kohlhammer W., GmbH, 1963)

26   Christopher Alexander, *A Pattern Language: Towns, Buildings, Construction, 249 ornament*, Oxford University Press, 1977, p. 1150.

27   "When you are designing a window, imagine our girlfriend sitting inside looking out."

28   *Beatriz Colomina, "Photography", Privacy and Modernity: Modern* Architecture as Mass Media, MIT, 1994, p. 133.

29   Beatriz Colomina, "Window", *Privacy and Modernity: Modern Architecture as Mass Media*, MIT, 1994, p. 312.

30   Juhani Pallasmaa, *Encounters: Architectural Essays*, Rakennustieto Publishing, 2008, p. 62

31   로마노 과르디니 지음, 장익 옮김, 『거룩한 표징』, 분도출판사, pp. 36-37.

32   Constructing Architecture: Materials, *Processes, Structures; a Handbook*, Birkhauser Verlag AG, 2008, p. 225.

33   Hamilton, *Scott D., Jr., Alvar Aalto and the architecture of Finland*, Rice University, 1962, p. 6.

34   지오 폰티 지음, 김원 옮김, 『건축예찬』, 열화당, 1997.

35   バーナード・ルドフスキー, 平良敬一(訳), 人間のための街路, 鹿島出版会, 1973, p. 164(Bernard Rudofsky, *Streets for People: A Primer for Americans*, Doubleday & Company, 1969)

36   Adrian Forty, "Order", *Words and Buildings: A Vocabulary of Modern Architecture*, Thames & Hudson, 2000, p. 89에서 재인용.

37   Bernard Rudofsky, *Streets for People: A Primer for Americans*, Doubleday & Company, 1969, p. 191.

38   Gaston Bachelard, *The Poetics of Space*, Boston: Beacon Press, 1994, p. 26

39   어떤 건축사전에서는 천장天障은 반자가 없는 것이고 천정天井은
      반자가 있는 것이라고 풀이했는데, 이것은 틀린 것이다.

40   "ceiling", *Elements Box Edition*, Marsilio, 2014, p. 305.

41   John Lobell, *Between Silence and Light: Spirit in the Architecture of
      Louis I. Kahn*, Shambhala, 1979.

42   ハンス・ゼーデルマイア 石川公一訳, 近代芸術の革命, 美術出版社, 1962,
      p. 25(Hans Sedlmayr, *Die Revolution der modernen Kunst*, Taschenbuch, 1956)

43   Alessandra Latour(ed.), *Louis I. Kahn: Writings, Lectures, Interviews*,
      'Silence and Light 1969', Rizzoli International Publications, 1991, p. 240.

44   Martin Heidegger, "Building Dwelling Thinking", *Poetry, Language, Thought*,
      Harper Perennial Modern Classics, 1971, p. 147.

45   DUNG NGO 지음, 김광현, 봉일범 옮김, 『루이스 칸: 학생들과의 대화』,
      엠지에이치앤드맥그로우힐한국, 2001, 20-21쪽.

46   Kenneth Frampton, *Introduction: Reflections on the Scope of the Tectonic*,
      Studies in Tectonic Culture, The MIT Press, p. 8에서 재인용.

47   고야마 히사오 지음, 김광현 옮김, 『건축의장 강의』, 국제, 1998, p. 167.
      다만 중력과 장소와 공간에 대한 설명은 잘못 설명된 것이라 보고,
      수정하여 반대로 적었다.

48   고야마 히사오 지음, 김광현 옮김, 『건축의장 강의』, 국제, 1998, p. 169.

49   隈研吾, 新・建築入門─思想と歴史(ちくま新書) 新書, 筑摩書房, 1994, p. 47
      (구마 겐고 지음, 이창우 옮김, 『신건축입문: 사상과 역사』, 건축도서출판공사, 1995)

50   Otto Wagner, *Modern Architecture: A Guidebook for His Students to
      This Field of Art*, Harry Francis Mallgrave(trans.), Getty Research Institute,
      1988, p. 93(Otto Wagner, *Moderne Architektur: Seinen Schülern ein Führer auf
      diesem Kunstgebiete*, A. Schroll & co., 1902).

51   Peter Collins, *Changing Ideals in Modern Architecture, 1750–1950*,
      McGill-Queen's University Press, 1973, p. 274.

52   Peter Collins, *Changing Ideals in Modern Architecture, 1750-1950*,
      McGill-Queen's University Press, 1973, p. 273, 필자 강조.

53   Eduard F. Sekler, 'The Stoclet House by Josef Hoffmann', *Essays in the history
      of architecture presented to Rudolf Wittkower*, Phaidon, 1967, p. 230.
      같은 문장이 Kenneth Frampton, Modern Architecture: A Critical History,
      Thames & Hudson. 3rd edition, 1992, pp. 82에도 인용되어 있다.

54   Thomas Daniell, 'The Visceral and the Ephemeral', archis, 9903.

55   Gottfried Semper, The Four Elements of Architecture and Other Writings.
      Trans. Harry F. Mallgrave and Wolfgang Herrmann, 1989(*Die vier Elemente
      der Baukunst: Ein Beitrag zur vergleichenden Baukunde*, Vieweg, 1851)

56 『공업적, 구축적 예술의 양식 또는 실용의 미학에서의 양식론Der Stil in den technischen und tektonischen Künsten oder Praktische Ästhetik』.

57 大倉三郎, ゴットフリート・ゼムパーの建築論的研究—近世におけるその位置と前後の影響について, 中央公論美術出版, 1992, p. 82(1957년 교토대학 공학박사논문을 출간한 것)

58 Alan Colquhoun, *Modernity and the Classical Tradition: Architectural Essays, 1980–87*, The MIT Press, 1991, p. 187.

59 Alberto Perez-Gomez, Louise Pelletier, *Architectural Representation and the Perspective Hinge*, The MIT Press, 2000, p. 325에서 인용.

60 Louis I. Kahn, "Remarks", *Perspecta 9/10: The Yale Architectural Journal*, Yale University School of Art and Architecture, 1965.

61 Mark Wigley, "Architecture After Philosophy: Le Corbusier and the Emperor's New Paint", *Journal of Philosophy and the Visual Arts*, 1990, 플러스 9406의 정만영 옮김을 참조.

62 Eduard Sekler, Gyorgy Kepes(ed.), "Structure, Construction, Tectonics", *Structure in Art and in Science*, George Braziller, 1965, pp. 89-95.

63 ハンス・ゼードルマイヤー (著), 石川公一, 阿部公正(訳), 中心の喪失—危機に立つ近代芸術, 美術出版社, 1965, p. 125(한스 제들마이어 지음, 박래경 옮김, 『중심의 상실: 19, 20세기 시대 상징과 징후로서의 조형 예술』, 문예출판사, 2002; Hans Sedlmayr, *Verlust der Mitte: Die bildende Kunst des 19. und 20. Jahrhunderts als Symptom und Symbol der Zeit*, Otto Mueller Verlag, 1948)

64 Kenneth Frampton, "Introduction: Reflections on the Scope of the Tectonic", *Studies in Tectonic Culture*, The MIT Press, 1995, p. 2.

65 Marco Frascari, "The Tell-The-Tale Detail", *Theorizing a New Agenda for Architecture: An Anthology of Architectural Theory 1965–1995*, Kate Nesbitt(ed.), Princeton Architectural Press, 1996, pp. 500-514.

66 같은 책, p. 501.

67 Frampton, Kenneth, "Rappel à l'ordre, the Case for the Tectonic." *Theorizing a New Agenda for Architecture, an Anthology of Architectural Theory 1965–1995*, Kate Nesbitt(ed.), Princeton Architectural Press, 1996, pp.516-528.

68 Kenneth Frampton, "Foreword", *Ontology of Construction: On Nihilism of Technology and Theories of Modern Architecture*, Gevork Hartoonian, Cambridge University Press, 1997, xiv.

69 Louis Kahn, *Light Is the Theme: Louis I. Kahn and the Kimbell Art Museum*, Kimbell Art Museum, 1975, p. 43.

70   Louis Kahn, The relation of light to form, conference held at the School of
       Design of North Carolina State College, 23 Jan. 1953. Roberto Gargiani,
       Louis I. Kahn – Exposed concrete and hollow stones: 1949–1959, EPFL Press,
       2014, p. 70에서 재인용.

71   "In the work of Carlo Scarpa / 'Beauty' / the first sense / Art / the first word /
       then Wonder / Then the inner realization of 'Form' / The sense of
       the wholeness of inseparable elements. / Design consults Nature / to give
       presence to the elements / A work of art makes manifest the wholeness of the
       'Form' / a symphony of the selected shapes of the elements. / In the elements /
       the joint inspires ornament, its celebration. / The detail is the adoration of
       Nature." Alessandra Latour(ed.), *Louis I. Kahn: Writings, Lectures, Interviews*,
       Rizzoli, 1991, p. 332.

72   Louis Kahn, *Perspecta IX–X*, p. 331.

73   Jan C. Rowan, "Wanting to Be: Philadelphia School", *Progressive Architecture*
       42(April 1961), p. 161.

74   Anne Griswold Tyng, "Louis Kahn's Architecture of Matter, Light and Energy",
       http://ehituskunst.ee/anne-griswold-tyng-louis-kahns-architecture-of-
       matter-light-and-energy/?lang=en

75   나무위키 https://namu.wiki/w/면역계

76   가라타니 고진 지음, 김재희 옮김, 『은유로서의 건축: 언어, 수, 화폐』
       「1장 건축에의 의지」, 한나래, 1998.

77   Hermann Weyl, *Symmetry*, Princeton University Press, 1952, p. 133.

78   H. S. M. Coxeter, *Introduction to Geometry*, John Wiley & Sons, 1961.

79   파울 프랑클 지음, 김광현 옮김, 『건축 형태의 원리』, 기문당, 1989, 15쪽.

80   Mark Wigley, *Deconstructivist Architecture*, MOMA, 1988, p. 35

81   Robin Evans, *The Projective Cast: Architecture and Its Three Geometries*,
       The MIT Press, 1995, xxvi.

82   "Architectural Design", *Architecture After Geometry*, No. 5-6, 1997.

83   エドムント フッサール(著), 田島節夫·鈴木修一·矢島忠夫(訳), 幾何学の起源,
       青士社, 1980, p. 260(Edmund Husserl, *Die Krisis der europäischen
       Wissenschaften und die transzendentale Phänomenologie: Eine Einleitung in
       die phanomenologische Philosophie*, Philosophia 1, 1936, pp. 365-385).

84   "geometry", *The Metapolis Dictionary of Advanced Architecture*, Actar, 2003.

85   Steven Holl, *Intertwining*, Princeton Architectural Press, 1996, p. 15.

86   Lionel March, Philip Steadman, *The Geometry of Environment:*
      An Introduction to Spatial Organization in Design, The MIT Press, 1974,
      p. 27. 이 세 주택은 Life Magazine House for $5,000-6,000 Income(1938),
      Ralph Jester House(1938), Vigo Sundt House(1941)이다.

87   Robin Evans, *The Projective Cast: Architecture and Its Three Geometries*,
      The MIT Press, 1995, xxvi.

88   같은 책.

89   Le Corbusier, *Vers une Architecture*, Editions Flammarion, 1995(1923), pp. 53-56.

90   Martin Heidegger, *Poetry, Language, Thought*, Harper Perennial
      Modern Classics, 1971, p. 221.

91   Le Corbusier, *Vers une Architecture*, Editions Flammarion, 1995(1923),
      pp. 130, 175.

92   Simon Unwin, "Geometries of Being", *Analysing Architecture*,
      Routledge, 2003, p. 125.

93   Rudolf Schwarz, *The Church Incarnate: The Sacred Function of Christian*
      Architecture, 1958, p. 43(*Vom Bau der Kirche*, Werkbund, 1938)

94   크리스티안 노베르그슐츠 지음, 김광현 옮김, 『실존·공간·건축』 「2장 실존적 공간」,
      태림문화사, 1997, 30-80쪽.

95   Paul-Alan Johnson, *The Theory of Architecture: Concepts Themes & Practices*,
      Wiley, 1994, p. 360.

96   Louis Kahn(author), Richard Wurman, Eugene Feldman(eds.), *The Notebooks*
      and Drawings of Louis I. Kahn, Falcon Press, 1962, p. 73.

97   Heinz Ronner, Sharad Jhaver(ed.), *Louis I. Kahn, Complete Works 1935–1974*,
      Birkhäuser, 1987, pp. 98, 330.

98   Klaus-Peter Gast, *Louis I. Kahn: The Idea of Order*, Birkhäuser, 2001. pp. 77-79.

99   Steven A. Mansbach, *Visions of Totality: Laszlo Moholy-Nagy,*
      Theo Van Doesburg, and El Lissitzky, UMI Research Press, 1980, p. 93.

100   ル・コルビュジェ(著), 山口知之(訳), エスプリ・ヌーヴォー——近代建築名
      鑑(SD選書), 鹿島出版会, 1980, p. 35(Le Corbusier, *Almanach d'architecture*
      Moderne, Ed. G. Crès, 1925)

101   Le Corbusier, *Vers une Architecture*, Editions Flammarion, 1995(1923), p. 16.

102   같은 책, p. 128.

103   같은 책, pp. 16-19.

104   이에 대해 다음 유명한 저술을 참고하라. Emil Kaufmann, *Von Ledoux bis*
      Le Corbusier, Ursprung und Entwicklung der Autonomen Architektur,
      Wien: R. Passer, 1933.

105   ハンス・ゼーデルマイア 石川公一訳, 近代芸術の革命, 美術出版社, 1962, p. 96
(Hans Sedlmayr, *Die Revolution der Modernen Kunst*, Taschenbuch, 1956)

106   Claude-Nicolas Ledoux, '*L'Architecture considérée sous le rapport de l'art,
des mœurs et de la législation*', p. 135.

107   Alberto Perez-Gomez, "Chapter 8 Positivism, Descriptive Geometry, and
Scientific Building", *Architecture and the Crisis of Modern Science*,
The MIT Press, 1985.

108   슈퍼스튜디오 지음, 권영민 옮김, 『근본적인 활동들: 삶, 건축적 입장들』,
시공문화사, 2011, 418쪽.

109   같은 책, 414쪽.

110   이에 대한 학술적 논의로는 박미예, 「확장된 현재성을 통한 미니멀 사물의 장소
형성 연구」, 공학박사 학위논문, 서울대학교 대학원, 2017. 2. (지도교수 김광현)

111   Alberto Campo Baeza, *Alverto Campo Baeza, : Idea, Light and Gravity*,
Toto, 2009.

112   Otto von Simson, *The Gothic Cathedral*, Princeton University Press, 1974(1956).

113   Le Corbusier, *Vers une Architecture*, Editions Flammarion, 1995(1923), p. 180.

114   Colin Rowe, "The Mathematics of the Ideal Villa", *The Mathematics of
the Ideal Villa and Other Essays*, The MIT Press, 1979, pp. 1-7.

115   Le Corbusier, film de Jacques Barsac, 1987.

116   ル・コルビュジェ, 樋口清(訳), ユルバニスム (SD選書 15), 1967, p. 33.
(Le Corbusier, *Urbanisme*, Les Éditions G. Crès & Cie, 1925)

117   David. Spaeth, *Mies van der Rohe*, Rizzoli, 1988, p. 125.

118   Colin Rowe, "Mannerism and Modern Architecture", *The Mathematics of
the Ideal Villa and Other Essays*, The MIT Press, 1979, pp. 46-49.

119   같은 책, p. 45.

120   佐野潤一, ミース・ファン・デル・ローエによるガラスの摩天楼案の平面図の
作成過程について, 日本建築学会計画系論文集, 60巻 467号, 1995. 1.
도판은 佐野潤一, ミース、オーダー、黄金比―ミース・ファン・デル・ローエの
建築理念を辿る, 丸善プラネット, 2015, p. 10의 그림 16.

121   佐野潤一, ミース・ファン・デル・ローエの三つの中庭を持つコート・ハウスの
設計過程における回転正方形出現の経緯について, 日本建築学会計画系
論文集, 59巻 465号, 1994. 11.

122   Detlef Mertins(ed.), *The Presence of Mies*, Princeton Architectural Press, 1994.
앞에 실린 사진.

123 Christopher Alexander, *A Pattern Language: Towns, Buildings, Construction*, Oxford University Press, 1977.

124 Steve Jobs, *BusinessWeek*, May 25, 1998.

125 클로드 레비스트로스 지음, 안정남 옮김, 『야생의 사고』「1장 구체의 과학」, 한길사, 1996.

126 畑聡一, 芝浦工業大学建築工学科畑研究室, エーゲ海・キクラデスの光と影—ミコノス・サントリーニの住まいと暮らし, 建築資料研究社, 1990, pp. 64-65.

도판 출처

카를로 스카르파의 브리온 가족 묘지의 경당 천장 © http://noteswhileabroad.blogspot.kr/2011/11/brion-cemetery.html

브리온 가족 묘지 © 김광현

스코틀랜드 루이스섬에 있는 칼라니시 © Chmee2/ Wikimedia Commons

렘 콜하스의 쿤스트할 © 김광현

자에라 폴로의 요코하마 국제여객선 터미널 © 김광현

알바로 시자의 팔메이라 수영장 © 김광현

루이스 칸의 피셔 주택 평면도 © Klaus-Peter Gast, Louis I. Kahn: The Idea of Order, Birkhäuser, 2001

잡지 《라이프》에 실린 상상의 그림 © Rem Koolhaas, *Delirious New York: A Retroactive Manifesto for Manhattan*, The Monacelli Press, 1994, p.83

스티븐 팩의 작품 〈촉각의 어두운 틈〉 © Alberto Pérez-Gómez and Louise Pelletier, *Architectural Representation and the Perspective Hinge*, The MIT Press, 2000, p. 325

루이스 칸의 엑서터 도서관 단면도 © Paul Lewis, Marc Tsurumaki, David J. Lewis, *Manual of Section*, Princeton Architectural Press, 2016, pp. 108-109

세실 발몬드 기하학 © https://www.pinterest.co.kr/pin/485403666070979813/?lp=true

미켈란젤로의 라우렌치아나 도서관의 계단실 © http://www.architecturenorway.no/stories/people-stories/pallasmaa-09/

파테푸르 시크리의 디완이카스 © http://www.flickriver.com/photos/mattlogelin/149918059/

알바 알토의 루이 카레 주택 © http://3.bp.blogspot.com/-cVQRnr6watY/T2sEJB_X-vI/AAAAAAAAAMM/LiNxg3EOUkk/s1600/DSC_1245.JPG

르 코르뷔지에의 가르셰 주택 © https://colinbisset.com/2014/04/29/the-umbrella-of-history/villa-at-garches/

오시오스 루카스 수도원 © https://www.flickr.com/photos/69184488@N06/11955132565

코르도바의 메스키타에 있는 예배의 방 © 김광현

미코노스섬에 있는 파라포르티아니 교회 © http://travelandsport.com/church-of-panagia-paraportiani-mykonos-greece-1260x709/